U0066832

軍事憲法論

The Constitution and Military

"Qui dat fine dat media ad finem necessaria"

This book is dedicated to Professor and General Wolf Graf von Baudissin (1907-1993), from whom I have learned more than he had realized.

「既指結果，又引其方」

紀念終生提倡維護軍人基本人權的德國儒將──包狄辛將軍

　　一九九五年五月中旬筆者赴漢堡拜訪包狄辛將軍遺孀，也是一位名雕塑家Dagmar 女士。她正翻閱筆者題獻給其夫婿的拙作《軍事憲法論》。此次難得晤面過後一個月，夫人即與世長辭。

圖片攝影：漢堡德國指參大學Wegener中校

新版序

軍人是「穿著軍服的公民」（Staatsbürger im Uniform）是德國著名的軍事理論家、將領及教育家包狄辛將軍的名言。這個口號可以把軍人由宿命論般的「軍人以服從為天職」的桎梏中解放出來，向國家爭取作為一個理性公民所應擁有的人性尊嚴及法律正義。

我早在一九八〇年時，就在甚多討論國防法制的論文中拜悉包狄辛將軍的理念，心儀之！神交之！返國服務後更經常目睹不少違反軍中正義的制度及想法，便趁著在台灣大學三民主義研究所開設「憲法及國防」專題研究的機會，陸續撰就幾篇論文，民國八十三年七月輯成本論文集。

本書出版後，卻也承蒙法、政、軍界朋友們的支持。我經常接到來自各界，尤其是軍中青年軍官的指教。其中固有部分質疑，但絕大部分都是支持與鼓勵的聲音，使我益覺得當初撰寫本書的初衷——為軍人人權的呼號——已獲得相當的迴響。

尤其令人鼓舞的乃司法院大法官會議已於最近一年內陸續作出涉及軍政、軍令一元化問題攸關的參謀總長應該赴立法院委員會備詢的釋字第四六一號解釋；涉及軍人應擁有充分訴訟權的軍事審判法部分條文違憲的釋字第四三六號解釋；及承認軍人亦為國家公務員，而應保障其俸給與退休金權利的釋字第四五五號解釋……無一不是極符合本書所揭櫫理念之解釋。大法官會議似乎也積極的擔負起軍人人權「護衛者」的職責了！

當然，要極力擴張軍人基本權利的範圍並非易事！「絕對的權力導致絕對的權力濫用」，正是吾人要提倡軍中人權及軍中正義的根源！即連夙富民主理念的法國及常以人權成就為傲的美國，只要稍加注意，也會發現仍層出不窮的發生軍中踐踏人權的事跡，可知我國在努力講求軍隊人權及法治主義的過程，也一定會遭到不少的阻力。

　　司法院大法官會議的努力，使我們相信：真理的實現，即使是緩慢的，但絕對會有到來的一刻！本書即將續版，爰綴上以上數語，以期關心國軍人權的方家指正，並一起共勉，為我們全體國民「子弟兵」的尊嚴及應有之權益，貢獻出一些心力！

　　本書第一版售罄後，蒙揚智文化出版公司總編輯孟樊學棣邀請，由該社續版，遂將第十篇〈兵役替代役〉一文移出，另補入〈千里馬與韁繩──論國防組織法的立法〉一文，提供一些淺見給關心此一我國國防組織大法立法問題的讀者們參考。我們期待類似的國防法制的立法能加快腳步，讓軍事法制能滿足法治國原則的要求，也讓每位軍人都能享受民主及法治的精神，從而也能無怨無悔的執起干戈，來保衛我們的民主法治國家！

陳新民 謹識於

台北‧南港‧中央研究院

民國八十八年十二月

自　序

　　「軍事憲法」（Wehrverfassung）是德國憲法學的一個概念。

　　舉凡憲法中與國防、軍事、戰爭有關的規範與理論，都包括在這個廣義的「軍事憲法」之中。在一個實行民主、法治的憲政國家裡，軍事權自然劃歸入受到憲政思潮影響和拘束的國家權力之中。易言之，一個民主法治國家的軍隊，既然做為護衛國家生存的「門神」，當然也是一個和民主法治理念相容，而不相斥的武力；執干戈保衛民主祖國的軍人，自然也不能不知民主憲政為何物，法治、民主的可貴及知道為什麼而戰了。軍事憲法學的研究目的，就是探討如何在憲法法理、軍事體制及國家法律制度上，將軍隊組織、任務及軍人的權利義務，加以適當的定位和規範。

　　本書收錄了筆者近三年來發表有關軍事法制方面的論文和雜文。其中較有系統的論述，集中在對現行德國軍事法制的介紹。過去二百年來，德國是以軍事、科學、文學和藝術聞名的國家。德國在後三者的成就，的確給全人類文明帶來非凡的貢獻。而德國的軍事反而給世界各國帶來欽羨與痛恨揉雜在一起的感受。「欽羨」也者，德國自普魯士時代以迄第二次大戰結束為止，其軍隊傑出的訓練，紀律、忠勇與人才的輩出，鮮有他國可與倫比。現代各國的軍制和軍隊身上也多少仍可尋覓得出源自普魯士的血液。至於德國過去迷信武力至上、戰爭萬能的窮兵黷武，引起他國的痛恨，自不在話下了。

在外界對德國普魯士軍隊仍存有挺拔軍服、鋼鐵紀律、職業榮譽……等等「傳統印象」下的今日德國軍隊和軍人，卻完完全全改頭換面，強調以嚴格的人權與法治國家之理念來建軍。所以德國軍事憲法及軍事法制燦然大備，可提供關心我國軍事法制的人士，一個全新與豐沛的研究對象。當然，軍事的制度和建設要視國防的需要及假想敵的實力作準據，德國上世紀一位傑出的軍事學家羅倫斯·馮·史坦（Lorenz von Stein）說得好：「真實的戰爭，是一個對每個軍事制度永恆而生動的批評者」，我們參考德國的軍事法制，固然不能完全照單全收，但更不能抱殘守闕，遽以「國情不同」而盲目排斥！「師其意，不必盡用其規」，恐怕才能真正的符合時代的脈動。究竟，目前仍在我國軍事體系內適用的制度——不論是統帥權理念、軍事審判、兵役制度、或是領導統御概念——，無一不在德國「過去」的軍事體制中出現，且重新被深入的檢討與修正了。德國軍事憲法的革新，不正是提供我們一個「生動的實驗」？

生長在甫結束顛沛流離的大時代，我回憶在民國四十年代的童年歲月，親眼目睹許多為國家戎馬半生的軍人和眷屬蝸居在湫隘的斗室。一位熱血從軍的學長，正當黃金年華展開之際，就喪身在金門前線的坑道之中，我耳中彷彿仍能聽到當時為國捐軀者的寡母夜半悲嚎！童年的回憶，益使我堅定國家不能「投機性」的期盼軍人的奉獻。國家具有法律及道義上的責任，在一切措施上「回報」軍人所付出的犧牲和忠誠！國家和社會必須把軍人視為親生子，給予尊重和呵護，否則「何以教戰」？西元前六七〇年，希臘一位詩人提妥斯（Tyrtaeus）曾寫道：「為國犧牲何其甜蜜和榮耀」（Dulce et decorum est pro patria mori）！好一個「甜蜜和榮耀」！今天，我國軍人們午夜夢迴時，回想國家為他們設立的制度和福祉，心中會否興起一絲絲的甜蜜及榮譽感？國家和社會捫心自問後，會否給與一個截然的「肯定」答案？

構築本書的理念來源，除了我個人對法治國家和憲法的認知外，應歸功去年甫去世的德國軍事學家包狄辛（Wolf Graf von Baudissin, 1907-1993）。包狄辛將軍是西德在六○年代建軍的理念指導者。一句膾炙人口的口號「軍人乃穿著軍服的公民」，就是包狄辛首先喊出、大力倡導而變成德國軍事憲法的指導原則。

　　本書許多文章中皆浮現著包狄辛的見解。俗語云：「吃果子拜樹頭」，我也願在此一拜包狄辛這棵對維護軍人人權，付出巨大貢獻之「樹頭」了！

　　法學碩士蔡新毅、李麒，法學士陳炳林、林依仁、許登南等諸位熱心的同學，花下相當精力擔任本書的打字、編排及校稿工作，謹在此致上由衷謝意。

陳新民　謹識於

臺北・南港・中央研究院

民國八十三年六月

目　次

第一篇

第一論

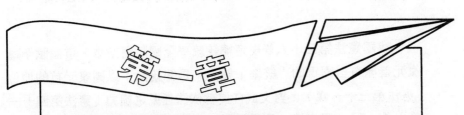

憲法「統帥權」之研究——
由德國統帥制度演進之反省

第一節 前言——統帥權的概念與種類

我國憲法第三十六條規定總統統率全國陸海空軍。這個賦予國家元首擁有對國軍的「統率」權力，是總統除了以國家元首的地位（憲法第三十五條），對文武官員有依法任免之權力（憲法第四十一條）外，另一個直接，且只針對軍隊所為的權力規範。由這個總統對軍隊的「統率權」規定可知，總統雖然居於國家元首的身分，亦可以「統率」國家之「文官」，但是這個屬於形式意義的文官統率權，卻非憲法明定之制度。如用公法之法理來解釋總統統率文武官員之區別，可以認為文官只指國家公務員而言。而國家公務員基於我國乃五權憲法之體制，五院之公務員皆屬該院之公務員，故與總統便無上下隸屬關係。而且公務員有中央與地方公務員之分。後者乃地方自治之產物，任免皆乃地方自治法規所規範之範圍，甚至也與元首無形式上的「任免關係」。因此，一般所稱之總統「統轄文武百官」，除對軍隊外，其形式意義大過實際意義也[1]。憲法三十六條所謂「統率權」，就是等於「統帥權」，而後者之用語尤佳，因為「帥」字即寓有「將帥」的軍事指揮之意義。故以統帥權來形容總統可以行使對三軍的指揮、率領及命令權，也就是把總統當成是三軍最高統帥，用「統帥權」是一個貼切的用語了。

所謂「統帥權」（德文Oberbefehl，英文Commander in Chief）是指對於軍隊擁有最高命令之權者。每個軍隊都是以階級的組織組成之。也是靠著金字塔的結構，一層一層的往上服從，而另一個方面，也是由上而下一層一層的向下命令之。軍隊金字塔階層的頂

---

[1] 這是我國學界的看法，例如林紀東，《中華民國憲法逐條釋義》，第二冊，民國七十一年，第一〇頁。

端，便是統帥，這整個「下命」之階梯體系，可稱為是統帥體系。它可以貫徹統帥意志到基層也。每個國家以其政體的不同、國情或是現實政治的差異，各有不同的統帥權設計與軍隊的組織體系。我國憲法第三十六條裡很概括的賦予總統統帥權力，故極易令人認定這是總統的「無上特權」(Praerogative)，使得總統可以享有全權與毫無限制的決定軍事大計的「軍事大權」（Wehrhoheit; Militaerhoheit）[2]。這種看法是「見樹不見林」，純以憲法一個條文做孤立式的詮釋所得的結論。在法治國家裡，國家的一切行為皆需有法規規範之基礎。在對軍隊的統領指揮方面亦然。而實行憲政體制的國家，統帥權如何由憲法來制定與實行，更是一國之「軍事憲法」（Wehrverfassung）所要規範的主要內容[3]。中外古今基於不同的政制與國情，而有不同的統帥權體制之設計。且即使是民主國家陣營裡，也會對統帥權有不同的規劃。因為統帥權制度涉及國家是否實行總統制或內閣制；國會對軍事方面的決定權限；統帥權者行使此權力的「自由度」——例如需不需要他人之副署——以及統帥權力行使的下屬機構——例如「參謀本部」之類機構——之有無及其是否具有明確的法律地位等等，都是各國或有相互類似，或相互迥異

---

[2]M. Erhardt, Die Befehls-und Kommandogewalt, Begriff-Rechtsnatur und Standort in der Verfassungsordnung der Bundesrepublik Deutschland, 1969, S. 20 。至於「軍事大權」一語，亦可分為對內及對外之意義。對內可又區分為廣義及狹義之軍事大權，前者泛指一切有權決定軍事事務者，如此對於有權決定和戰之國會，即亦屬於軍事大權的掌有者。而通常本用語所採的狹義解釋，則只指軍隊的最高指揮命令者而言。對外方面，可以解釋為一國對軍事政策及行動等有無享有自主權限，是否需受制於外國——例如德國在第一次世界大戰後之受制於凡爾塞條約——，故在對外的意義而言，「軍事大權」（Wehrhoheit）亦可解釋為「軍事主權」或「國防主權」。關於統帥權的概念，可參閱蔣緯國著，《國防體制概論》，中央文物供應社，民國七十年，第十一頁。

[3]關於軍事憲法的概念問題，請參照拙作：〈法治國家的軍隊——兼論德國軍人法〉。收錄於本書第二章。

之可能。以德國著名軍事法學者 Karl Heinz Rothfuchs在一九四一年出版一本名為《軍隊統帥權與文治國家憲法》極著名的專書裡[4]，對統帥權所作的分析：統帥權基本上可作四種類型的劃分。第一種是「世襲的軍人統帥權」（Der soldatische Erboberbefehl）。是指世襲的王位繼承人，特別是在君主立憲前與後的國王，多半是著軍服並掌握軍隊，而為全軍的統帥；第二種是「民選的文人統帥」（Der zivile Wahloberbefehl）。這是經過革命以後，許多共和體制把對軍事統帥的權力名義上或實質上交給國家的元首。而這種國家元首的統帥權可以是形式上存在，而實質上統帥權力由內閣掌握；但也可以是由元首實際上及形式上貫徹之，如同美國及中南美洲實行總統制的國家然；第三種是「民選集體領導統帥」（Der zivile kollegiale Wahloberbefehl）。這是指軍隊的統帥權力並非交由一人，而是交在一個集體領導的團體（Kollegium, Gremium）之中。例如最明顯的是瑞士一八七四年所公布的現行憲法（第八十五條九款），規定軍隊的指揮權力掌握在國民議會的上下兩院（Nationalrat 與 Standerat）之中。類似的情形也出現在第一次世界大戰後公布的奧地利憲法（一九二〇年）第十條。舉凡軍事統帥權力歸由政府、軍事委員會或類似「執政團」的憲法，都可納入「集體統帥」的制度；第四種是「民選軍人統帥」（Der soldatische Wahloberbefehl）。這是Rothfuchs 特地以德國納粹法西斯政權所創的模式。認為以一個軍人經民選後擔任國家元首，從而把國家軍事及政治大權集中於軍人元首的身上。而元首必須具備軍人之資歷，卻不必計較其原在軍中的地位，也不要求元首平日是否需著軍服；但重要的是，這個元首要有充沛的軍事素養及軍人的氣質與精神[5]。可見得 Rothfuchs 是以希特勒以及當時的接班人戈林元帥，作為第四種軍人統帥的寫照。

---

[4]K. H. Rothfuchs, Militaerischer Oberbefehl und Zivilstaatsverfassung, 1941.
[5]Rothfuchs, a.a.O., S. 184.

當然，Rothfuchs 所提出四種統帥權模式，並不能充分囊括當時世界上「民主」國家的統帥權型式。因為納粹德國雖然在政權成立時是靠民主方式取得，但是以後在一九三四年八月一日通過法律，把總統職權移轉到總理希特勒之上，使軍政大權集於一人的「集權法」，似不能認為納粹德國仍是「文治國家」(Zivilstaat)，從而其元首應當不再是「民選元首」及「民選統帥」。不過，無論是納粹德國之「民選軍人統帥」，或是未被Rothfuchs正式歸類為文治國家的共產國家以及其他軍事獨裁國家，儘管這些不無各自的統帥體制，但是皆非本文所關心之重點。其理由甚簡單：因為統帥權必須是可以用國家憲法與以下各法規規範之外國法例，才有值得吾人參酌之必要。此也是如 Rothfuchs所分析諸國統帥權制度之本意——儘管吾人不同意其結論：肯定統帥權最佳發展趨勢是由上述第一種模式發展到第四種模式——，希望把統帥權與「合憲性」劃上一個等號的努力，並可以法理的推演求得一個較妥之統帥權制度。有鑒於此，本文即以和我國憲法所規定有關總統統帥權，不論在制度面，或統帥權行使方式有淵源或相類似的德國法例作逐一探討。首先，是以德國俾士麥憲法所表彰「古典」意義的統帥權制度，取其軍政與軍令的「二分制」，以及設置襄佐統帥權貫徹的參謀本部制度。這都似乎是我國目前憲法統帥權制度所取法的對象，故先讓我們剖析德國這個制度；第二個研究的模式，是威瑪共和國時代、總統的統帥權遭到「副署制度」之限制，同時在撤廢參謀本部後，元首的統帥權如何在內閣部長的副署下運作之情形，也可佐助闡釋我國總統的統帥權與副署制度之關係。其三，西德在第二次世界大戰後實施軍政、軍令一元化，廢止統帥權制度，重建「內閣統軍」的新模式，使吾人有一探文人部長如何有效統軍之機會。最後是借助美國的總統統帥制度，觀察軍政、軍令如何合一地在一個民選的國家元首運作的體制。末則以他山之石，來檢討、分析我國總統統帥權制度的概

念，並抒興革之見也。

第二節　德國普魯士與帝國時代之統帥權
——傳統典型之統帥權制度

一、德皇統帥權之絕對性——副署制度之爭議

　　德國憲法裡出現統帥權（Oberbefehl）一詞的，是在一八五〇年公布的「普魯士憲法典」（Preu β ische Verfassungsurkunde）第四十六條，規定普魯士國王擁有對軍隊的統帥權。然而，對於這個統帥權的範圍及國王如何行使這個權力，則並未規定。惟依據普魯士這個甫實行君主立憲的憲法第四十四條之規定，國王所為任何「統治行為」（Regierungsakt）都需要一位所屬部長的副署，方可生效；但是該憲法第四十五條卻也規定國家的行政權由國王所獨掌，國王享有任免部長之權。因此普魯士憲法典規定國王對軍隊的統帥權實和國王的行政權力相互合一，軍隊屬於國王的產業，國王身為軍隊的統帥，並且親自領軍，不假手他人。因而統帥權便含有高度的「屬人」特性，所以統帥權的濫觴是標準的基於國家元首之「國王特權」（Die koenigliche Praerogativen），同時亦為極尊榮的「皇室大權」（Majestaetsrecht）[6]，使得「軍權」與「君權」集於一身。

---

[6] 德國著名的腓特烈大帝有一句名語：「一個偉大的領主應該親自領導軍隊。軍隊是他的居所、他的利益、他的職責、他的榮耀。軍隊決定了他的一切。」來鼓吹領主們重視軍隊並強調了領主們和軍隊間「人際」的密切關係。M. Lepper, Die verfassungsrechtliche Stellung der militaerischen Streitkraefte im gewaltenteilenden Rechtsstaat, 1962, S. 115.

真正在憲法、行政法學領域與政治實務裡產生重要意義的規定，是德意志帝國成立後在一八七一年公布的德意志帝國憲法（俗稱俾士麥憲法）。依本憲法第十七條明定皇帝的命令與處置，都需要以對國會負責之首相的副署為生效條件。另外，不同於一八五〇年的普魯士憲法典，本憲法不再使用「統帥權」的用語，而在第六十三條一項規定全德國應成立統一的陸軍，平時與戰時均受皇帝之「命令」。但在同條三項處復規定德皇擁有對全德軍隊督導其戰備訓練、組訓、裝備、指揮體系與決定軍官之資格適合與否等等的權利和義務，並有敕令改正並視察全軍之權力。所以，對皇帝指揮權的內容已有相當詳細的規定。再者，該憲法第六十四條更進一步地除規定皇帝對各邦軍隊最高階軍官的任免權外，尚規定所有德國軍隊對皇帝的命令有無條件服從的義務。這個義務且應以宣誓之方式公諸於世（第一項）。因此軍人對最高統帥的命令必須全盤服從，是憲法所明定軍人之義務了。

　　由俾士麥憲法第十七條規定皇帝命令的副署制度和第六十三條及六十四條規定皇帝軍事指揮權的「絕對性」，兩者是否可不互相矛盾、牴觸？第十七條之效力是否可涵括入第六十三及六十四條之中？卻不無疑問。首先，在條文解釋上的推演，一八五〇年普魯士憲法典第四十四條規定，凡是國王的任何「統治行為」都需要相關部長的副署。但在普魯士國王的認知上，卻認為基於國王的統帥權行為，可以不必受此條文之拘束。例如在本憲法典公布生效前一年（一八四九年七月一日），普王腓特烈・威廉（Friedrich Wilhelm）四世就在一個敕令中宣示：國防部長就統帥權之事項，僅向國王及自己的良知，而不向議會負責。而對於國王的軍隊統帥事宜，議會毫無置喙之餘地。另一最明白的宣示，是繼任者普王威廉一世於一八六一年一月十八日就任時所發表的「國王內閣令」（Kabinettsordre），明確的界分內閣國防部長及軍隊的關係：軍事指令、以及有關軍事

勤務與人事事務之命令，只要與軍事預算及軍事行政無關者，不必副署之。於是這個「國王內閣令」將國王軍事命令區分成兩類，一種是「軍事指令」（Armeebefehl，簡稱「指令」），以及和軍事預算和軍事行政無關的「勤務令」及「人事令」，可以不必副署；另一種是軍事行政與軍事預算有關的勤務令及人事令，以及當然包括在內的軍事行政（法規）命令[7]。但是，如何在法理上解釋這個副署義務有無之差異性？如何在實質及形式上來認定屬於不必副署的「軍事指令」（指令）？以下茲分論之：

（一）肯定軍令、軍政區分的必要性

俾士麥憲法公布後，正是德國公法學興盛繁榮的開始。對於國王所行使的統帥權不必副署的見解，逐漸形成通說。著名的憲法學家 Paul Laband 在一八七六年出版的鉅作《德意志帝國憲法》（*Das Staatsrecht des Deutschen Reiches*）第一版第一冊裡，認為所有國王的命令皆須副署。惟自一八八〇年出版第一版的第三冊時，氏開始提出所謂的「軍事指令」以及「軍事行政命令」（Armee-verordnung）。前者指對軍隊所為個別的命令（指令）而無需副署；後者乃類似行政法規命令，是一種對軍政及全軍隊所為概括之抽象命令，即需首相的副署。繼 Laband 對「軍事指令」與「軍事行政命令」的二分法之後，作更精細分析的 K. Hecker，正式界定「軍事指令」為基於軍隊的「指揮權力」（Kommandogewalt）之命令，並且不需法律授權，也不受國會監督。而「軍事行政命令」則是基於「統治行為」（Regierungsakt），在軍事行政（國防行政）的體系內所為的一切處置，則必須要有法律之依據，首相的副署以及受制於國會的監

---

[7] M. Erhardt, a.a.O., S. 41.

督[8]。Hecker這種二分法，隨即受到Laband以及其他學界的認同，形成通說。因此基本上，軍事權力即可區分為對軍隊指揮統帥部分的「軍令」及屬於國防行政方面的「軍政」兩大體系。

在闡釋這種二分法的必要性方面，學界建立幾項理論。有認為「遷就現實」者：如德國戰前著名的公法教授E. R. Huber在一九三八年出版的《軍隊與國家》的專書，分析早年的統帥權制度時，認為學術上盛行這種二分法，主要是遷就政治上的現實。亦即皇權不願交出軍權，不願讓國會的權力延伸入軍隊之中。因此是一種折衷的方案，現保存了內閣對國會負責，又不失皇帝對軍隊的傳統控制權力，因此二分法並不是用純粹法學邏輯上推演出來的結論，毋寧是遷就現實的產物[9]。而另外的學者，如Rothhfuchs，則是以功利主義的角度來肯定這種界分之必要性：Rothhfuchs承認這種二分法無法以純粹的法理論論究，而提出「習慣法」（Gewohnheitsrecht）的理念，氏認為依據「事務本質」（Natur der Sache），不論是戰時或平時，都不可能將每項軍事命令交由部長過目與副署，亦不能討論每項命令是否為合憲及合目的性。氏認為不能置國家的生存命運於一個令人懷疑的軍隊統帥之手裡。因此，應該信任憲法所決定的統帥，將使全國蒙受利益[10]。

上述學術界的通說也符合當時軍隊的心理。依Lepper之分析，德國普魯士及德意志帝國時代，普魯士國王及帝國皇帝都是具有軍人之閱歷──如同Rothfuchs前文所稱的第一種「世襲軍人統帥權」

---

[8]Armeebefehl und Armeeverordnung in Woerterbuch des Deutschen Verwaltungsrechts (hrsg.) von K. Frhr, v. Stengel, （9）Bd I, 1890, S. 63f. Dazu Erhardt, a.a.O., S. 42.

[9]E. R. Huber, Heer und Staat, 1938, S. 308.

[10]K. H. Rothfuchs, a.a.O., S. 37.。對於採取「習慣法」說者，在日本也獲得共鳴，戰前日本美濃部達吉教授亦提這種見解。參見林紀東，《中華民國憲法逐條釋義》，第二冊，民國六十七年三版，第十六頁。

制度——，所以元首軍人化，是順應軍人較願接受效忠個人（且是軍人）的普遍心理[11]。同時，針對十九世紀中葉之後，民主政黨政治逐漸開展，政黨的歧見與多元政見的紛擾囂嚷在所難免。故地處中歐、列強環伺的德國，不免有憂患之虞。此時，如果軍權交由超乎黨派之外的國王，是能滿足不少國民的安全感。因此軍政、軍令的二分法獲得朝野普遍的接受，有其現實考慮的因素[12]。

因此，軍隊統帥權由元首獨有，並透過統帥權的運作，產生國家的「軍事秩序」（Wehrordnung），和由國會民主運作產生的「政治秩序」（Politische Ordnung）兩雄並立。軍隊直接效忠統帥，使得「國軍」並非「國會之軍」（Parlamentsheer）——如瑞士憲法第八十五條之成例——，而是「國王之軍」（Koenigsheer; Kaisersheer）。軍隊於是充滿「人治」而非法治的色彩[13]。

（二）軍令、軍政區分的困難

儘管俾士麥憲法對皇帝的指揮權有較多的規定，也儘管學界普遍承認軍令、軍政的二元主義。但是對於何謂「統帥權」以及基於此權力——與「指揮權」（Kommandogewalt）——概念，看法並不一致。從而如何清楚界分軍令行為（指揮行為）與軍政行為，即產生甚大之困擾。

依當時通說，所謂「指揮行為」（Kommandoakt）是指對軍隊所為特別、專門、實質上的指揮領導而言，也就是軍隊的掌握與運用。所謂「軍政行為」，也就是「統治行為」（Regierungsakt）指對軍隊所為一般性的政治領導，即是政府權力裡有關軍事部分。前者

---

[11]M. Lepper, a.a.O., S. 113.

[12]H. Rehm, Oberbefehl und Staatsrecht, 1913, S. 25.

[13]E. R. Huber, a.a.O., S. 310.。並參見李鴻禧，軍隊之「動態憲法」底法理剖析，刊載氏著：《憲法與人權》，民國七十四年，第一七二頁以下。

稱為「指揮權力」，後者稱為政府對軍隊的「命令權力」（Befehlsgewalt）[14]。所以，統帥權可以定義為：基於指揮權及體系，一切軍隊的訓練及任務授與之下命權。相形之下，軍政行為提供軍隊為上述行動所需的一切準備與物質，諸如武器、基地、人員、預算、撫卹等等。然而這種二分法實過於粗略，同時也忽略許多事項──例如軍事預算的執行分配、軍紀的懲戒、軍隊訓練作息時間的分配──等等，似無法完全歸入不受法令拘束的軍令權範圍之內，這是早在當時亦屢屢為人指摘[15]，所以統帥權遂成為一個「集合概念」（Sammelbegriff）。僅得依照憲法的有關規定，參酌實際的運作，歸納元首個別的指揮權。依此歸納原則，屬於元首的軍隊指揮權（軍令權）範圍者，計有：

---

[14] G. Mayer, Lehrbuch des Deutschen Verwaltungsrechts 2. Aufl., Bd. II, 1894, S. 35.; Dazu W. M. Boβ, Die Befehls und Kommandogewalt des Grundgesetzes fuer die Bundesrepublik Deutschland im Vergleich zum Oberbefehl der Reichsverfassungen von 1871 und 1919, Diss., Koeln, 1960, S. 4。不過，使用「命令權力」一詞易令人誤解，因為俾士麥憲法第六十三第一項規定皇帝對軍隊的權力亦是「命令」（Befehl）。並且參照前述由 Laband 及 Hecker 之所使用屬於軍令部分的「Armeebefehl」用語，可知道這個政府之「命令權」易生概念之混淆。

[15] 例如對於軍官的任命行為，德國普遍認為是屬於軍政行為，亦即任官行為是屬於需部長副署的行為。但對於軍官的晉遷則屬於軍令行為。所以，兩種行為之間並無法求得清楚的界限。見W. M. Boβ, a.a.O., S. 6.。所以著名的學者 Apel 在本世紀初一篇討論「軍事指令」與「軍事行政命令」的專文，就指明兩者之區別不在於命令所規範之內容，是否為軍政或軍令，而是在於「所拘束之對象（下屬）」。在軍隊裡強調無條件服從，故對這些服從者所頒布以資遵循者，即為「軍事指令」；反之，如涉及這些軍人外，以及涉及國庫之命令，即屬軍政性質之命令。 Apel 這個看法，只以命令之相對人是否軍人作判斷標準，恐失之過於籠統。因為許多軍政命令──如係命令──當然也是針對有無條件服從義務之軍人也。參見 R. Jaeger, Die staatsrechtliche Bedeutung der ministeriellen Gegenzeichnung im deutschen Reichsstaatsrecht 1871-1945, in: Verfassung und Verwaltung in Theorie und Wirklichkeit, Festschrift fuer N. Laforet, 1952, S. 158.

1. 指揮部隊，下達命令之權。

2. 要求所有軍人服從其命令之權。

3. 最終決定軍人訴願之權，即軍人訴願的最終審決定權。

4. 對各級軍人的紀律懲戒權及最終軍事法院判決的認可權。

5. 監察權：監察國內各軍隊是否足額的按編制成立，裝備、戰備、訓練及軍官的適格與否之權力。

6. 常備軍的規模，以及各邦組成國軍的比例及分擔之責任，及地方武力機關的設置規定權。

7. 調動權：決定部隊移防、駐紮地區的決定權。

8. 動員權。

9. 對各邦軍隊最高司令與指揮二個以上邦軍隊的司令官與堡壘官之任命權。

10. 國境內堡壘的設置權。

11. 宣布戒嚴權，掌握實行戒嚴權力，並得據此發布行政（緊急）命令。

12. 簽訂軍事性之條約[16]。

由上述列舉式劃歸入統帥權的行為可知，軍令權的範圍已極為龐大。不過，儘管德國當時認為軍政與軍令二元主義乃理所當然；但是在實務上是否凡是元首的軍令權行為不需國防部長或首相之副署？卻未必盡然也。以第一次世界大戰前 Hermann Rehm 教授的分析，軍令權之所以脫離軍政權獨立，主要目的是皇權與國會權力鬥爭的結果。國王不願意國會藉副署制度置喙其軍事決定權力，但是並非針對為其治國的內閣，尤其是國防部長。因此，德皇威廉一世（一八六一年即位，一八八八年去世）也曾說過，針對動員令以及巡視軍隊的工作，如果未有國防部長在旁隨同許多事情的處理，將曠

---

[16] W. M. Boβ, a.a.O., S. 6.; M. Lepper, a.a.O., S. 112., FN. 89.

日廢時。所以這些指揮權及人事權力，皆獲得部長之知悉。故在德國俾士麥時代，進行之動員、大規模演習以及有關戰地勤務之命令等等，都是得到部長的副署[17]。因此吾人可得一個結論：儘管軍政與軍令的二元主義，極易有界分不易之弊，但德國重大之軍事決定仍以獲軍政首長——部長、首相——的副署與支持，也使得軍令的「絕對、排他性」之性質降低。這說明為求政治的和諧，避免變生肘腋，軍令權不可一意孤行。而代表「非軍事」的考慮，透過主動的「邀予參決與副署」已成為德國軍國主義時期，元首的領導藝術了[18]。

二、統帥權的幕僚體系

德國在君主立憲時代雖然把軍令權力操在元首手中，但這種軍政、軍令二元化的現象，卻非德國現代軍事思潮的主流。早在一八〇六年普魯士在耶拿（Jena）一仗大敗於拿破崙後，於次年進行臥薪嚐膽的軍事改革中，著名的軍事學家Scharnhost及Gneisenau致力軍事改革的項目，除了創立全民義務兵役制（一八〇七年）外，便是統一德國普魯士的軍隊指揮系統。Schharnhost認為軍隊必須在團結之下，方有可能發揮戰力，而促使軍隊團結的條件，必是「集權」。依氏構想，擔任元首（國王）統帥之幕僚、輔佐機構不宜多，也就是國防部長。因此一八〇九年正式成立國防部，國防部長統攬軍政與軍令權限，也是國王最高統帥權的最重要顧問；可掌握直接指揮各

---

[17]H. Rehm, a.a.O., S. 20.; R. Jaeger, a.a.O., S. 160.

[18]而國防部長在國會裡，雖然在法律上不必對屬於軍令事項的問題而負責——因為部長毋庸為不必副署之事件負責——，但是事實上部長卻因為預算的編列，以及對國防預算的執行使用享有監督權限而受到國會之監督，所以對所有軍令事務仍進行答辯，為軍隊之利益辯護。見 H. Rehm, a.a.O., S. 24.

軍團司令之權限，並對國王負責。所以，舉凡軍隊的預算、軍備、訓練、戰略的決定及參謀作業……等全操在部長之手。如此一來國防部長成為名副其實的副統帥。而這種強有力的一元領導體系，造成德國普魯士軍隊的復興，腐氣盡汰，普魯士在一八一四年終在滑鐵盧一仗，一湔前恥[19]。

不過，Scharnhost這種獨尊集權於國防部長一人的見解，卻逐漸隨著普魯士軍隊編制的龐大，戰爭科技的複雜發展，而又使元首幕僚機關趨向多元化。這種多頭馬車式為統帥提供軍事專業意見的「幕僚機構」（Immediatstellen）， 除了國防部長外，德國普魯士邦以迄於俾士麥憲法實施後的德意志帝國的體制裡，自一八一四年滑鐵盧戰役後，所逐步產生兩大元首軍事幕僚機構，即以參軍長為首的參謀副官（參軍）所組成的「軍事內閣」（Militaerkabinett）以及由參謀總長所領導的參謀本部。這兩個機構的任務有何差異？可分述如下：

（一）軍事內閣

每位任軍隊最高司令官的元首，身旁總少不了一批中、高級的軍官，可以承統帥之命參贊軍務。這些可以擬稱為「參軍」（Adjutantur）的軍人，既然環侍在側，自然會被統帥倚為左右手[20]。德國也不例外。在普魯士腓特烈大帝時代（一七一二年至一七八六

---

[19] 參見 Walter Gorlitz 著，張鍾秀（譯），《德國參謀本部》，黎明文化事業公司出版，民國六十九年，三版，第十九頁以下；Gordon A. Craig, Die Preu β-ischen deutshen Armee, 1640-1945, 1960, S. 56.

[20] 至於「參軍」的譯名，也可稱為「副官、武官」，因此整個軍事內閣也可譯為「副官局」。見張鍾秀，前述書，第二十七頁。不過，本文以為副官的階層太低，會易與一般之高級軍官的侍從副官相混。故為了凸顯軍事內閣成員的高階性質，本文便參酌我國總統府組織法（第四十條）的用語，譯為參軍。

年），普王已有二十五個軍事副官，在參軍長（Generaladjutantur）的領導下，首先承辦軍官的人事問題。易言之，對於普軍的軍官任免、獎懲等人事問題，參軍可享有甚大之權力。而另外對於統帥所發布的命令，以及各部隊呈送上來之報告，也由參軍居中轉承。對於各個部隊，參軍並無任何的指揮權力，但是腓特烈大帝時常派遣參軍到各個部隊，當成「欽差」下達命令或巡察軍隊。唯有此時，參軍才真正得以指揮軍隊[21]。因此，參軍主要的職責還是對元首負責軍事方面細瑣秘書工作，間也提供高層次有關戰略戰術之問題。但是既然參軍是居軍隊上下間的樞紐地位，而統帥對軍事多就近諮詢，因此有別於屬於政務方面的「政治內閣」，此參軍長為首的參軍們即形成統帥的「軍事內閣」。

　　普魯士軍事內閣首見諸官方文書，是在一八一四年七月由國王下令成立，迨至第一次世界大戰結束時，都伴隨在德皇的統帥權之側。而其權限及重要性，互有消長。本來軍事內閣本身是無固定職權，完全可依元首的主意及需要，調整其職權[22]。雖然軍事內閣輔佐元首，但是在編制上，一直是隸屬於國防部，預算也編列入國防部的預算內。到一八五七年軍事內閣才遷出國防部，並就近在王宮附近成立參軍辦公室。直至一八八三年軍事內閣才正式脫離國防部的統轄，成為與國防部平行的單位。只是在預算編列仍然劃歸國防部，也就是這兩個機關間就預算方面時才產生名義上的隸屬關係。一八七二年，軍事內閣只有四名軍官；但在一九〇〇年以後，就增至六名軍官，以及十一名公務員。軍事內閣直至第一次世界大戰末期（一九一八年十二月）併入國防部人事局後才消滅。

　　軍事內閣既是元首和輔助機關（Hilfsorgane），而且不論是普魯

---

[21]E. R. Huber, a.a.O., S. 361; M. Lepper, a.a.O., S. 129.

[22] 這亦為 Huber 教授所說言，沒有固定之職權，正表示其職權無所不包也。E. R. Huber, a.a.O., S. 333.; M. Lepper a.a.O., S. 132; G. A. Craig, a.a.O., SS. 49, 251.

士憲法典或俾士麥憲法都未賦予國防部長享有對元首提出軍事建議的「獨攬權」。因此參軍，尤其是參軍長不論是事實上、法律上都可以直接向元首建言，也可以代為下達命令。雖然——如同Rehm教授所指稱——，軍事內閣即使在法律地位上無此需要，但在事實上，對德皇的建議皆以獲得部長之同意與諒解為前提，少有例外[23]。但是無疑的，元首的統帥權易受到平日親近的參軍左右[24]。尤其是參軍（長）本已掌握軍隊人事權，如此已經和國防部、參謀本部所掌握的軍政與軍令權力有相互抗衡、摩擦之機會，故軍事內閣的制度，至少基於參軍長個人在職務上與元首的親近關係，有其相當的重要性[25]。

（二）參謀本部

德國普魯士的參謀本部是一個在世界許多國家競相仿效的機構，也是德國普魯士統帥權最重要的幕僚機構。普魯士在一八〇一

[23] H. Rehm, a.a.O., S.16.

[24] 例如德國在一九一四年出版的陸海軍手冊，於軍事內閣的定義是：直接隸屬於德皇的軍事單位，掌管所有軍官的人事問題以及處理所有屬於元首統帥權之事務。見 M. Lepper, S.133., FN.160。由此可知軍事內閣的權限，可及於統帥權項目之下的任何事務。在戰時參軍長每週向德皇匯報軍情數次，德皇任何涉及軍事的 會議，參軍長都在場，可見其和德皇密切之關係。見 Woeterbuch zur Deutschen Militaergeschichte, Militaerverlag der DDR, 1985, S. 587.。

[25] 例如直至一九一八年，參軍長的正式名銜是：國王陛下之諮詢參軍長與軍事內閣之首長。M. Lepper, a.a.O., S.129., FN.145.。由於參軍長掌管人事大權，又與統帥關係密切，故理想的參軍長人選必須公正，人格圓滿，並能兼容並蓄的協調其他軍事首長之矛盾與爭議，以替皇帝分勞而不至於被其他軍人認為是專打小報告者。對於參軍長這種才具，我國近代兵學大師蔣百里先生，即引敘其德籍友人之意見，認為蔣百里既不適擔任參謀總長，也不適擔任國防部長，僅適合擔任參軍長一職，可以看出普魯士軍隊裡參軍長之重要。見蔣方震（百里），《國防論》，台灣中華書局，民國五十一年，台一版，第四十九頁。

年、一八〇二年由馬森巴哈上校（Christian von Massenbach）提議，即使在平時也要成立一個計畫戰略戰術，以及預擬假想敵的參謀本部。馬森巴哈的計畫在一八〇三年經普王採納後，參謀本部的組織才初告成型。但是，這個新生的參謀本部只是訓練軍隊的參謀，培訓將才，並且擁有對普王有關軍事的直接上奏權。不過，馬森巴哈的計畫並未廣泛受到重視，並且普軍在一八〇六年耶拿戰役的崩潰，可見參謀本部制度的未見善用[26]。一八〇九年普魯士國防部正式成立後，基於統一軍權領導的大原則，參謀本部如同軍事內閣一樣，隸屬在國防部下，主管有關戰爭計畫的擬定、戰備、武器的研發之事務，同時也是高級軍官的培訓機關。並且藉助輪調制度，將受到參謀本部訓練的軍官派至各部隊，也由各部隊挑派司令官及參謀軍官至本部受訓。尤其是建立「參謀軍官網」，讓各部隊的參謀軍官可以有自行上達參謀本部的正式管道，讓參謀軍官與主管（司令官）有意見不同時，本部有知悉事件始末及參謀軍官意見之機會。由於參謀本部的成效逐漸凸顯，參謀軍官的數目及品質大增後，參謀本部即致力其地位的「特殊化」。普魯士參謀本部努力的結果，一步步脫離國防部的掌握，其過程略述如下：

1. 一八二一年開始，參謀總長的名稱為「國軍參謀本部首長」（參謀總長），其職權行使不再受國防部長節制，只是成為國防部長的「戰略顧問」，雖然總長不能違逆部長之意見，但是基本上是與部長平行之職位。

2. 一八六六年，參謀總長正式取得直接向部隊下命令之權力。至此參謀總長掌握軍隊的指揮權，而總長行使命令權僅需「知會」部長。一八六六年爆發的普奧戰爭及一八七〇年的普法戰爭，

---

[26] M. Lepper, a.a.O., S. 129.; G. A. Craig, a.a.O., S.50.; 張鍾秀，前述書，第二十四頁。

總長皆受國王委託指揮軍隊，而普王則仍親自率軍，所以總長無以自己名義的指揮權，而必須以元首的名義方可指揮軍隊 [27] 。

3. 一八八三年開始，參謀本部隨同軍事內閣正式脫離國防部之領導，成為輔佐元首統帥權的最高幕僚機構之一。而且總長向元首進行的軍事報告變成總長職務之一，也僅要知會部長即足，不待透過部長或取得其許可為前提。自此參謀本部即取得獨立自主權，僅向皇帝負責。參謀本部的職權在第一次世界大戰裡，已經居於全盤戰爭指導之地位，其因素甚多，略有參謀本部自毛奇以後，又出現史里芬元帥（一八九一年至一九〇六年擔任總長）這位極優秀的參謀總長，已於平時籌謀許多戰略與戰爭進行的對應方案。而德軍數目激增，相對於一八七〇年普法戰爭時的一百二十萬兵力，到一九一四年戰爭初起時已有二百萬人之多，最後總動員超過一千萬人以上；加上科技的進步，戰況複雜，國王已無法發揮個人的統帥能力，只能委由專業的總長指揮全軍。而戰爭延長數年之久，國王無法永遠親臨前線，故在戰爭中期之後，實際戰爭全由參謀總長負責，統帥權也就旁落而式微。特別是參謀總長是強人時，如一九一六年繼任的興登堡元帥，以其曾贏得「坦能堡大捷」的英名及卓絕的軍事領導才能，故國王的統帥權即已成形式了。

---

[27] 參謀本部的地位提升應歸功於自一八五七年起擔任參謀總長的毛奇將軍。本來在一八六四年進行的普丹戰爭時，對軍隊的下達命令，仍是由國王交給國防部長來下達，而總長只是奉令向部長提出作戰計畫。但是因為毛奇在一八六四年戰役的表現，以及其人格及見解受到普王的賞識，才使得參謀本部及總長的地位，發生變化。而一八六六年普奧戰爭時，大多數的將領尚不知參謀總長毛奇為何人，可見得總長在普奧戰爭時方才曝光其身分與職權。參見張鍾秀，前述書，第九十五頁；M. Erhardt, a.a.O., S. 46. FN. 41.; M. Lepper, a.a.O., S. 133.

由參謀本部的獨立於國防部外，自此，元首的統帥權下即出現三個幕僚機構——即國防部、軍事內閣及參謀本部。如果再加上由普王獨率的帝國海軍，下設的「帝國海軍署」（Reichsmarieamt）——這個署不受上述三個機構之指揮節制——，則德皇下轄共有四個幕僚機關，也就是「四頭馬車」的分權制度，這四個機構裡，唯有國防部與參謀本部的職權最易重疊，而總長與部長也易生齟齬。所以，普王即變成協合這四個機構發生爭議的仲裁者。這是強大的普魯士及德國軍隊體制裡，存在於上層領導架構的一個爭吵不斷的現象[28]。而隨著德國軍事力量的增強，軍事組織的增加，德皇的軍事幕僚機關隨之擴編。尤其是一八八八年德皇威廉二世就任皇帝，展開擴張海權政策，建立海軍來與英國一較長短後，海軍的編制大增。陸軍與海軍分別服膺在統帥之下，因此有關陸軍的幕僚體系也在海軍幕僚體系裡出現。故至一九一四年第一次世界大戰爆發時，德皇的最高幕僚機關共有六個，其組織如圖1-1。

　　由上述六個同屬平行的幕僚機關可知，「六頭馬車」制度的龐雜矣[29]。

---

[28] 例如毛奇曾在討論參謀本部與國防部的關係時指出，國防部平日只要負責軍政部分的工作，一旦戰爭爆發後，部長就必須處理在後方許多的問題。部長不屬於元首統帥部的成員，只要留在柏林即足，不必上前線。而總長則不同，參謀本部一旦有戰爭爆發之虞，由動員開始、部隊集結、運輸，都要把平時已擬好的方案逐步實施。總長也必須陪侍元首上戰場，提供決策參考，並受命指揮軍隊。對於毛奇這種看法，當時的國防部長羅恩將軍（Albert von Roon）極為反對，氏認為元首的軍事決定哪裡可以不徵詢部長？因為部長仍然必須為元首的判斷及決定負責，就軍政方面之事務協調配合，所以認為國防部長既然仍是國王的「首席顧問」，所以不能只留守柏林，而不出席元首的軍事會議，並認為毛奇的言論只是欲強化自己在元首前面的分量罷了。由號稱普魯士戰勝法國三大功臣——即首相俾士麥、國防部長羅恩及參謀總長毛奇——彼此間都發生如此尖刻的歧見，可見其職權衝突之烈的一斑。M. Lepper, a.a.O., S. 134.

[29] M. Lepper, a.a.O., S. 141.

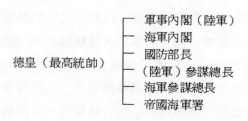

德皇（最高統帥）
- 軍事內閣（陸軍）
- 海軍內閣
- 國防部長
- （陸軍）參謀總長
- 海軍參謀總長
- 帝國海軍署

圖1-1　德皇之最高幕僚機關

三、國會之監督權與擴張職權之努力

　　儘管軍政與軍令的二分論在德意志帝國與普魯士，不僅是實際上採行的制度，學理上也建立一些理論就二分論作解析，但是畢竟憲法條文中，如普魯士憲法典第四十四條與俾士麥憲法第十七條所規定的元首命令的副署制度，並未明白排除元首統帥權的副署條件，此其一；在十九世紀中葉之後，歐洲風行立憲主義、自由主義，使得代表民意的國會裡，充滿著責任政治的思想，因此由統帥權所產生的「皇權」與「民權」之爭，益為明顯。這是對軍隊的控制權問題，由實際政治性問題轉化為憲法爭議的問題的表現，此其二；最後一個因素，是國會擁有對軍隊預算控制的權力。在監督預算、編列，通過預算諸方面，國會已經要求把其決定力量伸入統帥權的範圍。對於元首及軍方所擬議的擴軍計畫、戰略思想，兵源問題……等等，國會已非照單全收式的批准軍事預算[30]。因此，迨至第一次世界大戰結束，德國帝國議會一直努力擴充自身權職，俾使國會的監督權力能夠及於統帥權。而國會想要達到這個目的，便只

---

[30] 最明顯，也是最著名的一個例子，是俾士麥在一八六二年九月三十日就職普魯士首相在國會裡的講話。俾士麥就職時強調解決普魯士內外在困難的方法，只能靠「鐵血」而已，而非靠議會的辯論與表決。相對於五日前普魯士國會才全盤否決軍事預算之舉動，可知當時普國國會在野勢力的強悍。

有廢止軍政與軍令的二元論，使副署制度亦及於軍令部分。並且，為提升國防部長在統帥權裡的分量，代表國會權力「擴張論者」，也主張廢除或削減元首的最高幕僚機構，尤其是軍事內閣制度，應該使其功能退化至提供統帥庶務服務，而非擁有帷幄籌擘大政之建議權[31]。

德國國會要求擴充其職權的努力，可以以一九一四年爆發第一次世界大戰作分界點，分成兩段時期來予討論：

（一）第一次階段

軍中首先主張軍政與軍令應一元化者，是德國著名的畢伯斯坦元帥（Freiherr Marschall von Bieberstein）。畢伯斯坦在一九一一年所撰名為〈最高統帥命令的負責與副署〉一文（Verantwortlichkeit und Gegenzeichnung bei Anordnungen des Obersten Kriegsherrn）批評二元論的不妥。氏是以軍人無條件服從義務（俾士麥憲法六十四條）為討論基點。軍人對於一個未經部長副署的統帥權命令，應該無條件遵守，自無問題。然而對於處理軍政事務的公務員所言（尤其是國防部官員），基於軍政與軍令二分的原則，對於元首基於統帥權所頒發之命令（不論是否為軍政命令），在未獲部長的副署下，即沒有服從的義務。必待部長的補行副署後，才有服從的義務。因此造成兩種服從義務的矛盾。在對軍隊的戰力與效率而言，這種二元主義將會造成指揮體系的紊亂。故畢伯斯坦元帥力主軍事領導的一元化，使得部長對所有元首之命令，都應副署。由於畢伯斯坦元帥久經戎

---

[31] E. R. Huber, a.a.O., S. 439；在此時期，首相及國防部長每週僅僅向德皇報告一次，而軍事內閣之參軍們與參謀總長卻向德皇報告數次，可見得德皇倚肱之甚。M. Lepper, a.a.O., S.140, FN. 193.。故國防部長便變成代軍隊而「受國會鞭打的小孩」（Parlamentarische Prügelknabe）見 E. Obermann, Soldaten, Buerger, Militaeristen, Militaer und Demokratie in Deutschland, 1985, S. 64.

幕,本文又全由軍事眼光來討論,故這種由軍方內部而生之見解,漸使當時著名的公法學者,如 Paul Laband 及 G. Anschuetz之輩,改變初衷而廣泛支持之[32]。

另外,在一九〇九年至一九一三年為止,國會屢屢針對統帥權的「絕對性」開砲。例如針對元首的軍隊人事命令,國會反對黨一致主張應副署;一九一三年十二月,反對黨對於強硬主張維持元首之軍令權且對此部分事項國會不得質詢,而國防部也不予回答之國防部長von Falkenhayn,提起不信任投票,結果未獲通過,而部長仍舊在位(氏並於一九一四年十二月繼任參謀總長)。這些國會裡的衝突,到了一九一四發生著名的「查伯恩案件」,推上了新的高峰。

本案發生於一位駐紮在查伯恩地區(Zabern)的陸軍團長路特上校(von Reuter),當一九一四年一月初,查伯恩地區發生騷動,路特上校在未獲民政當局的請求,便派兵平定騷動。對於這種擅自用兵的行為,路特上校因而被移送軍事法院審判。而路特上校也振振有詞的為自己行動的合法辯護。上校辯稱依一八二〇年的內閣命令:軍隊平定國內動亂雖然必須依民政機關之請求,但是若等待民政機關的請求過久,致使軍力有無法平亂之虞時,不在此限。並且,依普魯士一八五〇年的憲法典(第三十六條)也規定,對於軍隊何時在未獲民政機關之請求,方可派兵鎮壓暴動之問題,應以法律定之。只不過,至一九一四年事變發生時,該項法律並未制定。所以路特團長自認為其行為並未違法。查伯恩案件發生之後,許多反對黨的議員也起而抨擊軍方這種行為(因為一八二〇年的內閣命令迄一九一三年底從未施行過一次)乃是漠視文人政府之舉動。同月(一月)二十四日普魯士議會便組成一個「查伯恩委員會」,準備

---

[32]Meyer/Anschuetz, Lehrbuch des deutschen Staatsrechts, 7. Aufl., 1914, S. 845. 而 Laband 在一九一四年出版的《德意志帝國憲法》第五版,變更其一八八〇年時的見解,採納元帥的意見。見E. R. Huber, a.a.O., S. 295。

起草上述軍隊平定內亂的法律。但是，德皇唯恐國會勢力藉機滲入軍隊體系，故搶在元月十四日公布一個新的「勤務命令」，規定以一旦軍隊遭到了叛軍或暴民之「包圍」或是民政機關因情況危急無法請求軍方支援之情形為限，軍隊方可以未經民政機關之請求而鎮壓民變。德皇這個以軍令權頒布，又不經副署的勤務命令，除了改變一八二〇年的內閣命令外，至少還有三個意義：(1)皇帝可以用統帥權的方式來界定軍政與軍令的界分問題——如警察權與軍隊權行使的場合；(2)軍人何時皆可使用武器鎮壓國內之騷動，而人民的人權因此也會遭到限制。至此，查伯恩事件便告落幕，路特上校遂被軍事法院以「欠缺犯意」而宣判無罪。而國會在一些氣勢洶洶的議員，指責統帥權的獨立已將軍隊造成「國家中的國家」（Staat im Staat）後，也未能立法來仔細規範，甚至取代德皇的勤務令[33]。

（二）第二個階段

一九一四年八月一日第一次世界大戰爆發後，國會起初基於愛國心及民意因德軍初期獲得鉅大戰果而激昂，致使「民氣可畏」，故各政黨在一九一六年以前對軍事問題的過問以及擴張國會監督權的嘗試，都暫時減緩。但在這個戰爭初期，國會主要是憑藉傳統的預算權監督政府，其中尤以在發行戰爭債券時，國會將和平時期的「預算委員會」擴充成為近二百人之多的大委員會（俗稱「首席委員會」（Hauptausschuβ）經常討論有關軍事及戰爭之問題，但仍未能起而和統帥權力抗爭。但在一九一六年四月，隨著戰情的膠著，勝利的遙遙無期，國會開始提議檢討德國進行的「無限制潛艇」政策。一些議員抨擊此政策會增加德國外交處境的困難及刺激美國的參戰，最後國會雖因執政黨的運作，而作出支持政府繼續進行「無

---

[33] 關於查伯恩事件，參見 E. R. Huber, a.a.O., S. 312.

限制潛艇」政策，但這無異表明國會已經染指統帥的戰爭指揮權力的範疇。而在同年七月，國會決議德國應該確定戰爭的目標何在，以及應該在何種情形下結束戰爭。這也表明國會再度介入操之於元首之手的外交權及統帥權[34]。

德國國會在戰爭晚期，一步步的逼進元首的統帥權禁地後，終於在一九一七年五月十三日由國會所新設的「憲法委員會」決議，修改憲法有關規定，打算提交國會議決，使得國王對所有軍官的任免令，都必須得到內閣部長的副署。本決議雖然又被德皇動用策略而撤銷，但是終在一九一八年十月二十八日，國會正式通過修憲案，明白規定首相要為國王的一切決定負起政治責任；軍官的人事令需經副署；對於戰爭或媾和的決定權，全由國會決定。至此，德皇享有的獨立而不受國會牽制的統帥權力，已經完全崩潰。而同月間，國會也通過決議，要德國副參謀總長魯登道夫去職，也開了德國軍事史上，高級將領的去留是繫乎國會裡政黨的意見之首例。這種將軍政與軍令合為一流的轉變，使得德國的軍隊由「王軍」轉變成「國會之軍」，德皇正式變成一個手無實權的「虛位國君」[35]。至此，國會向德國普魯士傳統君權爭奪統帥權的企圖，終告實現。但是，由普魯士軍隊以在色當一戰大勝法國的赫赫戰功而締建之德意志帝國，十日後也隨之崩潰。德國在一九一八年十一月九日宣布成立共和，德國的統帥權制度，於是又進入另一個階段。

---

[34] 但是，強悍的德國軍方及德皇並未理會國會這種和平動議，一九一六年七月國會作出此「和平決議」後，當年十月至次年三月，德軍反而擴充，由原來的一百五十個師擴充為一百九十二個師。

[35] 對於這種鉅幅的轉變，Huber教授稱這個一九一八年十月二十八日通過的修憲案已經逾越超修憲的界限，而且是一個「毀憲的修憲行動」，是一個「合法的革命」。氏也指控這個修憲案破壞德國君主立憲的傳統原則，促成德皇威廉二世在稍後遜位與帝國的崩潰。見 E. R. Huber, a.a.O., S. 442.

四、小 結

　　德國及普魯士所實施的統帥權可以代表一種典型與絕對的統帥權制度。這個由國家元首親自領軍，也就是如 Rothfuchs 教授所稱的「世襲的軍人統帥」，契合了普魯士王室是標準的「軍人王室」之傳統，也使得軍隊與其最高統帥有一種情感上與「身分」──軍人身分──的同質性，也是基於這種關係。儘管一八五〇年普魯士憲法典與俾士麥憲法所規定的副署制度，仍然不能制止軍政與軍令的二元化，顯示出軍令權獨立性所象徵國會民主力量的侷限性與薄弱。這是「軍事憲法」自成一格，不能臣服在國家一般「政治憲法」之下的鐵證[36]。然而德國與普魯士這種崇優統帥權絕對性質之觀念，雖然使德國普魯士軍隊在十九世紀獲得舉世欽羨的戰果，也使得其他國家──如當時的土耳其、日本及滿清政府──紛紛摹仿德軍之制度。但是德國這種統帥權制度，尤其是軍政、軍令刻意的二元化和統帥權最高幕僚的「多頭馬車」，卻是伴隨德軍光輝戰果的一大陰影。此可以以俾士麥首相和參謀總長毛奇著名的長年衝突與不合作為借鏡。一八六四年普奧戰爭，俾士麥以政治眼光，以希望德奧不要過度的結怨為由，制止毛奇及參謀本部追求最大的戰果所擬議進行的殲滅戰。而一八七〇年普法戰爭，參謀本部全力杯葛俾士麥，不提供戰略資訊及不讓俾士麥過目軍事地圖，而毛奇更在全力奪取巴黎與和約問題上和俾士麥的看法南轅北轍。這些衝突都必須靠普

---

[36] 早在一八七四年德國國會議員 Rudolf von Bennigsen 即在國會裡慷慨陳詞，力主國防憲法必須列入為國家憲法的一部分，讓憲法的一般原則能夠拘束到戰爭、軍隊組織的事務之上。氏並謂軍事憲法是每個國家之「骨幹」，所以軍事憲法不能獨出於憲法之外，否則國家之憲法便不能稱為憲法矣。見 E. R. Huber, a.a.O., S. 35.

王威廉一世以其個人的識人能力、耐心，加上毛奇個性較為溫和等等，才勉強使得首相俾士麥、國防部長羅恩、參謀總長毛奇，可以在大局為重的情況下，捐棄私見。但是，一旦元首本人的「馭將」能力有失，如同日後繼位的德皇威廉二世，或易參謀總長以桀傲不馴之人時——如日後出現的德國多位參謀總長——，則驕兵悍將即不可能使軍政當局與統帥權體系合作無間。因此，德國普魯士的軍制的確是全繫個人因素，充滿太多的變數。吾人也可以說軍政、軍令二元化，多重幕僚體系，與絕對性的統帥權制度易造成最高權力間的傾軋。德國普魯士一連串戰勝外國的成就，如僅在領導階層團結一心方面來作考量，恐怕便是偶然因素超過必然因素了[37]。

第三節　德國威瑪共和之統帥權——修正型之統帥權制度

一、威瑪憲法之統帥權規定

　　一九一九年德國威瑪共和國憲法依然維持軍隊的統帥權體制。

---

[37] 例如德國軍事學家Gorlitz稱毛奇與俾士麥這兩個偉大軍事家與偉大政治家，在私交方面雖極為冷淡，但仍能相互配合，這在爾後日耳曼歷史上未再度出現，故實是最大的不幸，可見得德國統帥層內「人和」問題的嚴重。參見張鍾秀，前述書，第九十一頁。俾士麥在其晚年（一八九八年）出版的回憶錄——《想法與回憶》（*Gedanken und Erinnerungen*）——裡也一再斥責參謀本部裡那些「半神」（Halbgottern）的軍官，對內閣要求的提供戰況報導往往置之不理。而最嚴重的情形是在色當戰役之後，俾士麥本人不知德軍的日後企圖——是否進軍巴黎以及有利的軍事進展——使得其外交工作進行得十分地不順手。參見 H. Rehm, a.a.O., S. 18；G. A. Craig, a.a.O., S. 228.；及馮·賽克特著，張柏亭譯，《毛奇評傳》，國防部印，民國五十年，第九十三頁與一五七頁以下。

威瑪憲法第四十七條規定聯邦總統擁有軍隊的統帥權,而且為避免重蹈帝國時代對於副署問題之紛爭,本憲法於第五十條亦規定,總統所頒布的命令——包括統帥權的指揮命令——,皆須經過機關部長與總理之副署。而且,同憲法第五十六條亦規定,內閣的部長單獨主管本部之事務。準此,國防部長即對國防事務擁有最高的權限。易言之,國防事務,或是「國防行政」事務皆專屬於國防部長。以威瑪憲法這種有關統帥權的成制,可以看出這種「修正型」的制度,只強調總統統帥命令(指揮命令)仍須副署,可以杜絕長年來的紛擾。惟是否仍然維持軍政與軍令的二元化體制?由威瑪憲法未明白規定統帥權的內容與如何行使的情形來看,似乎威瑪憲法的制定者並無賦予新義。何況由第五十條特別指明總統的「指揮權」的應副署義務,可知威瑪憲法將總統的統帥權只侷限在純粹對於軍隊之領導與命令——所謂的「指揮權」——,而其他除指揮軍隊以外所有的事務,即應歸屬國防部長所掌之國防行政(威瑪憲法第五十六條)。是故,有的學者稱這種新修正的統帥權乃「狹窄化」的統帥權概念[38]。不過,威瑪憲法並未如以往俾士麥憲法,對於統帥權的項目予以列舉式的規範,是否表示這些傳統的統帥權範圍——包括附隨的如軍人「無條件服從」之義務——,應可以一併移到威瑪共和國的總統統帥權之上?威瑪共和的統帥權概念是否仍是一種「集合概念」(Sammelbegriff)?憲法五十條明白規定的指揮權(Komman-doakt)是否即是傳統軍令權——如帝國時代二元論者所劃歸在統帥權部分之絕對權力?這些問題似乎皆應持肯定之態度。這可以歸因於威瑪的締建是把君主制度廢棄而代以民主政體,同時除去君王的特權,移轉到民選的總統之上。因此基本上是保留傳統的

---

[38] 如 M. Erhardt, a.a.O., S. 50.

統帥權概念與內容，未作太大之變動[39]。

二、統帥權體系之轉變——國防法之「新統帥體制」

　　雖然威瑪憲法及威瑪共和的政治體制依然賦予德國總統未經明白界定其範圍及行使程序——除副署義務外——之統帥權。但是，一則德國總統並非全是軍人，不知兵的總統難以指揮有長久軍事傳統與自成體系的德軍；二則依據凡爾賽條約第一六〇條，德國必須撤銷參謀本部，元首即少了最重要的幕僚機構。再者，軍事內閣也隨帝制終結而解散，總統承襲以往統帥的軍事幕僚只剩下國防部了。是以，威瑪共和國統帥權的式微是表現在國防部長的重要性提升之上。

　　一九一九年八月二十日，德國總統正式頒布命令，授權國防部長可以有權指揮全國軍隊。但總統自行命令時，不在此限。這是德國國防部長再度如一八〇九年成立的普魯士國防部部長一樣，擁有直接對部隊下命之權力。然而，將國防部長權力明確化的，是一九二一年公布的國防法（Wehrgesetz）。本法第八條的規定如下：

1.軍隊應完全聽命於合法的上級長官。
2.聯邦總統是全軍最高的指揮官。國防部長位於總統之下，得行使全軍的指揮權。陸軍編階最高者為上將一人，任陸軍總司令，海軍編階最高者亦為上將一人，任海軍總司令。因此，這個新的國防組織表即如圖1-2。

---

[39] 據 M. W. Boβ（前註[14]處）之分析，仔細分析軍政權和統帥權的著作，終威瑪之世只有一本，便是一九三一年K. R. Blenk獲得慕尼黑大學法學博士之論文——〈德國國軍的指揮權〉（Die Kommandogewalt in der Deutschen Reichswehr）。而本論文的結論，也謂威瑪的國軍指揮權實無異於以往可以對部隊為任何指揮、處置的統帥權也。見M. W. Boβ, a.a.O. S. 10.

圖1-2　威瑪共和國和國防法的統帥體系

　　威瑪共和「國防法」第八條有幾點特色值得注意：第一，本法將總統的統帥權劃給國防部長行使，是否可符合威瑪憲法第四十七條之規定？易言之，憲法所規定之元首統帥權是否可以透過法律予以局部的「明確化」？還是本權力絕對不能以法律規定？第二，總統是國防部長之上司，為國防法第八條二項所明定，總統依然可完整地行使統帥權，自無疑問。故國防部長的指揮全軍之權力不能牴觸總統之命令。易言之，總統的統帥權力並未被架空。所以，由這個角度來看前一個問題，既然總統的統帥權仍然充分保留，故本國防法第八條的「合憲性」──僅就涉及侵犯統帥權與否問題方面──即成「否定」之答案。第三，本國防法關於國防部長指揮權方面，明定為總統的下屬。因之，國防部長為雙重「下屬」地位的部長：(1)在軍政方面，國防部長是內閣之一員，是總理之下屬；(2)在軍令方面，國防部長是總統的下屬，而不是總理的下屬。這種制度也再度使得軍令與軍政的二元化，完全呈現於法制。而所異於往昔者，僅是皆需要部長的副署；而同時，軍政與軍令只是合流在「較下層」的部長之手，但在「較上層」的方向，軍政與軍令還是分歸於總理與總統之權限。因此，這種新的國防體制飽受學界批評[40]。

---

[40]Lepper 即稱這種擴張部長之權力，但卻未能先行解決軍政與軍令的差別，企圖將懸而未決的「權限規範」問題（Kompetenznorm）採「整合」（Integration）方式，集權於部長來之手裡解決軍政與軍令的二元弊病，自然不是一個妥善的體制。M. Lepper, a.a.O., SS. 145, 156.

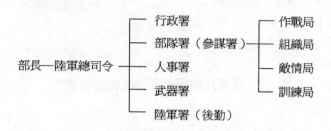

圖1-3　威瑪國防陸軍總司令部組織

第四，部長之下陸、海軍各設了一位上將級之「總司令」。這二位最高階軍人職位的出現，是立法者擔心文人部長在軍事智識及統御能力的不足所作的設計，卻意想不到地導致威瑪共和國產生新的軍事領袖。

　　本來在德國帝國時代，大權集中在統帥手裡，陸軍在參謀總長的領導下，並未置設總司令一職。而在威瑪共和時代，陸軍總司令在統帥體系的地位，可由圖1-3示之。

　　由威瑪共和國陸軍總司令的職掌已可看出，其下屬單位的「部隊署」（Truppenamt）是最重要的單位，也是按照以前參謀本部的模式成立。「部隊署」的首長相當於以往的參謀總長。而陸軍總司令所轄的各署——如武器署掌管武器的研發、換裝；陸軍署（Allgemeines Heeresamt）則掌握有關軍隊制度之事項——如制服、撫卹等等之事項，故連以往屬於國防部掌理的軍政之事項，及軍事內閣掌握的人事事項，也因人事署的設立，移至陸軍總司令之手中。故凡爾賽條約第一六〇條禁止戰後德國成立參謀本部與不准德國出現「大元帥」（Generalissimus）之規定，皆在德國威瑪共和時代「借屍還魂」。尤其是以陸軍實力遠較海軍強大，故陸軍總司令的重

要性即遠超過海軍總司令了[41]。

三、總統統帥權之旁落

　　威瑪共和的統帥權體制雖然仍保持元首擁有概括——如同往昔一樣概念——的統帥權力，但為避免副署條件的爭議，以及欲使軍政與軍令一元化，使國會有可監督之機會，才規定所有總統命令皆應副署，即使本著軍令權之命令，亦然。而一九二一年公布的國防法第八條雖保留總統擁有自由行使的統帥權；也規定部長可行使對部隊的指揮權，但是因為在部長之下又分別設立陸、海軍總司令，這種「三種階層」的統帥體制未能讓軍隊完全服膺文人政府。

　　威瑪軍隊的體制是依賽克特將軍（Hans von Seeckt, 1866-1936）的理念所建立。賽克特本人在一九二○年起即擔任第二位的陸軍總司令，直至一九二六年才迫於盟軍壓力而去職。氏對威瑪共和國的軍隊貢獻極大，故被稱為「威瑪國軍之父」。也就是因為賽克特上將夙負軍隊眾望，而氏也嚴格執行軍隊「非政治化」的政策，不使各政黨的影響力滲透到軍中，軍隊完全隔離於政治鬥爭的風波之外。威瑪共和的十萬國軍因此變成一個內聚力十分強烈的「封閉團體」，遂成為一個標準的「國家中的國家」。這固然保存原德國軍隊的精華人員及軍事智能，同時也給希特勒日後建軍提供最好的「種子」。所以，在威瑪共和國政治動盪不安的時代，賽克特全力整軍，鞏固軍心而不介入政爭，可以說是史學家給賽克特上將一個正面評價的主

---

[41] 按此陸（海）軍的「總司令」名稱並不恰當。德文的本意應為「陸軍總指揮」（Chef der Heeresleitung），而不名為一般的「總司令」（Generalkommandant）的用意，也是為避免盟軍的反對。因為盟軍希望德國由部長控軍，而國會監督之。而「陸軍總指揮」僅是提供部長有關陸軍的軍事事業知識，充當無下命權的幕僚長而已。見 M. Lepper, a.a.O., S. 148.

因。但是，擁有法定統帥權的總統及行使指揮軍隊權力的國防部長的影響力即告下降。以總統而言，一九二〇年起正式擔任總統的艾伯特（Friedrich Ebert, 1871-1925），在五年的任期當中，唯恐破壞與軍隊之關係，不僅無力指揮部隊，甚至認為統帥權最好以閱兵、巡視部隊及參觀演習的方式表現之。即便是憲法第四十八條規定總統擁有緊急命令權力，必要時可以動用軍力來平定內亂，而艾伯特總統本人也經常使用[42]。但是，若未能獲司令的首肯，仍無法使號令行於軍中[43]。這情形一直到了一九二五年七十七歲高齡的興登堡元帥當選總統之後，由於興登堡總統是德國人民及軍人心目中的英雄，本人在大戰間曾任東戰線總司令，一九一六年起且擔任參謀總長至戰爭結束為止，可謂一個能「知兵」又能「御將」的元首。自此，總統才又能實質的掌握軍隊的指揮權矣！

因此，由威瑪共和國的統帥權的制度運作可知，一個身為文人的統帥權者，若制度的設計，是下設能指揮軍隊掌握全權之將領時，則軍人依階級服從的鐵則，此實質對軍隊的「指揮權」易將高高在上的「統帥權」架空。這種「悍將驕兵」的現象即是威瑪共和軍隊——儘管此軍隊是以「不干政」而自傲自勉——的寫照。故而使得西德在第二次世界大戰後重新建軍時，便把統帥權的重新設計，當成重要的課題了。

---

[42] 據統計，艾伯特在五年任期內使用這種權力共一三三次。見 J. Hartmann/U. Kempf, Staatsoberhaupter in westlichen Demokratien, 1989, S. 18.

[43] 例如賽克特總司令要求全軍對政治保持距離，竟使軍隊完全聽命其個人。一九二〇年發生極右派的「卡普政變」（Kapp Putsch），賽克特即拒絕聽從艾伯特總統之命令出動軍隊鎮壓叛軍，並以「叛軍皆係前德軍袍澤，不可相互殘殺」為由，而保持中立，致使柏林淪陷，政府要員逃離首都。而一九二三年慕尼黑發生希特勒的暴動時亦同。所以，當時（一九二〇年至一九二八年）的德國國防部長 Otto Geβler 便說道：部長擁有對軍隊的指揮權只是「幻影」而已！G. A. Craig, a.a.O., S.416.; O-E. Schuedde kopf, Das Heer und die Republik, 1955, S. 115.

第四節　軍事一元主義之指揮權──西德統帥權概念的消逝

由德國軍政與軍令之先分後合之發展軌跡，可以看出基於民主的國會政治原則，軍權勢必與政權合為一體不可。然而如何置掌握軍事實力的各級將領於國家政權的指揮體系之中，基本上，似應以內閣型與總統型的兩種模式作討論。當然各國的政制，尤其在「統軍」體系各有不同之制度；不過本文既以討論德國的軍事統帥權為主要目的，自應以第二次世界大戰後成立的西德體制，作為內閣型的代表，以示該國統帥權的今昔對比。另外，著眼美國是總統制國家的代表，又是當今世界第一軍事強權，故其文人政府如何統率軍隊之制度架構，是否與西德內閣統軍之制有相似之處？亦有值得吾人探究之價值。爰分別簡敘之：

一、西德的「內閣領軍制」

（一）和平時期──部長領軍之制度

在慘遭第二次世界大戰的敗績，國土大半淪為赤化、割讓予鄰國、全國一片廢墟之後，一九四九年成立的西德政府及公布實行的基本法，並未有任何關於軍事之規定。這是西德當時仍處於盟國占領期，「國防主權」（軍事大權）操在盟國手中。因此，基本法採行內閣制度，雖設有聯邦總統之職，但是不同於威瑪共和國時代，基本法的總統不再擁有統帥權，亦無緊急命令權力。而基本法第五十

八條只規定總統的任何命令與處置皆需總理與部長之副署，但也未再提及基於軍令（指揮）權所發命令亦須副署的必要。所以，西德基本法所規定的德國聯邦總統只是形式意義的「虛位元首」。

在一九五六年三月十九日，西德通過了第七次修憲案後，開始建立新軍[44]。但是，在這個基本法的「國防憲法」裡，未再賦予聯邦總統對於軍隊的統帥權。甚至關於統帥權（Oberbefehl)的措詞亦未使用。基本法第六十五條 a 是將軍隊的「命令與指揮權」直接交到國防部長之手中。西德基本法之所以不採用「統帥權」用語的主要考量，係在於：(1)基於意識形態的考慮。因為統帥權予人太濃厚之帝國、帝王的色彩，欲擺脫過去軍國主義色彩的德國人士及政府並不願意再使用此用語；(2)基於政府體制的考慮。由於西德採行內閣制度，而統帥權的傳統概念皆是與對軍隊領導有實際權力的元首制度，息息相關。故無法一方面讓內閣之國防部長掌握軍權，又使用過去專屬元首權力的統帥權用語；(3)基於概念的清晰度與明確性考慮方面。由於以往對統帥權的概念認知，並無一清晰的答案，率以歸納法的方式，搜尋累積屬於實際運作的軍令權事項，故為避免要經常審視新的國防環境或有新的處置類型，而必須分析究竟是否屬於統帥權效力範圍的麻煩，故基本法的「軍事憲法」的修憲者即採用「命令與指揮權」來取代統帥權之用語[45]。因此，國防部長即是掌握軍隊的最高權力者。聯邦總統對軍事方面，只剩下依法任免軍官及士官之權（基本法第六十條）以及依一九五六年三月公布的「軍人法」第四條規定，總統對軍隊官階標誌與服飾的決定權；第五條對軍人為特赦與復權之權力。故對軍隊已無實質的影響力了。

國防部長對軍隊的「命令與指揮權」，既係是國會用以取代傳統

---

[44] 關於西德建軍的經過，參閱陳新民，〈法治國家的軍隊——兼論德國軍人法〉（前註3]處）。

[45] M. Erhardt, a.a.O., S. 60.; W. M. Boß, a.a.O., S.14.

統帥權之用語，但是「命令權」（Befehlsgewalt） 與「指揮權」（Kommandogewalt）兩者的內涵是否同一，卻眾說紛紜。

有認為命令權是屬於「政治領導」，即「政治控制軍隊」之意義；而「指揮權」則是側重「軍事領導」，即是以軍隊階級觀念，下級服從上級之體系。因此指揮權是以往軍令權的延續。這是把「命令權」及「指揮權」拆開加以解析的說法[46]。但是，通說還是將「命令與指揮權」當成一個新的「概括概念」，也就是視這兩個用語為同義詞，就以往有關對軍隊的一切「下命權」都包括在本用語之內，而不必區分這兩個措詞之間的差異[47]。然而此並不意味原來統帥權的內容因為更易名詞（命令與指揮權）而存續。西德建軍既然是採內閣部長領軍制，同時無「軍令無需副署」之問題，故原本屬於統帥權概念的，不屬於行政法內行政命令（法規命令）的「軍事命令」要素，就不再適用。同樣的情形，基本法在通過「軍事憲法」同時，也修訂基本法第一條三項，將「行政權力」受到法律及法之拘束的規定，易為「執行權力」受到法律及法之拘束。這種改變說明基本法認為軍隊亦屬國家執行權力——即行政權力之體系，故軍隊的指揮命令權是屬於三權分立中的行政權。傳統統帥權的內容且涵攝對軍人之軍法審判及訴願的最終決定權；但是西德的軍事法制裡，由於司法權力獨立的結果，對軍人軍法審判及訴願的最終決定權是由司法機關或聯邦行政法院為決定，因此國防部長的命令與指揮權力即不包括這兩種權限。由這些討論可知，往昔統帥權的內容不符合西德建軍時之國家法制精神，與「命令指揮權」有甚大差距。

---

[46]C-G v. Unruh, Fuehrung und Organisation der Streitkraefte in： VVDStRL, 1968, S. 183. 。這也是通過修憲案當時的國防部長 Blank 在國會報告時所作的解釋。見 W. M. Boβ, a.a.O., S. 15.

[47]W. M. Boβ, a.a.O., S. 21.; M. Erhardt, a.a.O., S.65.; M. Lepper, a.a.O., S. 157.

（二）國防狀態之時期總理領軍之制度

　　一九六八年六月二十四日，西德通過了「緊急憲法」的修憲案，增列了第一一五條 b。依本條規定，國家一旦進入戰爭或戰爭威脅的國防狀態之後，原本屬於國防部長的命令及指揮權，全部移轉到總理手上。這個緊急憲法的增訂，彰顯幾項個重大的意義：第一，由第一一五條 b 的規定，更凸顯在國防狀態發生以前，國防部長對軍隊命令與指揮權的「專屬、排他」之權力。所以，即使國防部長是內閣之一員，但其並不能主動將此統帥之權力移給總理，而身為內閣首長之總理也不取得此權力[48]。第二，國防狀態時的軍權移轉，顯示出總理以全國最高行政首長兼負有指揮軍隊之權力，更能協調政府各部門，爭取最大的團結俾迅赴軍機。第三，由於國防狀態發生時，移給總理的權力只是軍隊的指揮及命令權，而不包括整個國防部的職權。於是，以往令人費盡思量地區分軍政與軍令的陰霾似又籠罩[49]。不過，此問題較易解決。因為國防狀態發生後，對於軍隊的命令權力移轉到總理手上，故總理對軍隊之命令，可對部長下令後，由部長再命令各司令官；或是不透過部長之手，直接下達於各級軍人。此外非關對軍人下命之事項，仍屬國防部之權限，由部長全權負責。因此，由於總理對軍隊的下命權不涉及應否副署之問題，況且總理處理有關軍隊的指揮及命令事宜，原本屬於國防部之幕僚、設施及應對方案，並不隨之自動移往總理辦公室，

---

[48] 然而奧地利憲法第八十條規定，奧地利總統擁有軍隊的統帥權；政府擁有軍隊的「處置權限」（Verfuegungsbefugnis）；國防部長擁有軍隊的命令權。這條規定被德國學者H. Quaritsch批評為太過繁雜。而奧地利名學者Winkler 則認為奧地利總統的統帥權只是一個純粹的代表性作用，象徵元首的尊榮而已，而國防部長的命令權才是真正的指揮軍隊之權也。見 Quaritsch/Winkler, in: VVDStRL, 1968, SS. 217, 268. 。

[49] 因此，有些學者即認為此時國防部長又變成「軍政部長」矣。M. Erhardt, a.a.O., S. 66.

故總理為軍隊指揮命令時，勢必需要國防部（長）之全力參與不可。所以，國家瀕臨戰爭之際，西德這種「移權」的制度，頗有慧眼獨具之功效[50]。

二、軍隊命令指揮權及幕僚體系

西德一九五六年增訂基本法「軍事憲法」時，在第八十七條 a 規定：有關軍隊的員額及其組織的原則，應由年度預算案決定。這是西德國會運用最正規的「預算權」對軍隊作財務上的控制。但是，基本法卻未規定——如德國以往一八四九年憲草（第十二、十六條）及威瑪憲法（第六條四款、七十九條）之成例——國會應以制定「國防組織法」之方式確定軍事組織的架構及國防部長的指揮體系。由基本法第八十七條 a 的意旨可知，有關軍隊的組織，不以專法規定為必要，但絕對應在每年的預算案中決定之。雖然為避免軍事體制的不確定，也欲將軍隊在憲政體制及行政體系裡定位清楚，所以一九五六年西德軍人法第六十六條明定「國防組織，尤其是國軍最高機構及國防部之組織，應另以法律定之」。但是，這個「國防組織法」卻在一九五六年、一九六五年等幾度提出草案後，即未再聞提案之議。這個明顯的「立法怠惰」的主要因素，在於德國國會與學界普遍認為：針對瞬息萬變的戰略情勢及發展迅速的武器裝備，實在不易在一個固定的國防組織法裡，規定軍隊的組織及編制——例如國防部長能否調整二個軍團編制為數個師及一個軍團編制？——。而且，戰後德國國會已經透過軍事政策的充分辯論、預算案的詳細審查，已能充分控制軍隊，行使國會監督權限，故認為制定國防組織法非有絕對必要。而且即使由國防部長以命令（行政

---

[50]M. Erhardt, a.a.O., S. 69.; Reinfried/Steinebach, Die Bundeswehrverwaltung, 4. Aufl., 1983, S. 44.

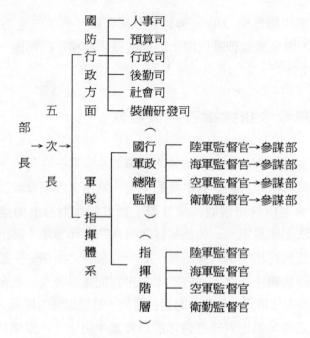

圖1-4　西德和平時期國防部長指揮體系

規章）訂定部隊的組織體系，亦不違憲；因此西德普遍認為無立此法之必要[51]。依西德基本法授與國防部長統籌軍隊的命令與指揮權（第六十五條a）與國防行政權（第八十七條b），因此和平時期西德國防部長的指揮體系可以圖1-4示之。

　　上圖最值得重視的是國軍總監在軍隊指揮體系裡的地位問題。西德鑒於過去歷史文人部長不能掌握軍事領袖——尤其是威瑪共和

---

[51]Reinfried/Steinebach, a.a.O., S. 44; H. Quaritsch, a.a. O., S. 259; D. Rausching, Wehrrecht und Wehrverwaltung, in: von Muench, Bes. VerwR., 8. Aufl., 1988, S.923. 以及H.Schwidt, Militaerische Befehlsgewalt und parlamentarische Kontrolle, in: Festschrift fuer A. Arndt zum 65 Geburtstag, 1969, S. 449. 而蔣緯國將軍認為西德已有國防組織法，似有謬誤。同氏著前述書，第一三七頁。

國的成例——，因此，特別將「國軍總監」的功用徹徹底底定為「幕僚」。國軍總監（Generalinspekteur）下隸屬一個參謀部，在履行任務與職權的情況時，可以指揮陸海空及衛勤的監督官（Inspekteur）。總監的任務是向聯邦政府及國防部長提供專業的及整體性的軍事建議。並且也擔任——依部長之指示——軍隊之規劃、組織訓練（軍事院校的督導）、情報、戰史研究單位等等之長官。同時係代表全軍的利益，作為軍隊的代言人。如在部長的授權時，亦擁有視察各部隊之權力。但是，總監只能直接指揮其下屬的總監參謀部，對於各軍的監督官，在指揮方面沒有下命權，只在行政幕僚事項方面，擁有指示權而已。所以，各軍的監督官依法定的服從義務——如軍人法第一條四項，軍人應向「法定長官」服從——只向部長盡服從之義務。總監既已喪失直接指揮各部隊之權，且其所屬之參謀部又不似以往的參謀本部，對於人事、武器研發、後勤事務，皆已移往國防部，故國軍總監已全然不似普魯士及德意志帝國時代的參謀總長，也不似威瑪時代的陸軍總司令矣[52]。至於在指揮體系裡直接受部長指揮的四個監督官，在其所屬的軍種是擔任指揮官，而其下屬亦成立類似總監參謀部的「軍種參謀部」，負責有關純指揮及幕僚行政事務。因此，在各軍種方面，國防部的軍政與軍令決定皆可以直接下達到各階層之部隊[53]。另外，為了有效的協調各軍種共同有關

---

[52] 不過，西德總監若是代表西德參加國際防禦組織（如北約），則是以西德最高軍階的軍人身分，也就是比照各國軍隊裡的類似參謀總長職位。這是總監代表軍方之地位亦及於參加國外軍事之組織也。而蔣緯國將軍認為「總監，經國防部長之責成，為三軍最高指揮官」，似乎亦非正確。見氏著，第一三六頁。

[53] P. Badura, Staatsrecht, 1986, G. 87. 。各參謀部都是依照聯邦政府的公文處理模式及處務規程等規章來處理職務。見 F. Ritter/H. Ploetz, Die Bundeswehr, 2 Aufl.,1988, S.17. 。同時這是致力將軍政行為當成公行政行為的一種努力，亦即「軍政民政化」也。見Reinfried/Steinebach, a.a.O., S. 31.

的問題時，可以召開「軍事領導會議」（Militaerischer Fuehrungsrat），

　　總監擔任主席，成員除四個軍種的監督官外，也包括副總監。這個會議之決議，除了各成員可以依職權貫徹外，必須由國防部長決定下達，不能逕以會議名義及總監名義下達[54]。

　　當然，西德的軍事指揮體系，刻意使軍隊的最高階軍人之一的總監（按總監與各軍種監督官皆上將銜──西德軍隊不再如二次大戰前的各時代皆有元帥制度）不享有統籌掌握全軍之權。這種「分而治之」的政策當然是基於對軍隊團結力畏懼的歷史因素，但是是否能夠真正地在國家瀕臨戰爭時，發揮最大的戰力凝聚而獲致最大戰果？早在基本法增訂國防憲法時，已有不少意見，認為軍隊應該統籌由一個最高階之軍人發號施令，而對部長負責，避免各個軍種的本位主義，與文人部長「不知兵」而導致戎機貽誤的不幸後果。但是，這個考慮可以在現實運作中解決。因為西德未制定國防組織法，所以國防的指揮權限，只要堅持平時由部長，國防狀態發生時由總理掌握最高指揮權；但是不排除部長，尤其戰爭時，總理可以以授權方式全盤信任總監為軍隊之調度指揮及戰事的遂行指導。這是西德未制定國防組織法之可以給予文人領袖彈性應變軍事危機的優點[55]。

　　由西德總監定位為軍隊實際及法定最高指揮官──部長的幕僚長，以及為統一解決各軍種之共同問題，可以召開「軍事領導會議」可知，西德的總監和「軍事領導會議」頗有取法美國軍制之現象。美國制的軍事指揮制度，也反映出總統制集中行政權與軍權於一的特徵，詳見下節的敘述。

---

[54]Reinfried/Steinebach, a.a.O., S. 45.

[55]H. Quaritsch, a.a.O., S. 258.

三、與美國的「總統領軍制」的比較

美國憲法第二條明定總統是陸海軍的「統帥」（Commander in Chief），可以指揮陸海軍及召集服役的各州民團武力。但是美國憲法並未明定總統的統帥權的範圍及行使的內容如何。美國憲法公布後迄今的歷次增修案亦未詳加補充。美國憲法制定時的考量，對於總統所有職權裡最重要的一項，便是直接指揮軍隊，作為最高司令官的統帥權了[56]。因此軍隊的指揮權限是操在總統之手。依美國一九四七年公布的國家安全法及一九四九年的修正，美國成立國防部及國家安全會議，並且賦予「參謀首長聯席會議」法定地位[57]。因此，目前美國總統行使的統帥權體系可以圖1-5示之。

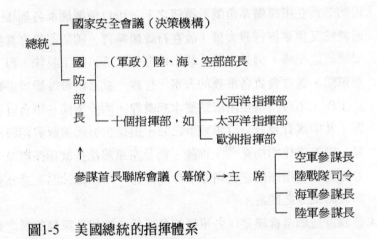

圖1-5　美國總統的指揮體系

---

[56] 立憲時的起草人之一，Hamilton 即持此議。見 Edward S. Corwin, The Constitution and What it Means Today, 1978 Edition, Princeton University Press, p.157.；陸潤康，《美國聯邦憲法論》，修正三版，民國七十二年，第一四六頁。

[57] 參見蔣緯國，前述書，第一四〇頁；李承訓，〈憲政體制下國防組織與軍隊角色之研究〉，政戰學校法研所碩士論文，民國八十年，第六十三頁以下。

美國這種軍事指揮體系，值得吾人注意的有幾點：

1. 總統掌握軍隊指揮的全權。不論平時、戰時，都可以透過或直接指揮十個指揮部。因此，是一種軍區司令官直接向領導中樞負責，接受命令的體制。

2. 國家安全會議是總統決策的主要機構。由總統主持，其成員包括副總統、國務卿、國防部長。而參謀首長聯席會議主席（以下簡稱「參謀主席」），中央情報局局長擔任顧問。因此可以知道，在全盤決定國家戰爭或處理危機時，軍事的考量是融為其他政治層面考慮的一環，而非占了最大分量。這種和德國以往在帝國時代，統帥權決定的主要機關——國王統帥部——裡充斥著軍人的情形完全不同，是「文人領軍」的重要表徵。

3. 國防部長在指揮體系是屬於總統之下，可以指揮國軍各部隊，而總統又係掌握行政大權，故在行政體系裡，國防部長亦直接受總統之指揮。另外，除十個指揮部外，國防部下設陸、海、空軍部，各自負責各軍種的人事、行政、武器研發等屬於軍政之工作，不似西德逕由國防部本部處理。由於美國三軍各自發展，其中寓有藉分立以求競爭之意，但是也引起浪費資源與預算、設施重疊的指責[58]。而陸、海及空軍部部長就指揮體系，並無對十個指揮部之總司令下命之權力，所以國防部下亦分有軍政與軍令之體系。

4. 參謀首長聯席會議是以各軍種的參謀長（次於各軍種部長之最高職位）組成（惟海軍陸戰隊是以司令官參加），故係純就解決軍種間問題之協調機構，而無指揮下命之權力。「參謀主席」是作為提供國防部長、國家安全會議及總統本人之顧問，對於十個指揮部，亦僅扮演監督、溝通與協調的角色。故美國的參

---

[58] 見蔣緯國，前述書，第一四二頁。

謀首長聯席會議不似西德的「軍事領導會議」，蓋後者之成員乃各軍種之「主官」——監督官也。惟就各軍種指揮官無指揮命令權與最高司令官顧問之功能而言，美國的「參謀主席」係和西德的總監相類似[59]。

5. 美國是世界性的強權國家，軍隊駐紮在全球各地，因此國防地區極為遼闊。所以美國軍隊體系分由十大指揮部，各設一個總司令總司其事。如果該總司令所轄部隊不只一個軍種——例如派駐歐洲的「歐洲指揮部」，則總司令即駐地美軍之統帥。這種情形對於像西德這種地小，軍隊全駐紮於國內的國家，即無適用本制度之必要。美國這種總司令制度的優點是，可以獲得廣泛授權與統一集中指揮權，足以應付非常之事變，發揮總體戰力。

6. 由於美國憲法並未仔細規定總統統帥權之內容，而且本於權力制衡原則，統帥權即屬於總統的專屬權力。但在制定國家安全法後，已將「參謀主席」以及國防部長的任命同意權交由參議院同意。所以美國國會除掌握軍事預算權外，對軍人的任命權僅有對「參謀主席」的任命權；不似西德的總監，不以國會之同意為必要。

---

[59] 美國雷根總統曾於一九八七年一月十四日簽定一個備忘錄中指明，總統與國防部長以及與大指揮部總司令之間的聯繫，應該透過「參謀主席」，說明「參謀主席」只是扮演「傳遞」的角色。見 Bob Woodward 著，譚天譯，《世紀大決策》，民國八十年，聯經出版社，第四〇頁。

第五節　我國憲法統帥權制度之檢討

一、統帥權之概念與內涵

（一）憲法之規定

我國憲法第三十六條規定總統擁有三軍的統帥權。由於如同美國憲法及德國威瑪憲法未對此權力之內容有何規定之成例，憲法的制定者即未明文規範本權力之內涵。不過，綜觀我國憲法（及增修條文）對總統對軍隊指揮權力，有極密切的關聯者，計有下列幾個條文：

1. 第三十七條規定，總統依法發布命令須經行政院長或行政院長與有關部長之副署。是為總統命令的副署要件。
2. 第三十九條規定，總統依法宣布戒嚴，使全國或部分地區進入戒嚴狀態。
3. 第四十一條規定，總統依法任免文武官員。武官的任免即由總統依法行使之。
4. 第一○七條二款，國防與國防軍事之事項，由中央立法與執行。
5. 第一三七條二項，關於國防之組織，由法律定之。
6. 增修條文第七條規定，總統在國家瀕臨危急時，可以行使緊急命令權。

上述的憲法規定，我們可以看出我國憲法有關統帥權的制度設

計，與以前的德國威瑪憲法，有幾分神似之處：第一，在統帥權的賦予總統與副署制度方面，皆和威瑪憲法四十七條及五十條之規定相類似。只不過，威瑪憲法則明定總統即使對軍事指揮之命令亦須副署，則是我國憲法第三十七條所未強調。這是否代表總統的軍令部分所下之命令無須副署？第二，憲法增修條文第七條規定總統擁有廣泛的緊急命令權，則與威瑪憲法第四十八條總統的緊急命令權極類似。因此，在國家有內憂外患之危急時，總統可以行使動用軍隊之權力。第三，我國憲法又規定戒嚴制度，是威瑪憲法所無。而到底總統命令副署的必要性何在？是否我國立憲者本即有意採擷威瑪憲法第五十條之立法例來限制總統之統帥權？有待澄清。

（二）總統軍事命令的副署制度

以本文前面討論到德國普魯士及帝國時代所發展的軍政與軍令二元主義之濫觴，乃在於國會民意對軍隊事務的介入與干涉。易言之，是祭出「統帥權絕對及獨立」的大旗來作為否認總統軍令的「副署必要性」。而威瑪憲法正是要扭轉這種偏頗之制度，故才創設「修正式」的統帥權制度。威瑪憲法這個立法例的前因後果，是否為我國草擬憲法者所熟悉？依張君勱先生之意見，似可佐證其之主張，不分軍政與軍令，全以副署為必要[60]。倘若我們對於憲法第三十七條之意旨，不作「狹窄」的詮釋，全以字面意義來作解釋，似乎也不宜逕自導出軍政與軍令二分的結論。因為除卻副署義務的爭議，即無「軍令特殊化」——免副署——的必要了。何況，憲法第

---

[60] 張君勱在民國三十五年撰寫的《國憲議》中（民國六十年台灣商務印書館重印，第六十八頁）有一句話：「但是我們為求總統安全計，為使他受到全國人民愛戴起見，須得有人對他的命令處分加以副署。而因副署之故，發生責任。所以除總統外，另有負責的政府。」由張氏這一段話可以看出他對總統的軍令要求副署，方可「保護」總統的聲譽臻於周全也。

三十七條是緊跟在憲法第三十六條之後，即有表示「包括前條」之意義在焉[61]。而且，總統在行使緊急權力時，不論是依憲法第四十三條原文，抑或依增修條文第七條，都必須經過行政院會議之決議為前提。故總統行使緊急權力而頒布統帥權命令，自亦需有行政院長等的副署，其理至明矣。

我國憲法對統帥權的內容及如何行使，既未定有明文，只在程序上予以「副署」的拘束規定罷了。但是憲法之本意，係交由立法院以制定「國防組織法」的方式予以充實。所以，這是個標準的「憲法委託」（Verfassungsauftrag）的制度，有待立法院以立法方式規範總統如何行使統帥權及體系架構之充實[62]。

但是，目前在我國憲政實務上實行的軍政與軍令二分主義，卻由其他法律規定形成。尤其是「參謀本部組織法」第九條二項規定：參謀總長在統帥系統為總統之幕僚長，總統行使統帥權，關於軍隊之指揮，直接經由參謀總長下達命令。參謀總長在行政體系，為部長之幕僚長。由本法的規定觀之，不只是明文提到國軍是有一套統帥體系，且總統下命「直接」經由參謀總長。此「直接」之用語即表明無需透過行政院長及國防部長，當然就無副署之必要。除了參謀本部組織法（第九條）突顯統帥權外，在其他一些的軍事法律裡，也賦予總統統帥權的內容。例如陸海空軍軍官士官任職條例（民國七十一年制定）第十三條，上將的任職、調職及免職由總統核

---

[61] 國內學界相反意見如林紀東（見註[1]處），第三十七頁。則持反對說。認為第三十七條規定殊無類推適用其他條文之理由。而另又認為我國乃採五院分立及權能劃分制度，故亦不當把副署範圍涵蓋於統帥權部分。然如薩孟武則持肯定說。見氏著，《中國憲法新論》，民國六十九年，三民書局，第二〇二頁。類似見解，羅志淵，《憲法論叢》，民國五十八年，商務印書館，第五七一頁。

[62] 關於「憲法委託」的概念，參閱陳新民，《憲法基本權利之基本理論》，上冊，民國八十年再版，自刊，第三十七頁以下。

定。中、少將之主要軍職者，由國防部呈報總統核定。同樣的情形，在上校晉任將官時，由總統核定（陸海空軍軍官士官任官條例施行細則第三十八條）。因此，對於最高級的軍官及重要職位之將官的人事問題，形成總統統帥權之內容。另外，在勳賞方面，依陸海空軍勳賞條例（第十三條至第十五條，尤其是第十三條總統的「特令頒賞」），總統有決定勳賞給與對象之權；而統帥權內容最具體的，也包括對軍人的處罰決定權方面。如陸海空軍懲罰法施行細則（第六條），總統可核定重要將級軍官的撤職。軍事審判法第十一條雖規定國防部為最高軍事審判機關，但同法第一三三條第二項也規定，最高軍事審判機關高等覆判庭所作之裁判，須先經總統核定後才公布下達。因此，統帥權的內容又添入對部分軍事懲罰及軍事審制的最終決定權。倘若把總統統帥權的內容和德國普魯士時代之統帥權做個比較（參見本文第二節之（二）處），可以發現我國由個別軍事法律所賦予總統的權力，其內容已和德國古典的、傳統的統帥權內容，相去不遠了。

二、總統統帥權之幕僚與指揮體系

在尚未制定國防組織法之前，我國元首統帥權的幕僚體系及指揮體系，是由幾個法律作為構成依據。首先，總統的幕僚體系可以分成「諮詢」性質的資深幕僚，屬於總統府內的幕僚群。其法源為總統府組織法。另外，是平日配合、輔佐總統行使統帥權的幕僚，以參謀本部組織法獲其法源。因此，總統的軍事幕僚體系以及指揮體系，即可如圖1-6示之。

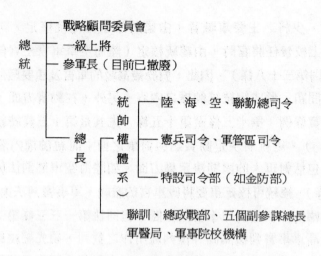

圖1-6　總統之軍事幕僚體系及指揮體系

　　由圖1-6的組織體系，顯示出我國的統帥權體系，有幾個特色：

（一）總統幕僚體系的複雜而不單一

　　總統的軍事幕僚群就法制的觀點，應該還包括戰略顧問委員會。雖然在數十年來戰略顧問委員會的成員，多是酬庸退伍或將退伍之將領之用。但是既食國家俸祿，且是決定「戰略顧問」之機構，理論上不應否認其亦有提供元首軍事智識之義務及職權，甚至擔任戰略顧問者還有回役晉升之可能（例如現任參謀總長劉和謙）。另外，關於「資政」，依總統府組織法第二條之規定，既係對總統提供國家大計之德高望重人士，並且依慣例由五院院長卸位後遴聘之。所以曾任高級將領且擔任過五院院長者，便有可能受聘為資政（如郝柏村）。所以，總統資深的軍事幕僚，除戰略顧問外，增加了資政的人員。又我國目前的一級上將，亦是提供總統諮詢之高階軍人（詳見後文）。

（二）參軍長方面

總統府內為承總統命辦理有關「軍務」，設立參軍長一人，以及參軍十至十五人，接受參軍長的指揮。這個參軍長之制度，在其組織及功能方面，極類似德國普魯士及帝國時代的軍事內閣。參軍長既然是總統左右之上將級將領，其與總統之關係自極為密切。而參軍全係現役之將官，所以構成最接近統帥的幕僚群。故契合德國以前「軍事內閣」的概念。只不過，德國的軍事內閣是掌握人事大權，而我國參軍（長）的職權則不限於此，故凡是屬於總統統帥權者，皆可歸入參軍長辦理的「軍務」。參軍長除了居「上承下達」的樞紐地位外，對於元首的軍事大計，當不無參贊之機會。

（三）參謀總長直接指揮權的模糊

參謀總長在統帥體系之下，是直接聽命於總統。然而問題是，在未經總統下命時，到底總長有無權力行使指揮權？依參謀本部組織法（第九條二項）卻未清楚的界定。不過，依參謀本部組織法本條的立法旨意，既然參謀總長是總統的幕僚長，兩者自應有相當的信賴關係，總長應向總統就統帥體系方面負責。故一方面尊重這種相互依賴與信任之關係，二來賦予總長可以應付突發事件，解釋上似應認為總長有此權力。但為了正本清源，似乎應修正本條文，限制總長的自行直接指揮權，惟在突發情況未及獲總統之命令時為限。

（四）參謀總長權力的龐大

由我國對參謀總長制度的設計可知，我國並不擔心軍事強人的產生。以可能是文人的總統麾下設立一個實際掌握指揮權力的最高級將領，不僅是總長直接統轄的聯訓部、總政戰部等單位，已是機構林立、將領如雲，就是列統帥權系列的三軍及聯勤總部等屬於部

隊之系統，皆在總長的指揮之下。所以我國的參謀總長極類似德國帝國及普魯士時代的參謀總長，尤其是末期（一九一六年）興登堡元帥晉任總長以後的「強勢總長」之制度。特別是我國總長之權力且包括武器的研製（聯勤及中科院）、人事的決定（有「人事參謀次長」職務之設立），又可以指揮三軍總司令，故其權力之重，也極似威瑪共和國之陸軍總司令所獨攬的軍事大權。相形之下，美國及西德文人政府的最高軍事幕僚，如德國之總監及美國之參謀主席皆不被賦予指揮各部隊之權，可以看出我國制度對「強勢總長」的全盤信任。

（五）統帥權與「特級上將」的矛盾

我國憲法雖明定總統為三軍統帥，但是卻未必具備「最高軍階」之身分。此依我國現行有效的「特級上將授任條例」（民國二十四年）第一條：中華民國陸、海、空軍最高軍事長官任為特級上將。第二條，特級上將由國民政府特任之。如果本法所規定的「特級上將」仍是一個「法定制度」的話，那麼極可能出現國家元首外，另特任一位「五星」之特級上將，此將混淆及削弱我國憲法統帥權之制度。因此，不論國家總統是文人擔任，抑或將領擔任，都是不一定需穿著特級上將軍服的最高統帥。故本「特級上將授任條例」應已過時、違憲，應從速廢止。

（六）國防部與參謀本部的權限重疊

參謀本部權限的增加，組織的龐大，必定削弱國防部之職權。許多事項的劃分，例如：軍法事項屬國防部軍法局掌管，而軍醫事項則屬參謀本部；或是軍事院校的組織由國防部定之，卻由參謀本部掌管。或是兩者都有類似的機構：如國防部設立有「人力司」及人事次長，而參謀本部的人事參謀次長亦處理人事問題。權限劃分

在法治國家是一個嚴肅的法律問題，不能不努力加以澄清。又國防部多係軍職人員，缺乏文職公務員。軍政與軍令皆全由軍人幕僚處理，此也混淆了軍政和軍令應有不同處理方式，而前者且應朝向「軍政民政化」的方向。

（七）軍政與軍令二元化

雖然目的在試圖規避副署義務的問題，但是卻難擺脫國會民意的監督。我國的監察院可糾彈文武官員，不分軍政與軍令對軍人行使監察權，而軍隊也不可藉統帥權之名義，阻擋監察權之行使[63]。另外，立法院在行使預算權及質詢權時，已能對屬於參謀本部的武器研發、軍校教育及軍隊的訓練等等事項，行使監督權力。由於我國近幾年來，立法院權力的高張——類似德國一九一六年以後之帝國議會，其針對的目標，也已經明顯的涉入統帥權的範圍了[64]。

（八）對國家危急時的統帥權力問題

我國在應付緊急時已有總統的緊急命令權制度，總統為行使職權，雖然沿襲威瑪憲法第四十八條之體例，可由總統依照行政院及其幕僚作成緊急命令之擬議，這行使緊急命令權——包括直接動用軍隊。但是，目前仍存在的國家安全會議，則明顯的是採擷美國總統的國家安全會議之模式。如此，國家可能同時存在兩個應變的機構——即行政院，與行政院會在下而由總統召集的國家安全會議與統帥權體系的參謀本部在上。因此，為集中應變人力及幕僚，以及避免國安會人數的過於龐大，應該用立法方式確定國安會在緊急時

---

[63] 參見大法官會議釋字第二六二號解釋。

[64] 參閱朱文德，〈我國憲法上國會與軍隊之關係〉，政戰學校法律研究所碩士論文，民國七十九年，第七十三頁以下。

期的地位及其參加成員。美國的國安會定位為決策機構及「參謀主席」擔任該會幕僚與顧問之例子，以及西德在戰爭迫臨時的「移權」制度，似乎可以作為我國思考的一個方向。

三、我國統帥權調整之芻議

（一）幾個基本原則及模式

本文仔細分析了德國超過百年來的統帥權制度演進，可以知道統帥權也者，絕對不是一個密閉固封的權力體系，不容國會的監督。我國統帥權既是民主國家的法定體制，也應該符合時代潮流，對於早年所樹立的統帥權體系所養成的概念，及相信這個制度的「絕對性」等等，應全盤檢討。調整我國的統帥權，似可以由幾個原則來考慮：

1. 融合軍政與軍令，使得國會可以監督軍隊，軍隊不會變成「國家中的國家」，成為法治國家、民主國家的死角。

2. 在維持目前憲法所規定的總統與內閣關係，我國應當是較偏向內閣的「修正內閣制」，而對於類似美國總統制的「總統領軍制」把軍政權力移歸總統權力的擬議，本文認為不能符合當前憲法的制度，故不擬考慮。故僅就如何將「軍令」融合入「軍政」的單方面討論。

3. 在確立總統在戰時與國家緊急狀況發生時，要扮演「憲政與民國維護者」之角色，來行使緊急權力。此時應該考慮總統統帥權的貫徹問題。因此本文認為西德的「移權制度」，易言之，國家軍隊指揮權的體系，似可以區分為和平及緊急時期的兩套模式。

4. 對於軍隊的組織，應該審視目前我國在台灣這個只有三萬六千平方公里的海島，加上零星的澎湖、金、馬及南沙群島地區不能謂極為遼闊。而且本於我國國防政策雖然不能減低陸軍的重要性，但是以德國普魯士當年所標榜的大陸軍思想及大參謀本部參謀總長制度，在地小且通訊極便捷的今日，有無存在的必要？恐怕值得考慮。同樣的，美國在各地的十大指揮部及全盤統帥該部的總司令制度，在我國似乎在外島前線方可仿效之。

5. 統帥的幕僚機關太多。總統府的參軍（長）既多是國家高級將領，而總統平日的統帥權多半不是極其重要——否則即應由參謀本部來提供諮詢幕僚——，故這批將級參軍即失去其重要性。投少將級以上軍官於瑣碎事務，亦絕非國家「人盡其才」之表現。因此，這個類似、甚至仿效德皇身邊著戎裝，隨時備詢的「軍事內閣」制，並無存在之價值（總統府組織法在民國八十五年一月修正時已刪除了參軍長的職位，故此制度已走入歷史矣）。至於戰略顧問委員會以及終身職的一級上將制度，前者如純係酬庸國之老將——如同國策顧問之為酬庸國之高級政務官——，雖然視為位高之閒曹，但只要代表全國民意的立法院不反對其存在，縱使其已不能發揮提供統帥戰略諮詢之作用，即可視之為純粹的政治酬庸組織，而不再列入實際的軍隊統帥權之體系之中。但對於終身職的一級上將則不然，蓋一級上將仍是現役軍人，考其制度本意，例如德國普魯士及帝國時代，在戰事爆發之後，這些屬於「元帥」——次於「統帥」——的一級上將立刻可以擔任戰區總司令之職務。然而衡諸我國目前處境，即使動員之後，似乎亦沒有再徵召一級上將回到指揮官職位之可能，因為我國國防領域及軍隊規模甚為狹小。更何況現代武器進展一日千里，軍事素養亦必須經常的培養增進，已經離開軍隊的老將領再回役，能否迅速掌握新式武器之

功能，熟悉新的戰術戰略，恐怕亦有問題了。所以，本文以為若國家已有提供退役將領合乎尊嚴的退休條件，我國實無必要再維持一級上將的終身制[65]。

6. 統帥權的「內容」單純化。統帥權應該只是極其單純的「指揮」軍隊的權力，而且只及於軍隊編制、組織的確定、戰略方針之確立化及最高幕僚長的決定等。至於應屬於純粹軍政事項，如重要將官的人事，以及屬於司法之事項，如軍事審判之核可權等，亦應排除在統帥權之外。

7. 如果仍然要維持軍令與軍政的二元化，將不可避免的必會陷入界分軍政與軍令事項的泥沼之中。何況，副署制度只可適用在書面命令，方有實踐之可能，但軍事命令以口頭為之，亦所在多有，但口頭命令無法副署，故副署制度即難以全面貫徹了。

　　因此，本文以為我國總統統帥權的調整，可以劃分平時和緊急時期兩種模式，如圖1-7及圖1-8所示。

---

[65] 依據陸海空軍軍官士官任官條例第七條三款之規定，一級上將必須是二級上將「再建殊勳」者能晉升。所以一級上將是對已升任二級上將者的另一次崇高功勳時的獎勵，因此不是「因事設職」，而是「因功設職」。故參謀總長依參謀本部法第九條，編階為一級上將，如此擔任總長者依例都先晉任一級上將，如此會抹煞一級上將的「因功」而非「因職」的晉升原則。至於一級上將與二級上將，依陸海空軍官服役條例第五條五款，服役限齡皆為七十歲，而依本條例三十一條之規定，此七十歲服役限齡之例外，係以民國四十八年八月十日本條例公布前已任常備軍官者為限。因此只要在民國四十八年以後入伍擔任軍官才受到上將七十歲的限制。這是法律不溯既往原則，自無不妥之處。而目前我國一級上將皆不受七十歲之退職限制，且依民國五十四年十一月二十六日行政院頒布的「陸海空軍一級上將在台期間繼續保留現役及其待遇辦法」規定，一級上將保持現役，一則繼續從事國防及軍事問題之研究，以備供總統諮詢（第三條），所以也成為總統的高級軍事幕僚之一；二則一級上級尚有「回役」，再任實際軍職之機會（第五條）。是以一級上將也變成國家「養將」的制度，是「老驥待馳」而非純粹退養之職也。

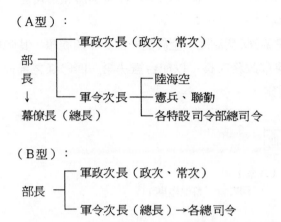

和平時期

（A型）：

部
長
↓
幕僚長（總長）

軍政次長（政次、常次）

軍令次長
┌─陸海空
├─憲兵、聯勤
└─各特設司令部總司令

（B型）：

部長
軍政次長（政次、常次）
軍令次長（總長）→各總司令

圖1-7　我國總統統帥權於和平時期之調整模式

　　理由：採行A型是西方民主國家的潮流，如美國及西德。這個模式的優點，是部長直接指揮各軍種總司令，集軍政與軍令於一身。而部長之下亦設次長，襄佐部長。除此之外，特設一位幕僚長，由參謀總長擔任。部長對各總司令可直接下命，也可轉由參謀總長下達命令。參謀總長即可擔任各軍種的協調人，但並非各軍種之上級長官。在參謀總長僅擁有相當於幕僚長之權力時，方可落實國防部長真正掌軍之權力，否則德國威瑪共和國的例子便是殷鑒。

　　採行B型的好處，是除了一般的常務及政務次長構成軍政次長外，增設一名軍令次長，主掌軍隊的指揮體系。這個制度的好處是軍政與軍令分由文職或軍職之次長掌管，而統由部長指揮。如果遇有紛爭，如果是出自軍政與軍令者，則可由其共同上級長官之部長予以協調。而紛爭出自於各軍種，則可由各軍種之上級長官——軍令次長——協調解決，軍令次長遂成為部長的幕僚長及下屬助手。另一方面因為軍政事項非為軍令次長職掌，而是在平行的二位軍政

次長手裡，故軍令次長變成為弱勢的類似參謀總長之職位。本型的好處是部長既可以全權領軍，而其副手又係資深將領，可充分收到「知兵御將」的優點[66]。

因此，本文建議採B型制度。至於萬一部長不能視事，其職務代理人可以法定為軍政政務次長，以配合憲法第一四〇條之現役軍人不能兼任文官之規定。

國家危急時期

（A型）：

國安會（幕僚機關）

↑

總統→三軍及各總司令

↓ ↑幕僚長

總長（和平時期A型）或

軍令次長（和平時期B型）

（B型）：

總統→總長→三軍及各總司令

↓

國安會（幕僚）

圖1-8　我國總統統帥權於國家危急時期之調整模式

理由：依據我國憲法的緊急命令權規定，總統在國家危急時刻

---

[66] 本來西德在設計軍隊的指揮體系時，曾有提議在國防部長下設立一個軍令次長，專司軍隊之指揮。不過後來為強調軍隊直接聽從於國防部長，才打消此擬議，而代以設立純幕僚長的總監制度。見G-C v. Unruh, a.a.O., S. 192。蔣緯國將軍所認為較合適的「部長制乙型」之國防體制亦與本型相似。但是蔣將軍此型是部長直接承統帥之命——如同德國一九二一年國防法第八條之制度，則為本文模式所不採。蔣緯國，前述書，第一一一頁以下。

有頒布緊急命令之權力，故此緊急命令之權力不可與軍隊的直接指揮權力相分離。所以，這種類似西德基本法第一一五條b的「國防狀況移權制度」，使得我國總統在緊急時可以統一集中行政權與軍權於一身，以加強國家領導中樞之應變能力。總統在這個統帥權行使模式裡，是基於實質的統帥權。

採A型的好處，是國安會及參謀總長（或軍令次長）為總統之幕僚，而由總統直接指揮各軍種總司令。而參謀總長既是總統之幕僚，同時也可以受總統指派參加國安會為成員或列席國安會作幕僚──如美國。這種設計的好處，是最高階級之軍人只是提供幕僚及建議，理論上總統可以逕自發布指揮令，但是既然緊急權命令以經過行政院院會決議為必要，爾後十日內又要交由立法院追認，所以「國會攻防戰」是不可避免。而且在緊急狀態發生後，總統命令的副署義務似乎仍不可避免[67]，故總統的軍令權力如果透過國安會之討論及提供建議，一則不會只接受單純軍事觀點之建議，而是可全盤的博採財政、外交及各黨派的「非軍事層面」之考慮，總統之決策可較周延。這可避免德國在第一次大戰及日本在第二次大戰時，軍人主導政策走向的偏狹覆轍。二則國安會的決策影響力增加，行政院長及國防部長之副署也發揮實際「參與決策」之作用。三則以我國國軍不太大的軍力結構及狹小之國防地域，命令的下達似乎不必再透過中間一層的機關了（例如參謀總長）。

而採行B型的好處，是比較符合我國現行法令，總長擔任統帥權體系的幕僚長及直接對軍隊下命權。在戰時也收到協同三軍的積極功能。但是，這個制度會膨脹總長的權限，亦可主導及壟斷總統軍事決策的「考慮層面」，而使國安會之屬於「純文人」的諮詢機構，重要性降低。而且，A型的優點──如軍政方面可全力配合和副署問

---

[67] 按憲法第三十七條的總統「依法」發布命令，該「依法」當然包括依據憲法之規定也。

題的解決，恐怕即非B型的模式所易能勝任的。

（二）國防組織法的幾個立法參考模式

我國憲法既然與德國威瑪憲法的體例極為類似，對於總統統帥權的規定相當模糊；而且憲法第一三七條二項清楚的規定，應由立法者制定國防組織法規範國防組織。所以，本組織法（以下稱「本法」）應該履行的義務，就是如何界定總統的統帥權力之內容及行使。對於此問題，本文以總結德國法例的一些經驗及法理的他山之石，可以歸納為下列幾個看法：

1. 總統的統帥權本身並未當然有憲法學理的「絕對性」，易言之，只要沒有其他的制度——例如現行有效的「特級上將」制度——與統帥身分「最高性」相牴觸外，統帥權之內容可以由立法者在本法界定。所以，本法若規定總統在平時期間是「統而不帥」——例如法國一八四八年憲法第四十三條及第五十條；一九四六年憲法第四十七條——則並未違憲。雖然德國威瑪共和時代，在一九二一年以公布國防法之方式，除授權國防部長行使統帥權外，而總統仍「保留」權力，這種折衷性如能援用更可加強本體制的合憲性質[68]。

2. 國防組織法之立法，宜採行「原則立法」（Rahmengesetz）之方式。只須規定軍隊最高領導階層的地位及權責。至於所涉及之國家機關，如國防部、參謀本部之組織結構，除已有明定應以法律規定之者以外——如國防部，其他機構之組織，尤其是各軍隊的組織體系，宜以行政命令訂定為妥，使得軍隊的組織

---

[68] 此純就總統仍「保留」其統帥權，以在與部長之行使統帥權發生爭議時，總統的保留權力有「最高性」而言。而不去論究德國國防法第八條規定因而使得國防部長成為總統下屬之問題。蓋這種移部長為總統部屬之立法例，是違反責任內閣制度，顯非可採也。

能夠較彈性地因應軍事科技及戰略戰術思想更易極速之今日情勢，這也是當前西德軍事組織的規範情形。

3. 國防組織法制定之後，也應全盤修正現行的機關軍事法律，尤其是總統府組織法（參軍長及參軍制度）、參謀本部組織法與國防部組織法，作全盤的整合。其中幾乎許多相關的重疊的幕僚組織，宜全移至國防部內，較能合乎軍政與軍令一元之潮流[69]。

4. 國防組織法應規範總統在國家緊急時的「移權」制度，使得原本屬於國防部長之幕僚長或下屬的參謀總長（或軍令次長）變成總統的幕僚或直接下屬時，可獲其「地位變更」的法律依據。

5. 為因應總統在國家發生緊急時居於最高的決策機關之地位，本法也可以考慮另闢專章，規定總統可以在國家危急時，特設的一個專門應付軍事行動的「國防會議」，並明定其成員。如此既不妨礙依憲法所成立之國安會之地位（如果今後我國仍然維持國安會之制度）同時也可有效的使軍事權力結合行政院之行政權力，而此專章也可把上述4.之事項規定在內，以示國防之組織不忘在事急之時的應變之道。

第六節　結　論

德國在上世紀末葉，一位著名的行政法學者史坦教授（Lorenz von Stein），也是最早撰寫行政法教科書的一位學者，於一八七二年出版了一本名為《軍事組織學》（*Die Lehre vom Heerwesen*）的

---

[69] 參見蔣緯國，前述書，第一五八頁。

書，討論軍隊在現代的立憲國家裡的組織如何法制化的問題。史坦教授在本書裡有一句發人深省的話：「真實的戰爭是對每個軍事組織一個永恆而生動的批評者」（Der wirkliche Krieg ist die ewig lebendige Kritik jeder einzelnen Institution im Heerwesen）。依史坦教授的本意，軍隊的存在目的，就是應付戰爭所需，所以軍事組織也是為因應戰爭而存在。軍隊既然是為「戰勝」敵人而存在，所以軍隊應非基於國家之本質，而是「反應」於敵人意志而組織[70]。史坦教授這個看法，當然是符合國家設立軍隊的本旨。軍隊不求打勝仗，養兵何用？而且，軍事的組織不可以脫離現代戰爭的型態而閉門造車；而在內在的國家秩序而言，國家組織的型態也必須與憲法之制度相配合。這兩者都可以由討論我國的統帥權之制度問題時一併探究。

本文以為，為符合當今民主世界國會對軍隊的監督權限，同時又使軍政與軍令之制度能融為一體，使憲法所規定總統命令的副署要件與緊急命令制度能夠妥善的實踐，我國應該重新檢討目前的軍隊指揮體系及層級組織。在和平時期，可以考慮由國防部長執行指揮軍隊之權力，而由總統擔任三軍名義上之統帥，這是採擷德國一九二一年國防法之部分精義。而在國家在戰爭及處於其他緊急狀態時，才由總統直接指揮之軍，變成實質的三軍統帥，以配合我國憲法授權總統的緊急應變權力。因此，總統在平時即無需費神——事實上也無值得總統親為決策之需要——於軍隊指揮之瑣務，唯到國家緊急時才顯現出元首之統帥權，這才是統帥權猶如利刃之「及鋒而試」的最佳表現時機。另外和平時期國防部長既然主控軍政與軍令之大權，而以參謀總長或軍令次長之最高階軍人為之輔佐，但為了不忘德國威瑪共和國，文人部長無法駕御強勢軍人部屬之殷鑒，

---

[70]M. Erhardt, a.a.O., S. 102.

此軍人幕僚似不宜擁有直接指揮各軍種總司令之權力。然而，一個文人部長可能完全不瞭解軍事，如何讓軍人部屬信服？並且必要時願意犧牲自己寶貴生命來執行文人部長所作之軍事決策？美國著名的軍事專家Louis Smith 曾說到：「一個成功的文人部長不一定須是強勢部長；但是，文人部長一定要用尊重軍事幕僚之專業知識，並且一方面作為全軍利益的代表和國會溝通；另一方面要影響軍隊之價值觀念，使軍隊能夠衷心支持政府（內閣）有關軍事政策之方針」[71]。這並不是一件很容易達成的目標，但是民主國家亦不免內閣人事的摩擦，而部長與軍事將領之間亦可能產生齟齬。即使元首親為指揮行為，亦難免會與部分軍人下屬貌合神離。所以，這也需要靠民主的素養與彼此的法治觀調合[72]。國防部長如果出身軍旅，那麼具有「知兵」的智識背景，當然更能勝任國防部長之職位。因而，本文以為美國之立法例，軍人必待退伍十年才能擔任國防部長職務的規定，既有妨礙曾為軍人之國民的服公職之權利，也有過度的防衛軍人干政之虞，導致對軍人人格的不信任，故此制度不應該為我國之國防組織法所採納[73]。因此，著眼於我國是一個法治國家，我國的軍隊是一個護衛法治國家原則的軍隊，故軍隊的「整體」——由軍事組織的法源性，到統帥、指揮體制，到軍隊裡部屬與長官的

---

[71]L. Smith, Militaer-und Zivilgewalt in Amerika, 1954, S. 98.; M. Lepper, a.a.O., S. 153.

[72] 這點，由美國在最近一次的軍事行動「沙漠風暴」的決策作成和執行裡，可以看出美國國防部長錢尼與「參謀主席」關係的不甚融洽。部長把空軍參謀長免職也不徵詢其參謀主席或空軍部長之意見，這種獨斷作風，自然會引起美國軍方高級將領之反感，可作為文武關係惡化的一個反面教材。見 B. Woodward《世紀大決策》一書中，有極精采的描述。見第三十五頁、一六六及二二三頁。

[73] 同理，德國學者 M. Lepper 也質疑，為什麼勞工部長反而以出身勞工運動或工會者為佳，教育部長以出身教授者為佳，反而排斥軍人出身者擔任國防事務之首長，豈不矛盾？見 M. Lepper, a.a.O., S. 152.。此質疑也不無道理。

關係——，都必須符合法治主義。我國懸之已久的國防組織法的儘速立法，就有其迫切的「依法治軍」之需要性了。

　　走筆至此，吾人不禁想起美國前總統，也是五星上將出身的艾森豪曾經說過一句話：「在我們這個世界上最古老的行業裡，外行人總是認為他們能比內行人做得更好」[74]。這句戲謔的說詞，至少指出一個意義，就是外行人常抱著「求好」的價值判斷要求，甚至是「苛求」軍隊之表現。但是這句話卻不能用在討論軍隊的組織及國防制度方面。軍隊是國家所設置的組織，並且是由國民所組成，軍人既係國家對抗外侮的「門神」，而其個人受到國家立國原則——如法治國家原則與人權保障原則——之拘束和蔭護，軍人也變成標標準準的「穿著軍服的公民」[75]。因此，軍隊之事務不應視為軍人之獨攬性、排他性之事務，在研究及構建國防組織及指揮體系之問題，更應該舉全國「知識之力」共襄盛舉：法律專業者研究有關制度之法理；財經專業者關心國防經費之編列有無浮濫、浪費或不足之處？國軍人力是否人盡其才，符合時代需求？……社會專業者關心軍隊內部的「人際與領導關係」問題……；行政學專業者關心部隊的官僚化與工作效率……。人人關懷軍隊之組織是否最合理與最合乎經濟原則，又在軍事專業人士的協助下，研究如何提升軍隊的戰力，如此國軍的現代化才不只是武器裝備方面，也是在全面軍事制度的現代化了。

　　本文即是秉承這種信念，雖是紙上談兵的野人獻曝，但是這是一位學習憲法的國民，對國家軍事制度的興革所抱以最大關切之心。語云「大風思勇士」，其實何必須在大風時才思勇士？和平之時

---

[74] 引自：《魏摩蘭回憶錄》，國防部史政局編譯，黎明文化公司出版，民國六十九年，第五八六頁。
[75] 關於此「穿著軍服的公民」概念，收錄於本書第三章。

就應詳察關切勇士之處境，培養與保持勇士的實力，當大風一旦起
兮，即是我國勇士們飛揚踔厲之時刻矣。對建立我國國軍的制度，
亦應抱如是觀也。

（本文原刊載：《政大法評論》第四十五期，民國八十一年六月）

後　記

　　司法院大法官會議終於在民國八十七年公布釋字第四六一號解
釋，依此號解釋，參謀總長既係國防部長之幕僚長，自應赴立法院
委員會備詢，大法官雖未就軍政、軍令一元化問題多所著墨，但藉
使參謀總長赴立法院委員會報告，已邁向軍政、軍令一元化大步
了！

第二章

法治國家的軍隊——
兼論德國軍人法

第一節 前 言

《孫子兵法》〈始計篇〉道：「兵者、國之大事、死生之地、存亡之道，不可不察也。」短短的十九個字把軍隊的重要性，淋漓盡敘。軍隊負有保國衛民的任務，自古中外皆然。而軍人既是國家武器的擁有及使用者，但是如何在法治國家裡正確的規範軍人與軍隊，實非易事。由於軍人掌握武力，無堅不摧，所以歷史上軍人桀傲不馴的事蹟，不絕如縷。欲以一紙法令使為數動輒數十、上百萬的軍人俯首聽命，在專制時代不外使用嚴刑威嚇，或是以高官厚祿羈縻武人。但是在講求以法治國之憲政國家中，以威以利來「馴化」軍人，顯然不合乎立國原則。本文因而以德國為對象，就其軍隊與國家憲政、法律體制的關係作一探討。其中亦會對影響西德在一九五六年重建軍隊的背景思想，予以介紹，使得構成德國新軍的根本精神能有被讀者一窺之機會。特別是規範德國軍隊最詳盡，同時也是德國軍人基本權利義務的根本法，本文也擇要討論其較重要之制度於前，並翻譯全文附錄於本文之後，希望對這個大陸法系，又有輝煌軍事歷史，卻不免曾二度戰敗，歷經暴政獨裁的德國，以其在重建國家憲政及法治主義後如何「整軍」的努力過程，可以給我國在他日面臨類似問題時的一些深入的思考方向。

又，本文在敘及德國時，如果所敘者只侷限在二次大戰後及一九九一年統一前，則使用「西德」用語，如果在二次大戰前及原西德事務（如法律）如今已成為統一後之德國事務，則用「德國」用語，以示有時間上之區分也。

第二節　憲法與軍隊

　　討論憲法與軍隊的關係，是討論在憲法內如何把軍隊與國防等概稱為「軍事」的事項，予以定位、規範的問題。對此，我國憲法學上並未有一個特定之名稱。但在德國則稱之為「Wehrverfassung」，此名稱可作廣義解，例如：國防憲法、國防憲章或軍事憲法等，都不失其義；廣義則以「Verfassung」亦有「組織」意，故亦可解釋為「國防組織法」。為避免使用「國防憲法（憲章）」會使人誤解只是言及我國憲法第十三章第一節「國防」部分，本文即採「軍事憲法」一詞[1]。

一、軍事憲法的概念

　　軍事憲法在德國憲法及學理方面有不同的涵義，吾人可以分成廣義的軍事憲法及狹義的軍事憲法兩種概念，予以討論。

（一）廣義的軍事憲法

　　廣義的軍事憲法是指國家的法令體系——包括憲法及其他有關國防、軍事法規所形成的國防體系及軍事理念，都包括在這個廣義的軍事憲法概念範疇之內，其層次可有憲法位階，亦可有法律位階。後者則偏重在組織法方面，例如：德國憲法內出現「軍事憲法」用語最早的例子，可舉一八四九年公布的法蘭克福憲法草案第十六

---

[1] 參見李鴻禧，〈軍隊之「動態憲法」底法理分析〉，收錄在氏著《憲法與人權》，一九八五年，第一三七頁以下。

條。本條規定：對於一個普遍適用於全德的軍事憲法，應以制定一特別的聯邦法律為之。而同草案第十二條二項也規定，有關聯邦軍隊的編制大小及其產生方式，應於「軍事憲法」（Gesetz ueber die Wehrverfassung）中規定。因此，依德國一八四九年的憲法草案，此「軍事憲法」擬指軍事體系、軍隊組織……，無異是「國防組織法」的同義詞，我國憲法第一三七條二項所稱應由立法院制定的「國防組織法」實際上即與上述之「軍事憲法」頗相類似。

威瑪憲法第六條四款規定專屬聯邦立法權的項目，也明白提到「軍事憲法」。這裡所稱之「軍事憲法」既然必須用聯邦法律規定之，故採廣義的概念即「國防組織法」是再清楚也不過。軍事憲法和「國防事項」——如同我國憲法第一〇七條二款「國防與國防軍事」——即劃上等號。同樣的，威瑪憲法第七十九條規定德國的軍事憲法應由聯邦法律統一規定，也是採廣義說[2]。

（二）狹義的軍事憲法

狹義的軍事憲法僅指在憲法條文，也是具有憲法「位階」的規定中有關軍事之規定者，方屬之。故軍事憲法不可同於一般之軍事法律，以免位階上有所不合。在這種狹義解釋的軍事憲法又可以分成形式意義的軍事憲法與實質意義的軍事憲法兩方面，再作論述。

■ 形式意義的軍事憲法

形式意義的軍事憲法係指成文的憲法裡，所有明文規範軍事的

---

[2] 在學理討論上，德國傳統學界常將這種廣義的軍事憲法「國防組織法」和軍事行政法相提並論，而認為前者之具體內容為軍隊組織、訓練、人力運用以及軍人之權利義務等。例如德國在納粹時代最權威的「國防法」著作（Rehdans / Dombrowski/Rersten, Das Recht der Wehrmacht, 2. Aufl., 1938, S.47），就將「國防大法」（Wehrstaatsrecht）下分成軍事憲法(Wehrverfassung)及軍事行政法(Wehrverwaltung)兩大部門討論。

條款的總合，可稱為軍事憲法。因此，軍事憲法遂相對於憲法內的其他「非屬軍事」的憲法，憲法因此一分為二，一個「文」的部分及一個「武」的部分的憲法。

憲法在西方國家成為規範國家生活最重大之法規範後，顯然成文憲法率須規範國家主要之機構的成立，國家權力的運作以及人民權利的保障，對於國家武力的設置——例如軍隊的統帥權，宣戰與媾和的權限，軍人的任免，以及軍隊和國會之關係——例如軍事預算的決定權限等等。因此，幾乎每個國家的成文憲法裡皆有關於軍事之規定。甚至，基於對國家軍權的限制，也是近代憲政發展的主要動因之一。軍事與憲政既不可分，有的學者便認為國家憲法其實便是一部軍事憲法。這種提升軍事憲法之重要性之目的，厥於凸顯軍權在國家憲法體系裡所應受到規範、定位之重要性[3]。每個國家固因國情不同，以及對軍權規範的理念、認知各異，故也會有不同的軍事憲法。由這些不同的軍事憲法裡，可以分析軍事在各該國憲法體系裡的地位。

以我國而言，除了憲法第十三章第一節「國防」節下的第一三七條（國防的目的及組織）、第一三八條（軍隊國家化）、第一三九條（軍隊不介入政爭）及第一四〇條（軍人不兼任文官），是憲法明文規定的「國防條款」外，憲法第二十條規定人民有服兵役之義務；第三十六條涉及軍隊的統帥權；第三十八條、五十八條及六十三條涉及的宣戰及媾和之權；第三十九條的戒嚴權；第四十一條的

---

[3] 例如一六八八年英王詹姆士二世便是為軍費的增加而與議會決裂，演變成「光榮革命」。而軍事需要、戰爭、國家法制有如密切不可分的關係，且互為因果關係，故法學者早即對戰爭進行研究。德國名學者Otto Hintz早在一九〇六年在氏著《國家憲法與軍隊憲法》認為國家之存在，自始就脫離不了戰爭。所以，國家的憲法就少不了有關國防的規定，並且其重要性優先於憲法裡有關經濟及政治之規定。見O. Hintz, Staatsverfassung und Herresverfassung, Dresden, 1906, S.4.

文武官員任命權以及第一〇七條二款，有關國防與國防軍事的立法及執行權等，也都是憲法明文規定的軍事條款。這些都是包含在形式意義的軍事憲法概念之內。

西德在一九五六年三月十九日公布的第七次修憲案規定了建軍的憲法依據，這個修憲案即被稱為「軍事憲法」。相同的，在一九六八年六月二十四日公布增訂緊急條款，故此次修憲也被稱為「緊急憲法」。所以，德國學界就憲法內明文規定適用於某一範疇的法條，即冠以「憲法」之名稱。故一個憲法裡即有「財政憲法」（Finanzverfassung）、「文化憲法」（Kulturverfassung）以及「緊急憲法」（Notstandsverfassung）等等。憲法裡有關軍事的部分遂可劃歸於軍事憲法之內。故西德學者稱軍事憲法，多指這種形式意義的軍事憲法之概念[4]，也多半指一九五六年通過的第七次修憲條文，但不包括一九六八年通過之「緊急憲法」裡有關軍事之條文部分（見本文第四節（一）及（二））。

採形式意義解釋的好處，在於能清楚的瞭解憲法對軍事事項明確的規範，但缺點則在於易見樹不見林，不能掌握整個憲法的精神，並且忽略憲法各條文間，仍有理念的血脈相互聯繫，應該連鎖性地相互呼應。

■ 實質意義的軍事憲法

實質意義的軍事憲法，指憲法內所有的條文，只要能夠規範軍事者，都列入到實質的軍事憲法的範圍之內。所以，不僅是憲法明定有關軍事之條款——如上述形式意義之軍事憲法——外，其他關於人權之規定，例如人民基本權利的範圍及其限制，可否適用在軍人身分之爭議問題上；人民服公職之權利及於擔任職業軍人等，以及其他憲法所規定之制度，例如憲法第六十七條二項，軍人應到院

---

[4]P. Badura, Staatsrecht, 1986, A. 35.

備詢與否之問題？監察院監督軍事權力運作之規定以及司法院有無管轄軍事審判之權限等等，都是屬於實質軍事憲法之規定。因此，實質軍事憲法規範的，不只是人民與國家及軍事之間的關係，也是軍事、軍隊與國家、社會之關聯。這也是由憲法所揭櫫的各種理念及制度——尤其是經過位階居於憲法之下的許多國防法令構建的制度——有關軍人的人權、軍隊的任務、國防組織以至於整個軍隊在法治國家的角色定位等等之問題。所以，軍事憲法是具體闡微憲政理念於軍事範疇之法，也是一種多重價值判斷的推演過程。故德國學界對軍事憲法之概念，甚多採此意義者[5]。本文以為唯有採納這種實質意義的軍事憲法概念，才可以很完整的將憲法內的「軍事秩序」（Wehrordnung），以法的角度作制度性、一貫性的詮釋[6]。故本文採此實質意義說。

二、軍隊在國家權力體系中的定位

軍隊是國家武力的掌握者，也是一個由軍人為主組成的團體。

---

[5] 如W. Roemer, Die neue Wehrverfassung, is JZ 1956, 193; Zoll／Lippert／Rossler, Bundeswehr und Gesellschaft, ein Woerterbuch , 1977, S.74; M. Lepper, Die verfassungsrechtliche Stellung der militaerischen Streitkraefte im gewaltteilenden Rechtsstaat, 1962, S.52.

[6] 也是根據這個著眼點，學者Adolf Schuele卻認為一來西德基本法在一九四九年制定時，並未預想德國有重整軍備之一日，故未預設軍事憲法之制度；二來既然國軍屬於憲法所要規範與拘束之事務，故不應該突出國軍在憲法中的特殊地位。所以氏反對「軍事憲法」之用語。見氏在一九六四年十月十四日，西德「國軍指揮權」會議之報告，Schuele／Scheuner／Jeschek, Bundeswehr und Recht,1965, S.16。而另一個學者Georg Christoph von Unruh 為避免軍事憲法被誤解為是狹義的，只對憲法內有關兵役之規定為限，也主張改用此「軍事秩序」用語來取代「軍事憲法」之用語。見Fuehrung und Organisation der Streitkraefte, VVDStRL, 1968,16.

軍隊在法治國家裡，一般可以由國防行政體制所組成之「軍政」體系，例如國防部之體系；以及由執行軍事任務之軍隊所組成的「軍隊」體系，分作觀察。在實行權力分立的國家裡，軍政體系，如國防部，是屬於權力分立中的行政權，是再明顯也不過之事。然而，軍隊體系究竟應該如何在國家權力體系中定位，值得斟酌！吾人可以從幾個理論的角度討論。

（一）軍隊地位的「獨立性」理論

　　這種理論認為軍隊係一種具有特殊性質的團體。軍隊以從事作戰——不論與對外作戰或是對內敉平叛亂，都是從事激烈式的暴力作為。所以軍隊無法以國家一般權力分立之原則定位，因此國家法律必須將軍隊及規範軍隊的法律由行政法領域中獨立出來，自成一格為軍事法。易言之，軍隊以其特殊的地位，應有所謂的「自律性」（Eigengesetzlichkeit），有別於國家其他法律之基本精神[7]。

　　另外，大陸法系中傳統「軍政」與「軍令」二分法的制度，也凸顯軍隊體制的特殊性。而「軍令」之所以脫離「軍政」，是基於軍隊「統帥權」的制度。「統帥權」（Oberbefehl）是源於德國公法學之概念，是指軍隊的指揮、統帥權。在採行「軍政」與「軍令」二分法的國家，例如二次大戰以前的日本明治憲法第十一條規定之天皇統帥陸海軍[8]、德國一八七一年四月十六日公布之俾斯麥憲法第六十四條德國皇帝的軍隊統帥權；一九一九年八月十一日公布之威瑪憲法第四十七條德國總統的統帥權以及我國憲法第三十六條總統統率三軍之規定，都是把軍隊的統帥權操之在國家元首的手裡。舉凡軍隊的人事、軍隊的訓練、作戰與調動，戰爭遂行的指揮（戰略與

---

[7] 這德國傳統軍事法的見解，見 J. Heckel, Wehrverfassung und Wehrrecht des Gro-βdeutschen Reiches, 1939, S.79; Dazu, M. Lepper, S.102.

[8] 參閱李鴻禧，前述書，第一七五頁。

戰術的決定），都屬於不受國會控制的元首權限之內。相形之下，國會得以控制的是屬於行政權力體系裡的「軍政」（Wehrverwaltung）權力，例如軍事預算的編列與執行、兵役法規及軍備的整建（如要塞、基地的建立）以及軍隊編列、撫卹、薪俸等事務。在組織體系上，軍政事務由內閣的國防部管轄，而軍令體系，則由統帥權下轄「參謀本部」並指揮各軍種總司令執行之。然而，如何清楚的界分一項事務是屬於軍政，抑或屬於軍令？例如軍事審判事項、武器的研發與採購、軍事預算的監督運用、軍隊人事法令的擬訂……，如果完全歸於軍令而軍政體系毫無置喙之餘地，恐怕已喧賓奪主的過度膨脹軍令之範圍矣[9]。

視軍隊為國家權力內一種特殊之制度，並輔以軍政與軍令二分法之理論，軍隊由統帥權力所指揮，也就不必把軍隊權力納入國家三權分立中的行政權力之中[10]，「軍權」於是與「行政權」相對立。依法行政原則無法適用於軍事行動之中[11]。軍事機關亦不能認為是行政官署，並無頒布行政處分之權力，從而軍事命令（軍令）不同於行政命令（法規命令），不受法治國家對行政命令制度所為之

---

[9] 關於軍政、軍令二分法的諸多理論和批評，參見李承訓，〈憲政體制下國防組織與軍隊角色之研究〉，政戰學校法研所碩士論文，民國八十年，第四六頁以下。

[10] 在大陸法系的德國及日本行政法學界，例如 Otto Mayer 便把國家元首的權力認為是不屬於行政權力，而是國家權力的「第四種領域」。而日本名學者美濃部達吉也認為天皇的「大權」，不屬於行政權力之一。見陳新民，《行政法學總論》，民國八十三年三月，修正四版，第五頁，註五。

[11] 如德國早期名公法學者Lorenz von Stein所稱，於戰爭時統帥必須把戰力發揮到極致，此時不能用僵硬的法規來束縛統帥權力；易言之，此時不是繫乎法律的意志，而是「繫乎敵人的行為」，來決定軍隊的戰鬥行動。見L.v. Stein, Die Lehre vom Herrenwesen, 1872, S.13; Dazu, M. Lepper, S.96.

限制——如法律授權、行政命令的違法審查——之拘束[12]。將軍隊
「特殊化」之結果，使軍隊變成「國家中的國家」（Staat im Staat），
國家憲政秩序無法深透入軍隊體系，與現今法治國家一切「依法而
治」的原則，當然是背道而馳。況且傳統大陸法系「統帥權」的制
度及軍政與軍令二分法，皆已經因不合乎民主潮流而式微[13]，故本
軍隊地位「獨立性」理論並不足採。

（二）軍隊乃「公共機構」之理論

　　為了定位軍隊在國家權力體制內之地位，德國行政法學界甚早
主張，認為其乃「公共機構」（Anstalt）（我國學界通稱為「公營造
物」）之一種。詳言之，公共機構既然是以達成公行政為目的的機
構，擁有一定的組成員和設備為特徵[14]，而國家為抵禦外侮和維持
國內秩序所建立的軍隊，即符合此成員（軍人）和設備（各式武器
和基地）之條件，故可認為是國家的「公共機構」之一。在本世紀
初期，不少德國公法學者即持此見解，將軍隊與憲法、行政法的理
論相互結合[15]。軍隊雖然是由各級軍人所組成之團體，而軍隊也擁

---

[12] 至於統帥權行使時是否還有其他程序上之限制，例如是否需要相關機關首長
　　之副署，如威瑪憲法第五十條明定聯邦總統行使於何權限——在軍事領域
　　——亦須經過內閣總理或相關部長之副署；我國憲法第三十七條之規定亦
　　同。但這種副署制度並不妨害把軍令和一段行政命令有不同的對待，只不過
　　是在發布的過程，必須經過相同的副署程序罷了。

[13] 對於「統帥權」的問題，請參閱本書第一篇，第一頁以下。

[14] 見陳新民，《行政法學總論》，第一一二頁以下。

[15] 如 P. Laband 及 Anschuetz 等教授，即持此見解。見 P. Laband, Deutsches
　　Staatsrecht, Bd.4, 4. Aufl., 1901, S.34; M. Lepper, S.100; G. Anschuetz, Die
　　gegenwaertigen Theorienueber den Begriff der gesetzgebenden Gewalt und den
　　Umfang des Koeniglichen Verordnungsrechts nach preuβischem Staatsrecht,
　　1901, S.85; 見 K. Obermayer, Das Leitbild der Streitkraefte im demokratischen
　　Rechtsstaat, NJW 1967, 838.

有武器、營房、堡壘等軍事基地和軍事設施；同時，附屬在軍隊的設備又可及於軍事學校、醫院以及運動設備……等等屬於給付行政之機構，在外觀上軍隊即可以被歸類列公共機構的類別之上。然而，如果再進一步推敲，可以知道軍隊雖有上述的甚多設備，但是這些設備卻非把軍人當管理人而提供給人民使用為主要目的。這些軍事設備毋寧是給予軍隊的成員——軍人使用，這與一般公共機構（如公立學校、圖書館、公園）大相逕庭。同時，軍人既係這些軍事設施、武器的使用人，亦非單純只是配備於該設備的管理人，所以把軍隊當作是公共機構的組織，在今日德國公法學界幾已無人採行此說矣[16]！

（三）軍隊乃隸屬行政權力之理論

這個理論不再凸顯軍隊的特殊性，依據國家設置軍隊主要乃在於維護國家安全為目的，而此目的如同國家必須擔負的治安以及文化、經濟等任務一樣，本質上並無二致，都是國家透過行政權力達成之。西德在二次世界大戰後公布的基本法，在這個問題上，已有幾點特殊的規定：

第一，西德基本法明白採行「軍政、軍令一元化」之制度。這個制度是在一九五六年三月十九日西德通過第七次基本法條正案時正式確立。依本次修正案所增訂數條有關西德「建軍」條文中，最值得重視的是增訂第六十五條 a，規定聯邦國防部長掌握軍隊的命令與指揮權。本條文的重要意義在於：(1)這是德國歷史上第一次把軍

---

[16] 如 M. Lepper, S.100; F. Kirchhof, §78 Bundeswehr, in: Isensee/Kirchhof (Hrsg.), Handbuch des Staatsrechts, Bd. III, 1988, S.980 以及 P. Lerche, Grundrechte der Soldaten, in: Bettermann/Nipperdey/Scheuner, Die Grundrechte, 4 Bd. I, 1960, S.456.

隊的指揮領導權力，交到內閣的手裡，因此可以說是對數百年來以強兵立國，且由國家元首統軍的「普魯士傳統」，做出歷史性的突破；(2)在軍隊的領導權歸屬的概念方面，本次修憲中已經揚棄使用傳統的「統帥權」（Oberbefehl）的概念和用語，而是取代以「命令與指揮權」（Befehl und Kommandogewalt）。這種轉變將以往國家元首對軍隊的控制權，且國會無法監督的權力，完全改變成行政權力之一，並受到國會的監督[17]。

第二，西德在上述第七次基本法修正案裡，同時也修正了基本法第一條三項。按修正案的原條文是：「下述基本權利當作是直接適用的法律，拘束行政及司法。」經過修正後的條文，易「行政」（Verwaltung）為「行政權力」（vollziehende Gewalt）。這個一改「行政」為「行政權力」之用語，依學界的通說，是將軍隊是否屬於行政的問題，暫時擺開一邊，而軍隊無疑是可列入國家行政權力——也是強制力——的範圍之內，故本次修改基本法第一條三項，便可把軍隊納入在憲法各種人權保障的拘束之內[18]。正如同基本法第二十條二項：「所有國家權力源於人民，這種權力經由人民選舉與同意，分由特別的立法、行政權力及司法機構執行。」及同條第三項：「立法受合憲秩序、行政權力與司法受到法律及法的拘束。」上述這二項規定均採「行政權力」而非「行政」之語，但其語義與理論都是基於三權分立之原則。所以，儘管仍有部分學者認為即使

---

[17] 在增訂本條文的過程中，朝野不少人士仍主張使用「統帥權」的制度，並且讓聯邦總統仍擁有此權力者，如自由民主黨(FDP)即主張此見解。最後國會徵詢許多位以前在帝國及威瑪服務過，且有經驗的政治家及軍事家——包括前在威瑪時代擔任過國防部長的 Geβler，最後才肯定有改弦更張的必要。參見 N. Toennies, Der Weg zu den Waffen, Die Geschichte der deutschen Wiederbewaffnung 1949-1957, 1957, S.192.

[18] 見 Duerig, in: Maunz/Duerig, Grundgesetz, Kommentar, Stand, Sep. 1983, Rdnr.11 zum Art. 65a; A. Schuele, a.a.O., S.16.

基本法不作此修正，依第二十條二、三項之解釋，軍隊也需受到法律及法之拘束；亦有認為本次修改基本法，更「行政」為「行政權力」，恐易引起誤解，認為軍事權力不同於行政權力，而變成國家「第四權」，才會有改為「行政權力」之必要[19]，但基本上西德國會當年作此修正，是為定紛止爭的阻絕日後對軍隊是否受基本人權的直接拘束之爭議，且配合第六十五條 a 的增訂，故軍隊形成行政權力之一環，應是不爭之事實矣。

第三節　西德建軍的方向與理念

西德在一九五五年七月二十三日公布「志願服役法」之後，開始招募志願役軍人，在一九五六年通過三月十九日所謂形式意義的「軍事憲法」條文後，同日並公布號稱「德國軍隊的基本法」的軍人法（Soldatengesetz），接著在七月二十一日公布兵役法，十二月三日公布軍人訴願法，次年三月十五日公布軍人懲戒法，同年三月三十日公布軍刑法，至此西德建軍的法制基礎才告確立[20]。

西德建立新的軍隊，時間在距二次大戰結束十年之後。究竟西德要以什麼模式來建立軍隊？在建軍之前後，甚至直到今日，還是一個爭論不絕的議題。基本上，有「傳統派」和「革新派」兩大派別之爭（Traditionalisten versus Reformer）。

---

[19] 參見 A. Schuele, a.a.O., S.17; P. Lerche, a.a.O., S.457; v. Unruh, a.a.O., S.168.

[20] 關於西德建軍過程，德文資料可參閱 N. Toennies（前述書）；D. Genschel, Wehrreform und Reaktion, Die Vorbereitung der Inneren Fuehrung 1951-1956, 1972. 英文資料參閱 W. H. Nelsen, Germany Rearmed, Simon and Schuster, N.Y. 1972.

一、傳統派的主張

　　此派主張西德應該重新建立一個具有傳統精神的德國軍隊，尤其是普魯士型的軍隊。其理由略述如下：德國是一個具有悠久的軍事歷史之國家，而過去一百餘年來，德國不論實行何種政體——君主立憲、威瑪共和及希特勒獨裁——，在軍事人才、戰略戰術及軍事傳統上，都有傲世的成就，尤其累積許多寶貴的經驗。西德只要拋棄黷武的侵略思想與記取納粹政權濫用的經驗，即可迅速建立一支優秀又有自己傳統與制度的現代軍隊。而二次大戰結束時至一九五六的建軍時，許多加入聯邦新軍的軍士官都是以前的「老式」傳統軍士官[21]，更可駕輕就熟的勝任新職。而且，德國軍隊也曾經顯示過其遵從政府決策、忠勇報國與特重紀律與效率，因此這種強調依「傳統」建立的新軍也必然會效忠民主的西德政府，如同以往對政府效忠的普魯士軍隊[22]。

　　這種主張回復過去傳統的理念，跟著也展開一套對軍隊的基本精神的要求，便是：

　　1.軍隊應該遠離政治，所以軍隊不能和政黨發生關係，軍人除
　　　了不能加入政黨外，也應該如德國許多軍事法律所規定的，
　　　不能積極參與政治活動，也不能享有選舉權與被選舉權，以

---

[21] 西德在一九五五年十月一日由聯邦總統任命二位將軍及另外一〇九位中校至中士的軍士官，首先邁開西德建軍之第一步。而當時申請志願入伍的人數超過了十五萬人，其中四萬名是在大戰時曾任軍官者，八萬七千人是曾任士官者，已居全數的八成。見 N. Toennis, S. 181; W. H. Nelsen, p.23.

[22] 見 U. Esser, Das Traditionsverstaendnis des Offizierkorps, Eine empirische Untersuchung zur gesellschaftlichen Integration der Streitkraefte, 1982, S.18.

保持對政治的超然態度，避免介入政爭[23]。

2. 嚴格區分軍隊世界和外在的民間世界，認為「文武社會」的分別建立可以保持軍隊的「純度性」。軍隊應該保持自己的道德觀、倫理觀和紀律觀，才可以顯示和培養出軍人在必要時應「勇於」為國家效命的至高榮譽。如果「軍民合一」，民間社會的多元價值觀一旦滲入軍隊，軍隊戰力勢將瀕臨崩潰的命運。這就是德國迄今仍廣為人所討論，也就是由著名的軍事社會學學者Wolfgang R. Vogt所主張的「區隔理論」（無法兼任理論，Inkompatibilitaetstheorie）[24]。

3. 在軍人的養成訓練方面，要強調軍人的「傳統美德」，例如服從、效忠長官與國家、追求榮譽，並且在自覺上要把軍人當作國家最優先最光榮的職業，高於其他職業之上，易言之，要加強軍人的「責任重大」之職業自覺。

4. 軍人，尤其是職業軍人，應該要組成一個堅強的內聚團體──如軍官團，以自己內部的道德和價值觀念形成軍人道德的指導原則，使軍人的內外言行受到比國法更嚴格的拘束，而和國家一般人民及公務員有所差別。

5. 在軍隊的「外在形象上」，為保持德軍傳統的一貫性，以前德

---

[23] 例如一八五〇年的普魯士憲法第三十八條、三十九條都限制軍人的參加集會結社權利，與一八七四年的帝國軍隊法以及一九二一年三月二十三日公布的國防法(Wehrgesetz)第三十六條以及一九三五年五月二十一日公布的國防法第二十六條也規定軍人不能夠從事政治活動，不能加入黨派（包括納粹黨），也沒有擁有選舉權及被選舉權。見 P. Lerche, a.a.O., S.452; Rehdans/Dombrowsky/Rersten, S.100, 這種態度最明顯的，莫過於威瑪共和國國軍的創立者von Seeckt將軍，主張國軍要自成一格與政治沒有任何瓜葛。O-E Schueddekopf, Das Herr und die Republik , 1955, S.117.

[24] Vogt, W. R., Die Theorie der Inkompatibilitaet, in Vogt(Hrsg.), Sicherheitspolitik und Streitkraefte in der Legitimationskrise, 1983; Dazu, Kister/Klein, Staatsbuerger in Uniform-Wunschbild oder gelekte Realitaet? 1989, S.19.

軍長年慣行的儀式，如向隊旗致敬、宣誓、踢正步、可以配掛以前戰爭（尤其在二次世界大戰）所獲勳章及恢復鐵十字軍徽之制度等等，都應引進到新建的西德國防軍之內。所以，主張這種「傳統論」的人士——其中包括幾乎所有退伍軍人團體，希望西德能夠把德國軍隊的傳統制度移植過來，而非毀棄之，且使軍人再度成為西德社會的「菁英」階級[25]。

二、革新派的理念

和上述傳統派的見解不同，革新派希望以另一種新的理念構建西德的新軍。這些構想在西德籌備建立新軍的成員裡，形成主導的地位。

（一）建軍的研擬

西德在一九五五年十月開始有一批正式的軍人以前，已經有研擬建軍的方案。早在一九五〇年五月，即西德基本法公布的次年，總理艾德諾便任命前裝甲兵將軍史維林（Graf von Schwerin）為其防衛、安全問題之顧問，並成立一個小型的辦公室，稱為「史維林辦公室」（Dienststelle Schwerin）。這個辦公室本來主要工作在研究建立全國聯邦警察的制度來維護內外在之安全，但隨著六月二十五日韓戰爆發後，就負起研究建立國防武力的可能性問題。由於史維林在一個與新聞記者的私人宴會上發表其已擬就之兵役法草案，引起軒然大波，並惱怒了總理，艾德諾遂於同年十月另成立一個由總理直屬的「處理因盟軍增多而產生之問題之委員會」（Beauftragte des

---

[25] 參閱 D. Abenheim, Bundeswehr und Tradition, 1989, S.33 以及 D. Genschel, a.a.O., S.176.

Bundeskanzlers fuer die mitder Vermehrung der allierten Truppen zusammenhaengenden Fragen），以由工會運動出身的聯邦眾議員布朗克（Theodor Blank）主掌，故稱為「布朗克辦公室」（Dienststelle Blank）。這個機構網羅了史維林辦公室的成員，而史維林辦公室即於十一月撤銷。

布朗克辦公室在一九五五年六月六日改為聯邦國防部，而布朗克也成為首任國防部長。在此之前，是以建立西德新軍為目的，而其成員幾乎全是日後西德軍隊的最高領導成員[26]。所以，這個西德國軍的「催生者」對日後建軍所抱持的理念，也就成為此新軍的未來結構的基本方案及指導原則。其中，以一九五一年五月八日加入到布朗克辦公室，擔任主管新設之「領導統御」處（Inneres Gefuege，後改稱Innere Fuehrung）的包狄辛（Wolf Graf von Baudissin），所發揮的影響力最大。

（二）包狄辛的改革理念

包狄辛出身貴族世家（其姓名上仍冠有「伯爵」Graf之名號），也曾在威瑪共和及納粹時代服役與接受一流的參謀軍官訓練。戰時在非洲隆美爾軍團擔任少校參謀，後被俘直至戰後才被釋放返國（關於包狄辛之生平，詳見附錄一）。

包狄辛自從一九五一年擔任斯職起，至一九六七年底以中將階退役為止，一共發表了六百五十篇文章，來鼓吹及闡述其「改革」之理念。而其擔任主管的「領導統御處」，正是研擬日後西德軍隊內

---

[26] 例如本辦公室的二位顧問——戰時曾任中將的史培德(Hans Speidel)及豪辛格(Adolf Heusinger)，成為西德最早被任命的將軍（見前註 [21]），而當時在這辦公室四位軍人出身的部門主管中的二位，都在後來的西德軍隊中晉升到最高之四星上將，如 (Graf von Kielmansegg) 為北約中歐地區指揮官；前中校的 de Maiziere後升為西德軍隊總監(Generalinspekt)。

部領導理念及統御結構的單位,故包狄辛的影響力正是「適得其所」。基本上,包狄辛對日後理想中的西德國軍所持的看法,略有下列數端:

■ 長官部屬關係的調整

包狄辛最早一篇關於軍隊內部領導統御的草案,是一九五一年六月一日發表的「長官關係」(Vorgesetztenverhaeltnis)。在他擔任布朗克辦公室職務三週後所發表的此一草案中,包狄辛認為軍隊長官和部屬的關係,唯有在執行勤務時才存在;而執勤外這種關係即消滅。故與勤務無關的任何命令——如傳統上低階軍人要替高階軍人服務,如提皮包、開門,下級軍人無遵守之義務。包狄辛明言的認為要儘量縮小部屬的拘束範圍,增加其自由的限度以保障人性尊嚴[27]。

■ 軍人人權的全力維護

這是包狄辛最有名的理論。他認為現代國家需要新典型的軍人,軍人必須知道為什麼而戰。而軍人必須先享受人權才知道人權之可貴;享受人性尊嚴,才會知道人性尊嚴之重要。軍人仍保有公民的身分,只能為勤務所需,才予以最小的限制。針對軍人人權的應維護性,他於一九五一年提出軍人乃「志願執干戈的公民」(freier waffentragende Staatsbuerger),一九五二年提出「執行勤務的公民」(Staatsbuerger in Dienst),到一九五三年提出的軍人乃「穿軍服的公民」(Staatsbuerger in Uniform)後,此用語已變成西德公法學界對軍人權利地位認知的通說[28]。

---

[27]Vorgesetztenverhaeltnis, in: P. v. Schubert (Hrsg.), Wolf Graf v. Baudissin, Soldaten fuer den Frieden(以下簡稱:Baudissin, Frieden),1972, S.131.

[28]這是包狄辛在一九五一年起陸續以「未來軍人之形象」為專題所提出之見解,見Baudissin, Frieden, S.199.

■ 文武社會的融合

與軍人乃「穿軍服的公民」理念一脈相承，因此軍人和非軍人都是國家公民的兩種形態，基本上，在人權的享有並無「品質」上的差異，至多僅是「數量」上的差別。此其一。另外，以現代戰爭的型態來看（例如整體戰）以及戰爭使用大規模毀滅性的武器（如原子彈），使得傳統戰爭裡前線與後方實難截然劃分。所以，依包狄辛之見，以後的戰爭必是全面科技化，軍隊也變成科技人員組合的團體。整個軍隊科技化後，軍中的「平民」勢將增加，也會使民間社會的價值進入軍隊，故軍隊應該「民間化」，他稱此為「由科技化促成民主化」（Demokratisierung durch Technisierung）。同時民間也會軍事化，這是因現代戰爭既是全國科技必須配合、提供軍隊的科技裝備及研發新的軍用科技，故民間在平時，雖然不會像戰時那麼的明顯及嚴重的軍事化，但在程度上也不免有軍事化的色彩。所以包狄辛希望以「雙向」的「軍隊社會民間化」及「民間社會軍隊化」，以融合軍、民之社會。易言之，這種「軍民合一論」和傳統派的「區隔論」是有極大的不同[29]。

■ 軍隊的「政治化」

包狄辛另一個重要的理念是軍隊的「政治化」問題。包狄辛不若傳統派見解，認為軍隊可以超越國家日常政治，軍人可以不必對政治有任何認知。相反的，他主張軍隊既然應該重視人權、和民間社會儘量融合，故軍隊也離不開國家政治的影響。因此，包狄辛的理想便是希望日後西德的國軍是一個瞭解「為何而戰」的民主軍

---

[29] 包狄辛此見解認為唯有「雙向論」，才可以避免單向的「民間社會軍隊化」會造成軍國主義之後果。也唯有這種雙向的軍民社會融合才會確實的使軍隊裡實施人權之保障。這是他在一九五四年六月二十二日以「未來德國軍人之形象」為題向西德眾議院所發表的演說裡所強調的論點。見 Baudissin, Frieden, S.205; Kister/Klein, S.18.

隊。軍人不僅不應該不瞭解政治，也不能拒絕參與政治，故一方面主張軍人應該擁有完整的參政權如同文職公務員一樣，另一方面也不能阻止軍人參加政黨，甚至軍隊裡如有各種黨派的黨員，才更能反映社會多元的意見，使軍隊內部的民主化早日實現；只有在執行勤務時才要超越任何黨派的考量。為樹立軍隊與軍人這種政治觀，包狄辛主張軍隊應該進行公民教育，使軍人知道民主的可貴，進而願意為民主政體獻身奮鬥，包狄辛特別指出德國以往在威瑪時代軍隊的標榜「遠離政治」，造成軍隊對政治的無知，才會坐使納粹政權日後有機會濫用德國軍隊的悲慘後果[30]。

■ 功能化目的的強調

包狄辛認為軍隊整個內在的組織，應該給各級軍人——尤其是士兵——有參與形成其軍營社會的機會。易言之，包狄辛認為傳統上把軍營當作一個管理嚴格、無個人自由空間的地方，這種見解應該改變。軍營裡的內務、佈置應該讓各級軍人有參與管理的機會。同時，他認為現代軍隊如同大工廠、大企業一樣，唯有和諧的工作氣氛（Betriebsklima）才可增進工作效率，故在領導統御的風格上，

---

[30] 包狄辛早在一九五二年六月三十日提出的「軍隊的領導統御」（Das innere Gefuege der Streitkraefte）草案裡已初步主張這種公民教育不是宣傳，而是給予軍人「資訊」並使其瞭解政治及培養價值觀。而在一九五四年十月氏又發表一篇〈部隊裡公民教育及政治責任的教育〉(Staatsbuergerliche Bildung und Er-ziehung zur politischen Verantwortung in der Truppe）中詳述這個問題。氏再三解釋公民教育的重要性及不會加重軍隊與長官的負擔。同時認為公民教育應由長官講授，軍方應該提供各級長官各種輔助教材及資料。這種由長官對部屬進行公民訓練，可使部屬對長官增加信心，因為一個有容忍心的長官才會促使部屬衷心接受其指揮，氏認為一個稱職的長官必須對政治異見的下屬有容忍及開導心之修養，否則即不配作一個長官。故公民教育不應由「非軍人」講授，軍隊也不應該訓練一批專門的「政治軍人」進行公民訓練，因為這兩種人才皆會被視為「宣傳」用之人員，會失去此公民教育訓練之本意。見Baudissin, Frieden, S.256.

應該「以合夥（協同）關係代替服從關係」（Partnerschaft statt Unterwerfung），讓長官們放棄傳統絕對權威、威嚇性的領導模式，而代以喚起袍澤的責任心及理性。因此，他在一九五二年年底就主張軍隊裡應設立一種「信託代表」之制度，作為溝通長官和部屬意見的代表。在訓練上，他認為在戰技訓練上應該嚴格，至於與戰技無關的訓練（例如教練場上的基本教練與踢正步）等等應該廢除，避免占用軍人為熟悉複雜武器之操作已嫌不足的時間。故包狄辛是以軍人戰鬥的「功能」，強調軍隊任務的應單純化，故他也被稱為是「功能主義者」（Funktionalist）[31]。

（三）對革新派（包狄辛）理念的批評

包狄辛的改革理念自從一九五一年陸續提出以後，遂成為西德朝野討論的中心，包狄辛本人活動力甚強，經常發表新的國防意見，也因此成為不少人——不僅是傳統派人士，亦有屬於自己改革派陣營人士——的批評火力之中心。

傳統派人士對於包狄辛的批評，認為他是德國傳統軍魂的破壞者，要「憑空」塑造出新的軍隊理念，恐怕是陳義過高的理想罷了。此外，也有一批人質疑包狄辛的閱歷，批評包狄辛以前在軍隊裡只是擔任參謀軍官，並沒有擔任過各級指揮官，所以不知道指揮一個部隊的不易，由於其以前最高軍職只是少校，也缺乏更高階層軍官之歷練，所以懷疑包狄辛到底有無規劃全西德日後數十萬大軍之組織的「將才」。另外，在一些由退伍軍人團體出版的刊物上，出

---

[31] 這是包狄辛在上述（註[30]）一九五二年所提出之「軍隊的領導統御」草案中所揭示的論點。氏在此篇草案裡除了提及軍人及政治之關係以及軍隊在內部勤務關係的「功能性」主義外，也分別認為軍隊內部應用「法治國家」的原則來規範軍事審判、懲戒及訴願制度，來保障軍人受到獨立之軍事審判及其他救濟之程序。見Baudissin, Frieden, S.133.

現許多批評包狄辛早在一九四一年被俘，亦無獲得任何勛章，所以不知道當年戰爭的激烈及代表榮譽之勛章對軍人的傳統意義，故譏諷包狄辛的戰爭經驗是由「戰俘營」所得來，而非由火線上所得來云云。故批評包狄辛所代表的改革理念不具實踐性，也稱呼包狄辛乃一個改革的「夢幻舞者」（Traumtaenzer）[32]。

另外，在自己改革派的陣營內，對包狄辛改革構想有意見者，也不乏其人。其中衝擊最大的，應推包狄辛手下的第一大將，也是其職位副手的卡斯特（Karst）。

在一九五五年十月西德正式任命第一批職業軍人的前二個月（八月），卡斯特趁包狄辛訪美而自己代理「領導統御」處長期間，發表了著名的「卡斯特備忘錄」（Karst-Denkschrift），這份發給每一位在布朗克辦公室任職之部門主管的公開信，除了大肆批評西德國會在研擬各種軍事法律時，極度懷疑日後西德新軍能否效忠民主政府之能力，同時對最高職位軍人（上將）的薪水給與係按一般次長的標準還次一級，不似以往是比照部長級的待遇[33]。尤其是包狄辛的新理念係強化國會對軍隊的控制，要求軍官們要具備民主的素養，以全新的觀念進行領導統御，使得全德國的前職業軍人──包括在「布朗克辦公室」裡任職的退伍軍人──絕大多數都排斥包狄辛的理念，卡斯特無疑的感受到這種強烈的來自辦公室內外的氣氛。因此，批評這種用嚴厲控制、低劣待遇所「御轡」的新軍變成

---

[32]T. Roessler, Innere Fuehrung, in: Zoll/Lippert/Rossler(Hrsg.), Bundeswehr und Gesellschaft, 1977, S.126; M.Kutz, in: Kister/Klein, a.a.O., S.22 以及C.v. Rosen,Wolf Graf v. Baudissin zum 75, Geburtstag, in: Baudissin, Nie wieder Sieg！Programmatische Schriften 1951-1981,1982（以下簡寫：Baudissin, Nie wieder Sieg），S.9。連一些戰時著名的將領如Reinhardt上將及Tegernsee上將，也都大力批評包狄辛。見D. Genschell, a.a.O., S.177以下。
[33] 依目前西德法制，上將是比次長低一階敘薪(B10比B11)，但總監（Generalinspekt）不在此限。

國家的最低賤人民（Paria），不僅不是如包狄辛所稱的「穿軍服的公民」，反而是「住在貧民窟的軍人」（Soldat im Ghetto）。所以，把包狄辛的理念看成是「貶抑軍人地位」的同義語[34]。

卡斯特備忘錄後經過西德傳統最大、銷路極佳的《鏡報》（*Der Spiegel*）週刊的全文刊載，造成全德朝野的重視，不僅國會全數贊成通過譴責卡斯特批評國會之看法，連布朗克及包狄辛也倍感狼狽，卡斯特事件雖然並不妨害包狄辛繼續闡揚其理論，而國會也基本上支持這個新理念（詳見下文），但是由「孿生肘腋」，連長年為包狄辛得力助手及同路人之卡斯特也會起來反對改革理念，就可想見包狄辛理念所遭遇阻力的一斑了[35]。

三、方向與理念之爭的結果

西德在建軍前對於日後西德國軍的體制及內部領導統御問題的方向與理念之爭議，基本上自一九五六年三月十九日通過基本法修正案，增訂建軍的有關條文，以及在同日通過的「軍人法」後，暫告終結。雖然至今學界和軍方還是繼續去探討此問題，然而討論的聲浪已不太大。

基於傳統論和革新論都太過偏激，西德的軍事法制便謀求一個折衷的方案，分別選擇兩派主張的一部分，形成西德國軍的指導原則，但是，包狄辛的見解被採納的，仍然占了絕大多數；而屬於傳統論被採納的原則，就顯得較少。這兩派被採納的原則可略示如

---

[34] Ghetto本義是猶太人之社區，可引申為「教外之區」或少數民族、貧民窟等；D. Genschel, a.a.O., S.150.

[35] 事件發生後，卡斯特並未遭到處分，而包狄辛則寬宏大量繼續請卡斯特擔任助手。不過，後來卡斯特還是投奔傳統派陣營，在七〇年代屬之為文批評新改革理論。D.Genschell, a.a.O., S.154。卡斯特日後曾任准將，主管陸軍的教育及訓練事務。

下：

（一）傳統派

1. 對以往軍事傳統採取肯定的態度，亦即肯定所有在二次大戰時
服役的軍人。除了參與納粹屠殺犯行有關的行為外，不論是出
自國防軍（Wehrmacht）或是黨衛隊（SS），都承認是為國服
役，其所獲得之勛章，國家承認其具有「榮譽性」。尤其是一
九五七年七月二十六日公布的「勛章法」（第六條）規定在第
三帝國時代獲頒之勛章只要袪除納粹標誌，即可掛配在西德軍
服之上。同時依同法第十一條，對於以前曾獲得最高榮譽之勛
章（如第二次世界大戰的鐵十字騎士勛章），其本人或遺屬都
可獲得每月五十馬克的「榮譽金」（Ehrensold）。許多回役的
前職業軍人都可配掛這些琳瑯滿目的勛章，這是傳統派的一大
勝利。

2. 為了正確保存德軍傳統，西德國防部在一九六五年七月一日頒
布「國軍與傳統的行政命令」（Erlass Bundeswehr und
Tradition），共有三十條條文，許可各部隊舉行傳統式的慶典
——如踢正步、持火炬宣誓、舉行軍士官的就職慶典……等
等。對沿用舊番號之部隊，其使用以往之德國軍旗只要和西德
國軍軍旗並列，亦可樹立；只要注意不為納粹宣傳，以前的軍
人可以來部隊演說及開展覽會[36]；對軍人可以敘述德國軍隊

---

[36] 違反者，依此「命令」第三十條，各指揮官應負責。在此值得一述是一九七
六年發生著名的「魯德事件」。魯德（Hans-Ulrich Rudel）上校是德國第二
次世界大戰的傳奇英雄，也是唯一一位獲得德國最高勛章（鐵十字騎士勛章
鑲鑽）的軍人。一九六七年西德空軍第五一偵察聯隊（此聯隊又稱為
Immelmann聯隊，蓋乃為傳承這位第一次世界大戰空軍英雄之光榮而命名）
邀請魯德到聯隊演講。因為，魯德的戰功彪炳，從無一個軍人出其右（依官
方記載，其戰時記錄是擊毀敵方坦克五一九輛、擊沈戰鬥艦一艘、本人曾經

之光榮事跡等[37]。

3.西德國軍仍援用鐵十字作為軍徽，惟鐵十字勳章制度則不再恢復。

（二）革新派

1.軍隊長官部屬關係只限於執行勤務時方存在（軍人法第一條四項）。

2.軍人公民權利的保障。易言之，「穿軍服的公民」原則上被接受（軍人法第六條），參政權利也受保障（同法第二十五條）。

3.軍人應接受公民及國際法教育（第三十三條）。

4.信託代表制度的建立（同法第三十五條）。

5.軍人得選舉代表以保障軍人之權益（同法第三十五條a）。

6.長官對部屬，或軍人間對不同意見的尊重（同法第十二條及十五條四項）。

綜而言之，傳統派的見解，只有在西德新建立之國軍的外觀上，即勳章、慶典儀式及軍徽上獲得採納。至於對軍隊的「體質」及其法治精神則大幅度接受包狄辛氏的意見，此由下文討論西德軍人法的制度，可以獲得印證。因此，吾人可以認為西德在一九五六

三十度被擊落），故為不少西德軍人之偶像。另外，魯德在戰時曾擔任另一個Immelmann聯隊之指揮官，本人也是西德一個主張傳統派社團的領導人，故西德第五一偵察聯隊邀請他列會。但魯德是一個著名的極右派人士，戰後從來不肯批評納粹黨，西德國防部曾通令各軍事機構要和他保持距離。第五一聯隊邀請魯德演講便引起軒然大波，最後導致二位空軍將領（包括一位中將指揮官）的強制退休後果。這著名的「魯德事件」可以看出西德國軍和傳統派的一些糾葛關係。見D. Abenheim, a.a.O.,S.191.

[37] 見D. Abenheim, a.a.O., 225, Anlage 1.

年的建軍是以採納革新而非傳統的軍事理念，故西德國軍應是一個體質全新的新軍，殆無疑問。而西德的新軍既是採納「創新」而非「復古」的氣息，在內自可獲得許多追求民主理念之政黨的支持，在外也可減輕諸國對西德「軍國主義」復甦的疑懼了[38]。

第四節　軍隊與法治國家之關係

西德的國軍在採納改革派新理念後成立，軍隊因此在實行法治國家的西德便同樣受到法治主義的約束。軍隊的法制可以分成兩個層次討論。第一是基本法對西德國防與軍人、軍隊之「軍事秩序」的相關規定；第二是作為規範軍人基本權利義務及軍隊內部體制的「軍人法」之相關規定，可以讓吾人瞭解軍人及軍隊在法治國家裡的地位。

一、基本法的「軍事秩序」規定

西德在現行基本法所樹立的「軍事秩序」（Wehrordnung），除了基本法在最早制定時已有的規定——如第一條一項規定保障所有人民之人類尊嚴是國家所有權力之義務，以及第二十六條規定禁止進

---

[38] 一九五五年十一月十二日國防部長布朗克頒發給西德第一批一〇一位志願役軍人之任命狀時，就公開宣稱：是把改革理念付諸行動的時候；對於禁不起時代考驗的老傳統，新的西德軍隊將不接受。故西德新軍，要一如豪辛格將軍所稱重新培養新的傳統。可見新軍一開始就排斥傳統論。而這個頒發任命狀的日期，特定選在十八世紀末普魯士最偉大的軍事改革家香霍斯特（G. J. D. v. Scharnhorst, 1755-1813）的兩百歲誕辰紀念日，也顯示出當局「改革」決心的時代意義。見D. Abenheim, a.a.O., S.113.

行及準備侵略戰爭外，最具體增訂有關軍事憲法的修憲活動，可以分成在一九五六年三月十九日公布的第七次修憲案，也就是所謂「形式意義的軍事憲法」修正案；以及在一九六八年六月二十四日所公布所謂「緊急憲法」的修正案兩次。茲分述如下：

（一）第一階段——制定「軍事憲法」時的規定

本次修憲更動及增訂的範圍甚大，共有十六個條文之多，具體奠定西德建軍的憲法基礎，也是歷年來基本法更動最大的一次。其要點略述如下：

第一，透過修正第一條三項，把基本人權之拘束力及於所有「行政權力」之上，使得軍隊亦受人權規定之直接拘束，軍隊也屬於行政權力之一[39]。

第二，透過修訂第十二條，規定年滿十八歲男子應服兵役，但是對於本於良知無法服戰鬥勤務者，得依法律改服其他「替代役」[40]。

第三，透過增訂第十七條 a，規定軍人及服替代役的人權，包括言論、書信及圖片的發表及傳播權利、集會權利、請願權、團體（聚眾）請願及訴願權利以及遷徙自由與住所不可侵犯之自由，皆可以及應以法律來限制之。

本項規定的重要性，在於確認對軍人人權的侵犯，必須依「法律保留」之原則。易言之，如同對於人民基本人權的侵犯一樣，對軍人人權之限制亦必須以法律明文規定，並且也適用基本法第十九條一項至三項之規定——即「個案法律」之禁止、人權核心之不可侵犯、限制人權之法律應指明所限制之人權的條款（指明條款之要

---

[39] 見前註[18]處之本文。
[40] 見現行基本法第十二條 a。

求）以及對一般人權限制都應適用之「比例原則」[41]。

除了「法律保留」外，認為既然基本法第十七條 a 明白規定立法者可以限制下述軍人之人權，因此這種「列舉」並不只是宣示作用的「例示」，毋寧是具有明白的語義。更何況當初西德國會在討論本條條文時，曾有一個草案主張：為滿足國防任務之迫切需要時，國會得立法限制軍人之人權。但是這種仿效威瑪憲法第一三三條二項立法例的「概括限制」軍人人權的草案在眾議院法律及憲法委員會內被否決，而改以現行法條之規定，可見得國會對本條修憲條文的旨意十分清晰。因此，軍人的人權限制以十七條 a 之明定為限，是為「排他列舉理論」（Enumerationstheorie）。這種理論是西德學界的主流，也認為唯有採行這種理論，才能確保軍人乃「穿軍服之公民」的理念[42]。

但持「反對說」者，則產生所謂的「身分理論」（Statustheorie），認為基本法第十七條 a 只不過強調軍人是因為擔任軍人之後，產生新的身分，並且基於勤務關係才會對其人權加以與其他人民不同的限制。這種限制乃是「依身分所定之限制」（statusbedingte Einschraenkung），但是和傳統「特別權力關係」理論迥異的是，在「特別權力關係」理論下的軍人人權廣泛受到限制乃基於其身分「本身」（an sich）的特殊性所致。但基本法第十七條 a 的情況就不同了。本條是一「補充關係」（Ergaenzungsverhaeltnis）之條文，使具

---

[41] 德國學術界遂有稱為「兵役法內在限制之界限」（Grenzen der Verdienst immanenten Einschraenkung), W. Ullmann, Grundrechtsbeshraenkungen des Soldaten durch die Wehrverfassung, Diss. Muenchen, 1968, S.144；陳新民，〈論憲法人民基本權利的限制〉，收錄在：《憲法基本權利之基本理論》，上冊，民國八十年再版，第二三〇頁以下；P. Lerche, a.a.O., S. 463.

[42] G. Duerig, in: Maunz/Duerig, Grundgesetz, Kommentar, Stand Sep. 1983, Rdnr 9 zum Art 17a; A. Schuele a.a.O., S.24; E. Cuntz, Verfassungstreu der Soldaten, 1985, S.189.

有軍人身分的人民之人權，在和軍事關係發生衝突時，能夠獲得平衡。因此，持「身分理論」者認為對軍人人權的限制應該以憲法的基本精神——如法治國原則——以及憲法的人權理念作整體性的觀察，不必特別凸顯本條文之重要性。此派理論反對通說的「列舉理論」，認為該理論會過度強調軍人和人民具有本質上的不同，從而只會無止境的限制軍人的人權——以為立法者已獲基本法十七條a的授權，故唯有認為第十七條a之列舉乃是「例示」性質，並非「排他式的列舉」，方足以更有助於促使「穿軍服的公民」理念之實現[43]。

　　儘管西德學術界對於基本法第十七條a的性質有「排他列舉說」和「例示說」（身分理論）之爭，但是基本上都有一些共通點：(1)都排斥傳統的「特別權力關係」理論，使得軍人人權之限制都必須依法律之明白規定[44]；(2)不論對於志願役之軍人（職業軍人）或是依兵役法入伍之軍人，一律適用人權保障之規定。易言之，對於志願役軍人不得以拉丁法諺——志願者不能構成非法（volenti non fit injuria）而對職業軍人人權作異於義務役軍人之限制；(3)對於其他憲法所規定之人權理念——如第一條一項（人類尊嚴之不可侵）；第二條（自由發展人權之權利）；第三條（平等權）；第四條（信仰、信念及宗教自由）；第六條（婚姻自由及家庭團聚權）以及第十四條（財產權）……等等，都屬於軍人不可侵犯之人權範圍。因此，基本法第十七條a的詮釋可以說在保障軍人人權，並配合基本法全盤人權體系下，對軍人某些人權的「得」以立法限制的「特別授權」（Spezialermaechtigung）條款罷了[45]。

---

[43]P. Lerche, a.a.O., S.460; W. Ullmann, a.a.O., S.57; S. Mann, Grundrechte und militaerisches Statusverhaeltnis, DoeV 1960, 411.

[44]不過，支持「列舉說」的學者也有認為「身分理論」儘管再三申辯主張其學說並非沿襲舊日的「特別權力關係理論」，但骨子裡仍是有此理念的陰影在焉。見E. Cuntz, a.a.O., S.190.

第四，透過增訂第四十五條 a ，國會（眾議院）成立國防委員會，國防委員會可以成立「調查委員會」，經過委員四分之一以上的請求，本委員會對該事項有調查之義務。這是德國國會行使的「調查權」，尤其在國防事務方面的調查權，可使軍隊事務受到國會的監督，這是受到美國國會調查權制度甚大的啟示。

第五，建立「國防監察員」的制度。這是西德基本法極為重要的突破，透過增訂第四十五條 b，眾議院為了保障軍人人權以及當作國會行使監督權的輔助機關，國會得設立一位「國防監察員」（Wehrbeauftragter），其細節由法律定之。

這是模仿瑞典在一九一五年所進行「軍事改革」時所改良早於在一八〇九年就已有的「司法監察員」（Justitieombudsman，Justizbeauftragter）制度，而專對軍事方面成立之「軍事監察員」（Militaerbeauftragter）之前例，這是首次在德國法裡面出現。西德國防監察員主要任務有二：其一是當作國會監督國防事務的專責輔助機關，其二是保障軍中之人權。依一九五七年六月二十六日公布的「國防監察員法」（最後修正，一九九〇年三月三十日）第三條，國防監察員擁有廣泛的調閱資料及突擊檢查任何一個國防設施及軍事單位之權力。而且國防監察員由國會選出，任期五年（第十四條）除了每年應向國會提出工作年報外，亦隨時有應國會與國防委員會之請，就個案作報告之義務（第二、六條）。另外，為了確保保障軍中人權之旨意，本法也規定任何軍人都有可以不經職務管道，直接向國防監察員申訴之機會（第十一條），惟匿名申訴函件不予受理

---

[45]G. Duerig, Rdnr. 13; P. Bornemann, Rechte und Pflichtendes Soldaten, 1989, S.14; E. Cuntz, a.a.O., S.190。不過據 E. Cuntz 之分析，西德國會當初雖然採納「列舉式」立法模式，但是絕大多數的議員並沒有堅持國會將來依基本法第七十三條一款（國防事項乃聯邦專屬立法權限）制定國防、軍事法律時，必須嚴格就這幾個所預先設定的人權種類來作為限制人權之界限。這也難怪會有學者認為第十七條 a 的列舉只具有「非排他性」的宣示效果罷了。

（第八條）[46]。因此，國防監察員制度之建立及西德國會之國防委員會，可強化軍隊受「文人統制」（Civil Control）的效果，貫徹德國學界所稱之政治優於軍隊的「政治優越性」（Primat der Politik）之原則[47]。

第六，軍政與軍令體系一元化。這種轉變可以分成幾個方向來觀察：(1)總統不再對軍令部分享有統帥權。基本法第六十條一項雖然仍規定總統對軍官與士官有任命權，但此任命權如同任命法官、公務員一樣都是僅具形式意義；(2)廢棄老式的「統帥權」（Oberbefehl）體制，改為一般性質的軍隊「命令與指揮權」（Befehls- und Kommandogewalt）。透過增訂第六十五條a，規定軍隊的命令及指揮權在平時交給國防部長，使得軍政與軍令一元化，皆受到國會之監督[48]。同時，由增訂的第八十七條a（現行法第八十七條a一項）也規定國會應依預算控制國軍的數量及其組織原則。故軍事權力已操在內閣的國防部長之上。這種情形到了一九六八年六月二十四日公布另一次重大的「緊急憲法」修正案時[49]，才以增訂第一一五條b的方式，規定在國防狀態（戰時）發生後，同時將軍隊的命令及指

---

[46] 見 H. Mauer, Wehrbeauftragter und Parlament, 1965, S. 7. 陳新民，〈軍隊人權與軍隊法治的維護者——論德國「國防監察員」制度〉，刊載於本書第四章。

[47] R. Jaeger, Der Staatsbureger in Uniform, in: Festschriftfuer Willibalt Apelt zum 80 Geburtstag, 1958, S.134。本篇論文中譯，請參閱陳新民譯：〈軍人的權利與義務——論「穿著軍服的公民」〉，刊載本書第三章。

[48] 早在西德正式建立新軍以前，著名的公法教授 Walter Jellinek 即已主張軍官任命權應由總統為之，但正確及邏輯上的解釋，必須受總理及國防部長之建議的拘束。並且氏也主張可以把軍隊的「統帥權」（氏尚未揚棄此「統帥權」之用語）移至總理之上。W. Jellinek, Grundgesetz und Wehrmacht, DoeV 1951, 545.

[49] 關於此次修憲情形參見陳新民譯，〈西德國家緊急條款的制定過程及其架構〉，《憲政思潮》第六十九期，民國七十四年六月，第五一頁以下。

揮權移轉到總理之手上，俾使總理更能整合內閣各部力量來支援軍事[50]。

第六，軍事（刑事）法院的「平常化」：增訂第九十六條a規定（現行法第九十六條）設置聯邦軍事（刑事）法院。惟本軍事法院只有在國家進入國防狀況時，對於派遣到國外作戰及在軍艦上的軍人才能行使審判權。並且在體系上，這種軍事法院屬於聯邦司法體系之一，可以由法律定其審級，但最終審是由聯邦（普通）法院主掌並由聯邦司法部主管其行政事務，故不是屬於國防部的下級單位。此外，其正式法官皆應具備一般法官的資格。所以，這種軍事法院「平常化」雖授權國會得以立法為之，但是以這種授權設立軍事法院的「可適用性」甚小──即進入國防狀況及派遣至國外之軍人及軍艦上之軍人，再加上軍事法院制度在德國過去曾有不少肆行濫用權力之歷史，故懷疑其有立法之必要性者甚多，以至於迄今西德仍未立法設立此種法院。西德軍人如觸犯刑事法律，雖然在一九五七年三月三十日已公布有「軍刑法」，但審判仍由一般法院的刑事庭審理[51]。

因此，由上述七點重大的一九五六年修憲內容可知，除強調軍人人權的保障，亦即促使軍人人權的「法律監督」（legal control）外，在制度設計上，已使監督相當完備，故使得「政治的優勢」可充分的主控軍隊的運作[52]。

---

[50]W. Roemer（前註[5]處），a.a.O., S.195.

[51] 雖然西德政府提出的草案希望使所有軍人在平時即受軍事（刑事）法院之審判，但遭到反對黨及各邦政府的反對而作罷，見W. Roemer, a.a.O., S.198.

[52] 依 Helmut Schmidt（後來任西德總理，當時任國會社民黨黨團主席）所寫一篇名為〈軍隊指揮權力和國會監督〉的論文時，即再三表明西德國會在討論建立國軍時，就竭盡心力在加強國會的對軍隊之控制力問題之上。見H. Schmidt, Militaerische Befehlsgewalt und parlamentarische Kontrolle, in: Festschrift fuer Adolf Arndt zum 65 Geburtstag, 1969, S.446.

（二）第二階段：制定「緊急憲法」時的規定

　　另外，在一九六八年西德通過第十七次修憲案，增訂「緊急憲法」之條款時，除了上述的增訂第一一五條 b 規定軍隊的指揮權在國防狀況發生後，移轉到聯邦總理手上外，還有不少修正。

　　例如透過修正基本法第八十七條 a，明確規範軍隊的任務範圍。依此增訂之第八十七條 a 二項以下條文，軍隊除了抵抗敵人防衛國家之目的外，動用軍隊必須依基本法「明文」規定的情況下，方得為之（第二項）。而此「明文規定動用軍隊」的條文依第三項及四項規定，在國防狀況及緊張狀況（警戒狀況 Spannungsfall）發生時，為防衛的必要，軍隊可使用在保護「非軍事之目標」（zivile Objekte），也可以維護交通及運輸秩序。此外，為保護上述目標時可移轉警方之權力於軍隊之上。並且軍方應和有關官署共同執行任務（第三項）。在防衛聯邦及各邦突遭叛變及有組織的武力攻擊，而各邦警力不足以鎮壓時，軍隊方可經聯邦政府下令投入支援，保護非軍事之目標及敉平動亂，但當國會眾議院及參議院任何一院要求停止行動時，軍隊則應立即遵從之。

　　這把軍隊使用在「對內」防止國家的民主憲政體制遭到革命及叛變的規定，在事實上以警力不足鎮壓為要件，而且受到國會的隨時監督及可以予以制止；在具體軍隊的行動方面，分成保護非軍事（包括民間及政府）之目標、保護交通安全（包括指揮交通）以及從事實際的戰鬥任務。故以往的軍隊得以廣泛的維持「公安秩序」為由作為介入政治之立法例——例如威瑪憲法第四十八條二項，德國總統可以以此概括的理由動用軍隊——，以及軍隊可以藉此廣泛作為限制人民許多自由權利——也如同是威瑪憲法第四十八條二項之立法例——，都已經被第八十七條 a 二項以下的增修條款所限制。軍隊在使用武力應付『國內』動亂時，不可避免會侵犯人民的自由權

利，如人身自由，住居不可侵權利等，至此也受到軍力是作為「輔助警力」的基本認知所拘束。從而軍力得為任務所需之限制人權與警察權力所侵犯之人權，產生了在法理及所侵犯之人權種類方面的類似性，而非如傳統上動用軍隊用維護國家內在秩序時（如戒嚴），賦予軍隊廣泛且概括限制人民許多人權（例如人身自由、集會自由及言論自由等）之權力，因此這種改變堪稱是兼顧任務之需要及人權的保障[53]。

而軍隊既然是輔助國內警力不足而投入以恢復國內秩序，並移轉警察權於軍方，但仍須與有關官署共同執勤的規定（第三項），也是承認原主管機關並未消滅，只是藉軍力伸張公權力罷了。

另外，此次修憲案就軍隊的原本對外作戰之任務，延伸到維護國內安全及鎮壓動亂，並作為是「輔助警察」之角色。然而，這種「警察任務」不僅是「維持秩序」之任務，也應包括救災等屬於傳統警察任務——增進人民福祉——之上。為此，西德在一九六八年的修憲案不忘在此範疇因應配合。依增訂基本法第三十五條二項及三項（現行基本法第三十五條二項後段及三項）之規定，在聯邦與邦遭到天然災害或其他不幸事件時，即可由聯邦政府調遣軍隊協助救災。所以軍隊救災任務也是基本法所明定，而非由崇高理念（如軍

---

[53] 西德在一九六五年八月十二日已制定「軍人及民防警衛人員實施直接強制法」（ Gesetz ueber die Anwendung unmittelbaren Zwanges und die Ausuebung besonderer Befugnisse durch Soldaten der Bundeswehr und zivile Wachpersonen) 規定（第十九條）對人民生命及人身自由可依本法受到限制，賦予軍人、民防警衛人員在執行任務時可以監察、拘押嫌疑人、搜索人身、扣押物品、封鎖地區及使用武器。故在這個範圍內始得侵犯人民之權利。本法在一九六八年以前已制定，其本意只在防護西德國軍之權益，故被認為是國軍的「自衛法」(Selbstschutzgesetz）來制止不法之侵害。但自一九六八年修憲後，本法才擴充其適用範圍由「自衛」本身權益到保衛國家與他人法益之上。見 E. Lingens, Die Polizeibefugnisse der Bundeswehr, 1982, S.1.

愛民）所推衍出來。軍隊的任務即以單純且基本法所明定者為其特色[54]。而此救災既是以國內災害為限，故出動西德國軍出國去救他國之災，依西德通說即屬違憲[55]。

二、德國軍人法的有關規定

（一）本法之特色

西德在一九五六年三月十九日通過第七次修憲案（軍事憲法）之同日，也公布「軍人法律地位法」（Gesetz ueber die Rechtsstellung der Soldaten，簡稱軍人法），作為規範西德建軍後軍人的法律地位——包括軍人的權利與義務——等問題。由於上述「軍事憲法」修憲只是提供建軍的憲法依據，尤其著重在國會如何行使有效的監督方法與制度問題之上，要落實新時代的民主、法治及人權理念於新

---

[54] P. Karpinski, Oeffentlich-rechtliche Grundsaetze fuer den Einsatz der Streitkraefte im Staatsnotstand, 1974, S. 82.。其實，早在威瑪共和國時代，學界已普遍認定軍隊擔任警察任務，不論鎮壓動亂和救護災難，都必須在法律明白規定下才能進行。例如Liepmann即認為，不持此看法，則無以在法治國家內妥善定位軍隊的制度。見 R. Liepmann, Die polizeilichen Aufgaben der Deutschen Wehrmacht, 1926, S. 8.而德國一九二一年六月二十九日公布的「國防法」第十七條亦明定軍隊執行警察任務的程序（以經地方政府請求為原則）及其條件，以清楚界分軍隊與警察之職權範圍。

[55] 這不同於軍隊的「防衛」任務。為防衛（作戰）任務，自然得在國外作戰（如遭到攻擊而揮兵入鄰國），這是因為防衛作戰的「目的性」使然。況且基本法第二十四條二項、三項規定的「安全協約」，使跨國區域盟邦的安全，德軍也有執行此協約來防衛區域安全之義務，故西德軍隊不只負有防衛本國，也負有防衛「協約」——即北大西洋公約組織(NATO)的責任。相形之下，軍隊的救災任務則僅限國內，是基本法修憲者明白的旨意。F. Kirchhof, §78 Bundeswehr, in: Isensee/Kirchhof(Hrsg.), Handbuch des Staatsrechts, Bd. III, 1988, Rdnr.29.

建軍隊的責任，就落在這個新的軍人法之上。

　　和德國以往的軍事法律（例如一九二一年公布的「國防法」（Wehrgesetz），與據此法在一九三五年重新修訂的「新國防法」）不同的是，以往的國防法（以一九三五年公布的新國防法為例），是以其短短的三十八條條文，卻規定有關軍隊統帥權；役期、內容及種類、免役及退役；軍人的義務、福利、法律救濟等。條文簡短，規定範圍卻十分廣泛。相反的，西德軍人法在公布時的七十七條條文中（依一九八九年六月三十日最後修正時，其中有五條條文已經廢止），不僅條文規定十分詳盡，而且規定的重心集中在軍人的權利與義務之上——共有三十四條之多（由第六條至第三十六條）；而一九三五年的「新國防法」有關軍人的權利與義務規定只有九條，其中規定軍人義務及限制其人權者有四條，分別是：第二十五條的軍人保密之義務；第二十六條的「不參政」及禁止接觸政治之規定；第二十七條的結婚應經許可；第二十八條的兼職禁止規定。對於軍人權利的規定有：第二十九條擔任監護人及榮譽職之規定；第三十條軍人薪俸及補助金另以法律規定；第三十一條規定軍人對於國家有關財產權利之爭訟由普通法院管轄，惟應先經帝國戰爭部長（國防部長）之批准；第三十二條規定退役軍人就業的優先權；第三十三條規定退伍軍人仍得著軍服配勛章之權利等等，共計五條[56]。比較之下，西德軍人法對於軍人的權利義務規定，在質與量方面均非以往之立法例可相比擬。所以「人權」的重視是西德軍人法的一大特色。

　　此外，與德國一九三五年「新國防法」內容包羅萬象相較，西德軍人法僅規定軍人之權利義務、職業軍人及志願役軍人的法律地位——包括勤務關係的成立、晉升、關係終止等——以及法律救濟

---

[56] 參閱 Semler/Genftleben, Wehrrecht, 1935, S.22.

與規定等。至於其他關於兵役、薪俸、福利等，另以制定專法的方式規範。故西德軍人法的「單純化」及「專門化」——即將重心放在上述的重視軍人之權利義務關係——是其第二個特色。

（二）本法的主要規定

作為規範西德軍人法律地位的軍人法，在具體的條文裡展現出西德新建軍隊的理念和對軍人角色的期待。本法堪稱是德國歷史上對軍人權利義務等切身權益所作最具體而微的一個法律。其值得吾人比較研究之處，略有下列幾點：

■ 軍人公民權利的保障（第六條）

本法第六條規定軍人擁有和其他公民一樣的公民權利。只有為了勤務所需才始得以法律限制。明顯的，包狄辛所倡軍人當作是「穿軍服的公民」的理念已具體實現[57]。軍人不僅可以擁有選舉權及被選舉權（參見本法第二十五條之規定）[58]，也可以加入政黨，參加黨派活動。惟從事政治應遵守「節制」的原則（詳下述）。

雖然本條文僅言軍人的「國家公民權利」（staatsbuergerliche Rechte），而不是一般的「人權」保障。但是以西德學界與實務界幾無狹義地解釋軍人之「公民權」為民主、政治意義下的「公民權」，而是採實質地解釋為概括基本法所規定之一切人民基本之權利[59]。對於軍人人權之限制，本條文雖規定依法律規定軍人之義務，但該條

---

[57] 因此，R. Jaeger 即稱本法第六條是「穿軍服之公民」的「大憲章」(Magna Charta), R. Jaeger, a.a.O., S.127；刊載本書第三章。

[58] 基本法第一三七條一項明白規定公務員及職業與限期志願役軍人的被選舉權，可依法限制之。準此，軍人法第二十五條即有詳盡之規定。

[59] 這也可以追根溯源由基本法第一條三項，基本人權的直接拘束國家行政權力之規定所導出。見 P. Bornemann, a.a.O., S.13; Scherer/Alff, Soldatengesetz, Kommentar, 6. Aufl., 1988, Rdnr 2 zum Art.6; P. Lerche, a.a.O., S.449, FN5.

文本身非屬「限制人權之義務」之具體授權。因此對軍人人權之限制必須另依法律之明文規定（如本法第七條以下）方可。就此意義而言，本句之作用只是宣示效果，沒有「創設」（軍人義務）之效果也。

■軍人忠勇衛國衛民之義務（第七條）

本條又稱為軍人的「基本義務」（Grundpflicht），要求軍人的忠誠和勇敢。由於軍人的主要任務是執武器作戰，因此軍人對國家的忠誠義務，即和一般人民及普通公務員（警察及消防人員外之公務員）不同，軍隊對國家忠誠、勇敢作戰及犧牲生命，就有分不開的關係。又，軍人的任務既不免犧牲生命，故本條文所規定軍人的忠勇、獻身義務，會與軍人的生命權及身體健康權利相互衝突。故本條文的解釋就必須特別強調法治國家的原則。德國軍人法在本條成立的「忠勇義務」，必須配合以下幾點的規定：

1. 依本法第一條一項後句，國家與軍人是「互受忠誠拘束」。這是軍人法一個特殊的見解，傳統要求軍人個人效忠國家，也就是「單線式的忠誠義務」，丕變成為國家對軍人也受到「忠誠」義務之拘束。所以國家對軍人的效死自不能只求坐享其成，而其必須「忠於軍人之死生」。古往今來認為國家對軍人的照顧一如平日的薪俸（養兵千日）即是以要求軍人的效命（用在一時），這觀點即不足以說明軍人與國家之間的「忠誠」關係；而傳統國家對軍人的照顧——特別是對被俘及傷亡軍人之撫卹——認為只是國家「道義責任」之問題，隨德國軍人法第一條一項所樹立的「雙向忠誠」觀念，已經更易為法

律責任了[60]。

2.既然軍人的忠勇義務是在保障國家及國民的自由權利，所以軍人的任務是「衛國衛民」，基本法第二十六條禁止的「侵略戰爭」，即非軍人的任務，故軍人在政府進行侵略戰爭時，就無忠勇作戰之義務可言。

3.軍人的忠勇義務雖然不排除殉職之巨大可能性，但並不意味此種忠勇義務可排除其生命及健康權。同時法治國家的「比例原則」──特別是必要性及比例性──都不可忽視之。故西德學界便普遍主張，會危及軍人生命及健康的命令，唯有在最絕對必要，也別無他法時，方得下命。而要求軍人自殺、強迫參加自殺敢死隊、無戰鬥實益（只是宣傳或振奮民心軍心之用的）犧牲死守等等，都是毫無意義且違憲的犧牲軍人生命之舉。這些屬於「陣亡命令」（Todeskommando）觀念，儘管在古今中外皆認為是軍人或是守土有責之文官的最高操守，西德法學界已不再認為可取矣。故軍事任務如無相當的「存活機會」（Ueberlebenschance），即不得課予軍人擔

---

[60] R. Jaeger, a.a.O., S.128；在威瑪共和時代，一九二二年三月二日，總統 Ebert 曾公布「德國軍人職業義務令」(Berufspflichten des deutschen Soldaten）, 計十五條條文，其中第一至第五條皆強調不避個人危險效忠國家是軍人至高榮譽及義務。見 P. Bornemann, a.a.O., S.117；著名的學者 P. Lerche 即認為國家對軍人基於這種「相互忠誠」的理念，便可以產生一種「廣泛的庇護義務」(allgemeine Obhutspflicht)。這個廣泛的庇護義務又可以分成兩個子義務：第一個是國家對於任何一個軍人的健康、安全都應盡其最大的「保護義務」。因為軍事勤務是一個高危險之工作，所以軍人的生命權及健康權雖不會因為從軍入伍就算是遭到「侵害」，不過，國家必須預先作諸多「預防性」的措施來保障。氏稱為這是國家對軍人的「保障功能」(Garantiefunktion）。第二個義務是國家必須對軍人的付出服務，提供報償。這是國家當作「雇主」──軍人服役的受益者──，所必須付出的對價。故軍人的薪俸、福利及撫卹等等，國家都必須承擔，稱為國家的「報償功能」(Ausgleichfunktion）。見 P. Lerche, a.a.O., S.459.

任[61]。

■ 服膺及維護自由民主憲政秩序之義務（第八條）

本條又稱為軍人的「對憲法忠誠」（Verfassungstreue）之義務，要求軍人不僅在思想上要認同憲法所揭櫫的自由、民主的理念，同時在外在行為上還要「以全部行為」支持這種憲政秩序。倘若我們把本條文和德國在一九五三年七月十四日公布的「聯邦公務員法」第五十二條要求聯邦公務員負有「忠誠」義務的規定相比較，用語完全一致。而在軍人法公布後一年，一九五七年七月一日另外公布的「聯邦公務員基準法」第三十五條一項規定各邦公務員法對公務員的忠誠要求，亦完全使用同樣的用語。這種對各級公務員和軍人在「對憲法忠誠義務」要求的「同一口徑」，這會使人迷惑，憲法對軍人權利義務，甚至軍人的法律地位，是否與公務員一樣，都可源自基本法第三十三條五項規定——應以斟酌「傳統公務員制度」訂定之？而且，基本法第三十三條四項規定執行公權力是公務員的固定任務，而且公務員與國家存有一個公法的執勤與忠誠關係。軍隊在現代法治國家裡，被認定是屬於行政權力之體系，在實施軍政、軍令一元化的德國，不論是部隊裡擔任戰鬥勤務之軍人，或是在國防部裡擔任案牘工作，或是國防行政單位擔任行政等事務之「文官」[62]，皆受國防部長之指揮。因此如不認為軍人，特別是職業軍人和

---

[61] 甚至也有人主張，就是有自願犧牲生命來執行必死之任務者，國家也不能照單全收而「目見其死」。見Ullman, a.a.O., S. 189。而美國普林斯大學名教授 Michael Walzer的〈為國家而活的義務〉一文，亦值一讀。見The Obligation to Live for the State, in: Obligations, Essays on Disobedience, War, and Citizenship, Harvard University Press, 1970, p.169.

[62] 依一九八七年的統計，西德國軍體系內共有六十六萬餘人。其中軍職有四十九萬；非軍職（公務員及聘僱人員）有十七萬人，而三萬名是屬於公務員、法官及教授。而四十九萬軍人裡，屬終身職業軍人也只有六萬八千餘人。以「常任」觀點來看，文職公務員和武職的職業軍人數目也升到一比二的關係。資料來源：Jahresbericht der Bundesrepublik, 1987, S.382, 394.

其同僚文職公務員，是源於同一憲法的制度法源，在理論上似有待
斟酌[63]。

　　然而，若吾人細察基本法第三十三條五項的制定歷史可知，此
「傳統公務員制度」（Berufsbeamtentum）的本意實指「常任文官」而
言。因為如前文所述，德國以往都是在憲法裡（如威瑪憲法第一三
三條二項）另行規定公務員的權利與義務。因此，就此明確的「立
憲史」的證據，德國學界普遍區分軍人與公務員之法律地位，不必
延伸公務員制度的一般法理於軍人制度之上[64]。

　　軍人法既然採納聯邦公務員法第五十二條的立法例規定軍人的
「憲法忠誠」，這個「忠誠」義務也包括了軍人不得參加激進的政
黨，發表激烈的政治言論等等，有使軍人對其國家「忠誠度」引人
懷疑之行為。而且，由公務員忠誠義務引申出，公務員的政治行為
必須要「保守及節制」之原則（聯邦公務員法第五十三條），也被軍
人法第十條六項所採納。惟軍人法特別加重軍隊長官的「保守及節

---

[63] 尤其是像我國，把軍人當成是「武職公務員」，而歷代對官員都是文武相
　　稱，品秩也一樣，所以多半把職業軍人當成是另一種公務員來看待。德國學
　　界因此有些學者認為依基本法第三十三條四項之根本意旨，是把公權力的實
　　施交在和國家有特殊勤務及忠誠關係者之手，尤其是以公法關係存在者為
　　限。這樣國家公權力才會得其人而實行。況且軍人並非和國家締結私法契約
　　而作戰的「傭軍」，故主張基本法第三十三條四項應包括軍人。見E. Cuntz，
　　a.a.O., S.129; F. Kirchhof, a.a.O., Rdnr.39.

[64] 德國聯邦憲法法院在早年（一九五四年二月二十六日，BVerfGE 3,290）公布
　　了一個著名的「軍人案」(Soldaten-Urteil)，法院雖然不否認軍人的行為是執
　　行公權力，也不否認軍人與國家是處於一種公法的勤務關係，但是法院也指
　　明基本法第三十三條五項的「傳統公務員制度」是源於威瑪憲法第一二九條
　　之理念，全然不同於軍人的法制係依「軍事憲法」產生(BVerfGE 3,301)，故
　　主張職業軍人之權利義務不同於文官。關於此點，即使是認為應把軍人納入
　　憲法公務員概念之內者（如註63]）亦不否認基本法第三十三條五項的立憲本
　　意。另外聯邦憲法法院在日後的許多判決亦重申斯者，BVerfGE 16, 94; 22,
　　387; 31, 212。見P. Badura, a.a.O., D103.

制」義務不限於「政治行為」，而是在一切時間所為之任何行為——不分執勤的時間與否——以使獲得部屬的尊敬，俾加強領導統御的向心力。故德國公務員「忠誠義務」的立法目的，在於使公務員都能在內在、外在的認知裡全力維繫國家的民主憲政秩序，故在必要時，需以血肉之軀保衛這種體制的軍人，當然也應擁有這認知的義務[65]。

■ 服從義務的「非絕對化」（第十一條）

本法對於軍人的服從義務已經 去除德國軍事傳統的「絕對服從」制度[66]。這個被稱為「有條件服從」（bedingter Gehorsam）或是「有良知服從」（gewissenhafter Gehorsam）要求下級軍人對於上官違反人性尊嚴以及非為勤務目的所頒發的命令，可以不必遵守，使得軍人可以審查上官之命令內容。這對軍人服從義務的重新規定——和公務員有關服從義務一樣，是西德在建立新軍所欲構建新的「領導統御」模式（Innere Fuehrung）。這個軍隊的「領導統御」的原

---

[65] 關於德國公務員的忠誠及保守義務，請參閱拙作〈論公務員的忠誠義務〉，收錄在《憲法基本權利之基本理論》下冊，民國八十年，再版，第一三九頁以下。

[66] 德國一八七一年憲法第六十四條明白規定軍人對皇帝的無條件服從。另外在一九三五年七月二十日公布著名的軍人誓詞，也都規定軍人有無條件獻身及服從的義務，而即使奉行馬克思主義的東德國民軍也在誓詞裡強調「無條件服從」。不過不少學者都表示德國卻自始不曾實行「絕對服從」及「盲目服從」。在納粹時代的有關軍刑法教科書在對當時軍刑法第四十七條有關「抗命罪」的討論，皆認為軍人對長官的命令，如果認為有犯罪嫌疑時，就可以不必遵守之。Schwinge, Militaerstrafgesetzbuch, 5. Aufl. 1943, §47 Anm. Ⅲ 1b; RKG1, 179, in: Schuele/Scheuner/Jeschek, Bundeswehr und Recht（見前註 [6]），S.77。而西德第一任總統 Theodor Heuss 也曾指出，即使在第二次世界大戰，德國軍人不遵守「絕對服從」原則之情形，屢見不鮮，而依當時的情勢、個人判斷作決定。這些「擅作決定」的軍人，有的上軍法庭，有的陣亡，有的獲頒最高勳章，不一而足。見 C-G v. Ilsemann, Die Bundeswehr in der Demokratie, 1971, S.120。

則，是由三大「支柱」實現[67]：(1)軍隊的法治化。這是以法治國家原則定位軍隊與軍人之關係，並且是源於憲法所規範之「軍事秩序」。受到這個最高「軍事秩序」，在法制上也展開一連串的制度建立（如訴願法、懲戒法等），落實對軍人人權的保障，朝向軍隊「法治化」的確立；(2)「合時宜的領導」（zeitgemaessige Menschenfuehrung）。這個涉及軍隊領導的核心問題，是改革先驅者包狄辛所力倡上級與下級間應以「協同代替屈服」（Partnerschaft statt Unterwerfung），部屬對長官而言，不是全然、純粹的「服從者」，而是心悅誠服的「協調者」（Koordinator）來執行任務。所以包狄辛主張這種「上下從屬關係」的改變，是西德新軍「領導模式」的菁華所在。在本法第十條、十一條即體現這種精神，廢除傳統盲目服從的觀念，把長官視為「永遠是對的」，造成對長官的理智作盲目的信仰；(3)是軍隊的政治教育。這個制度雖有使軍隊導向政治化之趨勢，但也是新建軍理念所欲達成的目標。同時軍人法第三十三條有明文規定，本文將續予討論。

軍人服從義務的修正，應與本法第十條規定「長官的義務」一併討論，方可見兩者密切的關聯。依第十條四項，長官只能為職務目的，並且必須遵守國際法、法律及有關職務命令之規定下達命令。因此長官的命令，受到勤務「目的性」（Zweckmaessigkeit）以及「合法性」（Rechtsmaessigkeit）的雙重拘束。此外，長官依本條第五項規定，必須為其命令負責，此責任包括了命令的目的性及合法性，以及裁量的正確以及有無逾越權限而言。

由本法第十條四項規定長官下命的合法性，必須是為職務目的及遵守法律、國際法及職務命令之規定，始為合法的命令。而第十一條一項復規定不遵從違反人類尊嚴及非達成勤務目的的命令，非

---

[67] T. Lau, Normenwandel der deutschen militaerischen Eliteseit 1918, 1988, S.83.

不服從。而在第二項規定軍人「不得服從」的情況，是在命令構成犯罪要件之時。因此軍人服從一個構成犯罪的命令必須擔負刑責。所以，基本上，西德軍人法對德國軍人服從命令的規定，可分別以下列幾種情況來討論：

1. 違反職務範圍之命令（dienstwidriger Befehl），指一個命令並不在於長官的下命權限範圍之內。例如管轄權限（形式）不合，或是假公濟私的命令等。這個不屬於軍人職務範圍、軍事任務目的的命令，下級軍人自得拒絕服從[68]。

2. 違反法令規定的命令——包括違反法律、國際法原則（例如違反條約）其他有關之職務命令。這是把長官的命令視同行政行為，都必須是「合法」的命令。違反這種規定之命令，是為「違法之命令」（rechtswidriger Befehl）。

3. 違反人類尊嚴的命令。對違反人類尊嚴的命令已經觸犯基本法第一條三項，保護人類尊嚴是所有國家權力之義務的規定。所以，軍隊裡不得有蔑視人類尊嚴之行為，例如凌辱戰

---

[68] 也因為對於何者才屬於軍隊的「職務目的」之範圍？德國學界多半指「消極定義」，認為凡是私人目的——例如要士兵清洗長官之自用車；違反職務目的之行為——例如要下屬參加非軍方舉辦的慶典活動；無意義的命令——例如對於每日已依規定清理的槍械，命令再作清理，或是對已炸毀的橋樑，命令重炸一次。見 P. Bornemann, a.a.O., S. 82。至於軍人奉令參加營區外之活動，例如軍樂隊參加民間遊藝；軍人參加長官葬禮宗教儀式；接送其他部隊來參加有關憲政之會議之軍官……，德國聯邦行政法院是以主辦的目的及團體，只要軍方為名義上的主辦人，便有命令下級軍人協助之權力。Scherer/ Alff, a.a.O., Rdnr. 47 zum Art. 10.不過，德國實務界這種擴充軍事勤務範圍的看法，似乎與憲法所規定軍隊有限的任務範圍，有所不合。如軍樂隊的參與民間慶典，這種「與民同樂」的法源依據即非基本法所規定軍隊任務（如國防、救災）的任何一種。這恐怕亦是一種和現實妥協的見解。

俘、槍殺人民等等[69]。

4. 對於不能達成預定目的（單純的目的性）的命令，這種「不合目的之命令」（unzweckmaessiger Befehl），指一個命令不能達成預期目的。例如上級命令固守某個陣地，或命令一個出擊行動，被認為是徒勞無功之行動等。

5. 構成犯罪之命令。這個命令是構成犯罪的命令，其中又可以分成下級軍人明知或不知其為犯罪。又可分成該命令構成犯罪的情況是極清楚，或不清楚，甚至是「隱藏其犯罪性」而在外表是合法的，例如長官明知那些為平民卻告知下級為游擊隊，而命令槍擊之。

上述各種態樣的命令，可能相互會混合，例如3.的命令——如凌虐人犯或槍殺戰俘——會構成5.之要件。但基本上可以以1.至4.為一個單元來討論，而5.則特定為對軍人刑責的規定來討論。以1.、2.及3.的命令，都是「沒有拘束力」的命令（unverbindlicher Befehl），也是喪失了其作為命令的「拘束力特質」，下級軍人可以不必遵守上述「沒有拘束力」之命令；如其執行時，就可以依5.的情況來界定該軍人之責任問題。如果該行為構成5.所要求的犯罪刑責，則下級軍人不免刑責。若是該行為不構成犯罪，例如上級命令係「違法」，但並不是觸犯犯罪之命令，卻是違反秩序罰，如要求開車超速、命令把車輛停放在紅線、黃線等等，則下級軍人對於這種「違法」行為，固可拒絕，但即使服從也可不必負責也[70]。這些因為所觸犯之法律並非較嚴重之刑事法律也。

---

[69] 這種對「人類尊嚴」侵犯的命令，不只是對第三人，也包括被命令者本人在內。例如德國曾發生的一個案例：連長處罰某違紀士兵，要他在大庭廣眾高聲用類似「我是全連最髒的兵」的言語責備自己，就是一樁侵犯個人尊嚴的非法命令。P. Bornemann, a.a.O., S.89.

[70] P. Bornemann, a.a.O., SS. 91, 122.

比較困難的是，究竟軍人對4.不合目的（單純目的性）的命令，是否擁有拒絕服從的權利。所謂一個命令能否達成預期目的和「無意義之命令」（sinnlosiger Befehl）是在程度上有所不同。倘若一個命令喪失意義（例如對已炸毀的橋樑命令重炸一次），以及毫無意義的犧牲（如前討論軍人忠勇義務時所指的「陣亡命令」），可涉及侵犯軍人的生命、健康基本權利（本法第十七條四項明文規定），且無職務目的之必須，同時長官應該「照顧」下屬之責任（本法第十條三項）亦遭侵犯，故本命令屬於無拘束力之命令至明[71]。但是若一個命令的「合目的性」與否並不十分明確，且其能否達到預期成果及其重要性（意義）亦不至於達到上述「無意義命令」之程度時，這時候下級軍人能否逕自拒絕服從？恐有問題。首先，基於軍事勤務的多樣性，戰場情況的瞬息萬變，或是基於作戰保密的要求，或是情況複雜、時間匆促，都可能使一個命令的頒布，並不能充分的提供下屬有關命令的背景資料及已作之斟酌。使得所有下級軍人接到上級的軍事命令，都只是簡短、明確的文句，下級都只知其然而不知所以然。此時下級軍人以有限的資訊，有限的戰術戰略素養，恐怕無法全盤的、整體性的評估此一命令所具備的意義。尤其是戰爭中為拖延時間，吸引敵軍集中，或牽制、佯攻等等作用，此時擔任這種任務的「誘餌」單位，其成員如知其任務性質，自然會以切身

---

[71] 早在第一次世界大戰時，德國帝國軍事法院在一九一七年的一個判決已經指明，假如沒有絕對的必要卻造成部屬生命及健康的損害，是一個違法的命令。本案是命令一個在操課的軍人，於嚴寒中浸入及膝的池塘，法院認定此命令是違法而不必服從。RMG 22,78; H-H Jescheck, a.a.O., S.73。同樣在西德新軍成立不久後的一九五七年六月三日發生「易耳河慘案」(Illerunglueck)。某傘兵營在易耳河附近演習，部隊長官在無救生設備下，命士兵強渡易耳河，致十五名傘兵溺斃。事後朝野交相指責軍方。這個不幸事件現已成為認定長官命令是否合乎職務目的性，甚至指明這種命令屬於1.的違反職務範圍內之命令的標準範例。見C-G v. Ilsemann, a.a.O., S.122.

處境抗拒這些較高危險度之任務。故以事實的角度來看,不能高估這個命令「目的性」的可行性。

其次,本法第十一條一項後段規定對「誤認」合法命令為違法者的責任來看,軍人如果對命令的合法性及目的性有疑問時,必須該軍人並未表示其異議或陳報上級,以及非無表示異議之機會管道時,這種「誤認」為違法命令而不服從的行為方可免責。所以,軍人對一個命令的合法性,尤其是目的性的正確判斷與否,極為重要。以上述諸種命令而言,對於命令單純的目的性4.判斷最為困難。並且,在本法第十一條二項規定軍人應不服從的只是觸犯刑章之命令。因此,為使軍隊的任務能夠靠上下級軍人的階級及命令制度來貫徹,並配合軍事任務的實際性,軍人對上級命令的單純目的性,在為了避免「誤認違法」的前提下,有疑問時應提出異議,以後即應該執行,而不得逕以拒絕服從也[72]。

在5.構成犯罪的命令,軍人負有不得執行之義務。自不能算是不服從之行為。惟軍人果真執行這個命令時,本法第十二條二項規定唯有軍人在(1)明知其為犯罪;(2)依當時情況,命令構成犯罪的情形十分「明顯」時,軍人執行違反刑事法之命令,才屬於有責之行為[73]。至於上級命令是以「隱藏手法」,以合法與合目的之外表掩飾犯罪意圖時,亦應依執行命令之軍人是否其心相信於外表理由,抑或真正「知悉」其不法性而來判斷定其刑責之有無也。同時,為確保軍人的服從義務以及上級長官下命的合法及合目的,德國現行軍刑法第十九條以下區分軍人違反服從義務行為的諸多型態,例如第十

---

[72] 這種推定長官的命令是「合法」以及合目的性,是德國之通說。H-H Jescheck, a.a.O., S.77; C-G v. Ilsemann, a.a.O., S.122; P. Bornemann, a.a.O., S.90.

[73] 這和德國聯邦公務員第五十六條二項部分相類似。依此項規定,公務員不僅對命令違反刑法,甚至其他秩序法,只要在對命令的上述違法性可認知,以及該命令已侵犯人類尊嚴時,都有不服從之義務也。

九條規定軍人單純不服從命令的「不守命令罪」（Ungehorsam）；第二十條規定軍人公然的言行拒絕接受命令以及二次重申命令而不服從的「抗命罪」（Gehorsamsverweigerung）以及輕微的或過失的未服從命令的「輕微違令罪」（leichtfertiges nichtbefolgen eines Befehls）等三種罪行，其中以「抗命罪」罪刑最重（三年以下有期徒刑），「輕微違令罪」最輕（二年以下有期徒刑）。對於長官濫用命令權力於不合乎勤務目的，依本軍刑法第三十二條，可處二年以下有期徒刑；對濫用命令權力而觸犯一般刑法之罪行，依本法第三十三條可處該長官觸犯刑法規定最高刑度的兩倍刑罰。因此，對於長官下達命令的拘束，除軍人法外，軍刑法也發揮相當的制裁作用。

■ 袍澤情感（第十二條）

這是強調軍人應該具有濃厚的情感來提振軍隊的內聚力。所有的軍人應不分階級尊重同袍的尊嚴、榮譽及權利。並且在危急時也有相互扶持，不畏危急的義務。此外，對於不同意見及看法，彼此也要有容忍的義務。由這個袍澤情感（Kameradschaft）使得長官與下屬的許多義務可相互配合，例如長官應有照顧下屬之義務，以及依照尊重人性尊嚴及法律頒布命令之義務等是。而一般軍人也必須將此袍澤義務和軍人的忠勇義務並立，尤其是當同袍有危難時，軍人應該奮勇投身的積極行為之義務。這是德國把軍人以往團隊精神由道德要求提升至法定義務之層次。以德國聯邦行政法院的實務，凡是傷害部隊及單位同僚間情感及團結的行為，致使部隊團隊精神受損的不當行為，皆屬於袍澤義務之範圍[74]。因此，基本上這個維

---

[74] 例如上至對同袍的動粗、咒罵、寫黑函，以至於涉及同袍的感情糾紛——如妨害婚姻、傷害同袍之女友——、財務的詐騙、賣贓物予同袍、偷竊公物、保管公款的監守自盜等，即使侵犯同袍受民事法所保障的法益，亦然。見 Scherer/Alff, Rdnr. 12 Zum Art. 12.

繫袍澤情感之規定是以注意軍隊「整體利益」，而非個別軍人之權益為規範目的。

■ 政治行為的限制（第十五條）

在肯定軍人和一般人民都享有相同的公民權利於前（第六條），對於軍人享有的政治行為之權利，基本上是持肯定之立場，惟予以必要之限制。

本條限制軍人政治行為之自由是以幾個方向考慮：

第一，基於「行政中立原則」。既然軍隊是視為國家行政權力之一，而軍人也是執行國家公權力者，故在執行職務時，自應保持中立，不應偏頗某些黨派（第一項），而軍人穿軍服是可顯現其身分，故亦不得許可著制服來參與政治性之集會，避免外界產生軍人介入某特定政治見解之形象（第三項）。長官尤須保持其政治中立之色彩，以身作則，以獲得部屬之信賴（此亦為本法第十條之規定），更何況宣揚或摒斥某種政治意見，並非長官之義務，亦非在職務目的範圍之內。因此長官亦應保持中立（第四項）。但若是涉及軍隊的政治教育（本法第三十三條），如宣揚民主、法治國理念，自不在限制之列。

第二，基於「袍澤義務」，為了使同袍間不至於為不同的政治意見傷害情感，分化團結，在營區及基地內共同生活之非執勤時間，個人的政治行為應該「節制」，亦即要有尊重及容忍的袍澤義務。以外在行為表彰其特定之政治意念，如宣傳、演說、散發文件、充當黨宣傳代表，甚至張貼標語於個人物品上，亦屬違反袍澤義務之政治行為。

這個避免軍隊淪為政爭意見場所的立法，雖用心良苦，但是在實際上卻不易完全貫徹。如前已述及，軍隊既然要進行公民及國際法教育，則長官言論自不免涉及政治立場及對政黨人物及政見之臧

否；而軍人私下的言論自由，意見交換既受本法（第一項）之保障，如何界分應許可之「政治意見之交換」和不許可之「政治意見之宣傳」？並不容易。所以，在學界迭生爭議後，才朝向以「節制原則」來限制軍人之政治行為。軍人的政治行為，如果是以「持續性及有目的導向的影響同袍」（nachhaltige,zielgerichtete Beeinfluessung）時，就屬於本法所禁止之影響行政中立及袍澤情感的政治行為[75]。

■ 公民及國際法教育的實施（第三十三條）

另一個屬於德國軍事改革家包狄辛的理念，是軍隊應該瞭解政治。為達到這個構成新軍「領導統御」支柱之一的理想，本法明定軍人應接受公民與國際法教育。基本上，本條規定軍人應該接受公民政治教育（第一項）以及法律教育（第二項）。這兩種教育，在德國統稱之為「政治教育」（politische Bildung）。德國軍人法納入這條規定之作用，係認為軍人應瞭解政治及法律，尤其是切身之權利義務，才可使軍人得以成為一個心智成熟的「公民」；同時經由法律訓練，使得軍人能夠有智識審查長官所下達之命令，是否違反法令及人類尊嚴。

本法初實施時，「政治教育」的措詞是以「精神武裝」（geistige Ruestung）為名，到了七十年代底才改成「政治教育」之用語。以當初「精神武裝」為名進行這種教育，可知是加強軍人對民主政體的認知，同時也有消除外界對德國重整軍備的疑懼。尤其是東西冷戰及一九六一年八月柏林圍牆建立後，西德軍隊的政治教育集中在對抗共產主義方面。一九六六年德國國防部頒布有關軍人政

---

[75] P. Lerche, a.a.O., S.468; K. Riehl, Freie Meinungsaeu βerung in der Bundeswehr,1987, S.115. 並參閱拙作：〈泛論軍隊的「政治中立」〉，刊載本書第七章。

治教育的「精神武裝」命令（ZDv 12／1）就明白指出這種教育的目的，在使軍人成為「穿軍服的公民」，加強知道為何而戰，對誰而戰的倫理及政治上的確知……[76]。不過，在東西冷戰趨向緩和後，西德軍隊的公民政治教育方向就偏向國內有關之裁軍及德國統一的有關問題，而降低對共產理念的批判與討論[77]。

為避免軍中的公民政治教育淪為單向的宣傳，本法第三十三條一項特別規定長官應該保持政治中立，不得灌輸及誘導部屬某一特定之政治意見（同見本法第十五條四項之規定）。然而，既然軍隊的公民政治教育既是「意有所指」，同時軍方也支持——至少是不反對——長官在施行政治課程時會「對比的」批評共產主義與極右派激進主義，所以在實際的政治教育上，要長官絕對秉持中立，並非易事。另外，軍人公民教育及法律教育的授課人員並不相同。由於公民教育是以堅定政治的認知，同時也要藉此精神戰力強固袍澤感情，因此政治教育只以各部隊之長官為授課人員。而法律教育是以法律專業為主，不過各個軍種所需要之課程稍異——例如對國際法的教育，陸海軍比空軍來得需要——，故可不必由軍隊之直屬長官來予講授[78]。

德國軍人法規定軍隊應進行公民教育及法律教育，除後者提升

---

[76] F. Schultheiss, Politische Bildung in der Bunderwehr, in: Zoll/Lippert/Roessler, a.a.O.（前註[32]處）S.247; C-G v. Ilsemann, Die Innere Fuehrung in den Streitkraeften,1981, S.73; P. Balke, Politische Erziehung in der Bundeswehr, 1970, S.67.

[77] 不過，儘管這個「精神武裝」乃針對共產主義出發，但西德的軍方及學術界都一再強調不是以單純的反共及恨共為教育的出發點，而是經過對比及討論後，加強軍人的政治意念。見C-G v. Ilsemann (Innere Fuehrung), S. 76.

[78] 目前德國軍隊是以每週一小時左右的時間進行政治教育。役男服十五個月的兵役，總共排有六十個鐘頭的課程。關於德國軍隊進行法律教育，可參閱H-J Reeb, Militaer und Recht, Zur Rechtsausbildung fuer Soldaten der Bundeswehr, 1983.

軍人對自身權益及對長官命令的合法性判斷能力，其功能應予肯定外，對進行公民教育的問題，在事實上會否增加部隊長官的壓力，影響部隊訓練的時間並且增加部隊同袍的磨擦？由於許多軍人對政治夙無興趣，強迫各級長官充當政治課程的講員，也致使許多軍官反彈，認為此舉徒增勤務壓力。儘管西德在一九五七年三月成立國軍「領導統御學校」（Schule der Inneren Fuehrung, Koblenz）培訓軍官的領導統御及實施政治教育之智能，同時也編印許多政情資料給各級軍官參考。不過，批評課程流於教條、刻板、無聊，或是認為乾脆廢止這種公民課程的呼聲一直不斷，特別尤以下級軍官為甚[79]，但以德國軍隊既是強調軍人是穿軍服的公民一點，要廢止本公民訓練之制度，大概還不會獲得國會各政黨的認同[80]。

■ 信託代表制度的建立（第三十五條）

為使各級軍人在部隊裡擁有和上級溝通之管道，本法特別接受包狄辛等的建議[81]，在各級部隊裡設立了「信託代表」（Vertraue-nsmann）。這個信託代表的任務分成兩大類。其一是促進部隊和諧的「調和權」。信託代表因此必須中立的扮演部隊裡「和事佬」的角

---

[79] 尤其是許多軍官都認為，軍人在接受戰技訓練時都必須單向的受到長官命令的嚴格要求。返回營區進行政治教育卻要一改作風，變成雙向政治意見的交換，似乎對長官部屬都無法適應。見C-G v. Ilsemann (Innere Fuehrung), S. 83.

[80] 德國軍隊裡進行政治教育的情形，同時也是國會「國防監察員」監督的事項之一。因此，軍中政治教育如果有所偏差，也可受到國防監察員的注意，而軍人也可投訴之，故本著「政治優勢」的原則，國會自然會願意保存政治教育之制度。

[81] 早在威瑪共和時代，信託代表制度就已在德國軍隊裡建立。依一九二一年通過的國防法第九條規定，任何司令部及單位，都應有一位軍人信託代表。不過，這些信託代表多半虛應故事，並未真正發揮上下溝通之功能。這個信託制度到了納粹當政後，在一九三五年公布修正的國防法即被刪除。一九五二年包狄辛再度提出設置信託代表的制度，見註[31]處之本文。

色。因此，信託代表就不得擔任任何軍人的訴願代理人，或簽署任何的訴願文件，避免自己涉入爭議的任何一方[82]。也因此信託代表才不至於變成一個搬弄是非的人物。其二是對於部隊之勤務、照顧（如本法第十條三項長官對部屬的照顧義務及第三十一條聯邦對軍人的照顧義務）及福利、軍營共同生活（如內務）事項，擁有向長官提出建議並和長官討論之權利。由本法所定這二個信託代表的法定任務可知，信託代表除了單純扮演「上情下轉」成「下情上達」的角色外，更有促進軍隊整體和諧的（Betriebsklima）義務。不過，如其在第二項所擁有的只是建議權及討論權可知，其並無個案決定之權限，同時對長官的責任及其他軍人的權利，此信託代表也只能表示關切而已。故在法律地位的重要性而言，這個信託代表的重要性，並不凸顯及具體。不過，正如同德國聯邦國軍退役中將，也是著名的軍事學家的 Carl Gero von Ilsemann 所說的，西德軍隊引進這個信託代表的制度可顯示出部隊裡仍有公平及秘密投票的民主制度，也讓軍人有學習民主的機會，故深具法及教育的意義。同時，雖然信託代表沒有足夠的實權，而且士兵和長官的溝通管道又多，譬如平日的交談，不一定必須透過信託代表，但是以其長年軍旅的經驗認為，如果各級長官夠理智的話，應善用信託代表的制度，並爭取到其全力的支持，更能促使任務的達成[83]。

因此，信託代表制度可以說是西德軍隊的一種特殊制度，而在世界民主國家裡亦屬少見。這是西德當年在制定本法時考慮到在戰鬥或相當的勤務單位裡的軍人，不能有機會如同在「辦公」——行

---

[82]Scherer/Alff, Rdnr. 5 zum Art. 35。本來在懲戒法有規定，信託代表其所屬單位有人被嘉獎或被移送懲戒前，應該聽取信託代表之意見，但後來怕影響信託代表的中立地位而取消。參見C-G v. Ilsemann,（Bundeswehr, 前註[66]處），S.139.

[83]C-G v. Ilsemann (Bundeswehr), a.a.O., S.139.

政事務裡的同僚，能比照文職公務員一樣推派代表之制度。由於信託代表都是代表「被領導」之軍人[84]，故這些代表可以充當其「選民」的發言人，迨無疑義。如果各級長官果真如 Ilsemann 將軍所言，是理智的話，必會和信託代表相互信任，如此改革派們希望德國新軍內的領導統御是以「協同代替（權威）服從」（Partnerschaft statt Gehorsam）的理想，就更容易實現了。

西德實施軍人信託代表制度三十四年後，在一九九一年一月二十一日公布體系更完整的「軍人參與法」（Soldatenbeteiligungsgesetz），並刪除軍人法第三十五條與第三十五條a・b・c等四條文；但原四條文幾乎原封不動的搬進此新法之內。關於此新的軍人參與法之內容，請參閱拙文〈民主與軍隊──談德國軍人信託代表制度〉，收錄於本書第六章。

第五節　結　論

希臘哲人亞里士多德在其《政治學》名著裡曾說到：武器的掌握者，即是國家憲法存與廢的掌握者[85]。軍隊與國家之關係，不僅在戰時有關涉國家存亡，人民身家財產之保障……等等切身之關聯，即在平時，這一大群手執干戈的軍人應該如何在訓練戰技時，仍然服從並受國家憲政及法治原則的拘束，當是現代法治國家要戮力研擬的課題。

由德國在第二次世界大戰戰敗，西德自一九五〇年開始擘劃建

---

[84] 依一九五七年七月二十六日公布的「軍人信託代表選舉及任期法」第三條二項規定，凡是各級指揮官及參謀長，連隊士官長及相同職位者，都不能擔任信託代表。

[85] 《政治學》第九卷一三二九ａ；C-G v. Unruh, a.a.O.（前註[6]處），S.158.

立新軍的歷史，我們可以看到以包狄辛為首的革新派理念已經變成西德聯邦新軍的建軍「理念骨幹」。西德在重建國防武力的同時，已經妥善定位軍隊與法治國家之關係，亦即在憲法層次，所謂的「軍事憲法」上——不論是以形式意義或實質意義之狹義軍事憲法之觀點來論皆然——確立了「政治優越性」（Primat der Politik），也就是英美國家所強調的「文人統軍」（Civilian Control）原則。在貫徹民意政治得以有效的掌握軍隊，統領軍隊的制度設計上，西德基本法透過增訂新的條款，將德國傳統的由國家元首掌握的軍隊統帥權，易降為平時由國防部長，戰時由總理掌握的「指揮及命令權」，使得軍政與軍令一元化；同時確認軍隊乃國家三權中的行政權，並且透過預算案得以有效的控制軍隊；設置國會「國防監察員」之制度，使軍隊裡能切實保障軍人之人權以及使軍隊裡「領導統御」的原則都合法地實施。最後，是把軍隊的任務、軍人人權的限制，都在憲法裡明白規定。使得以往傳統基於「特別權力關係」理論可以廣泛限制軍人人權和透過元首統帥權可以自由地指定軍隊任務的情形，成為陳跡。軍隊的一切在國家憲政的秩序上，均有以法為根基的軌跡可循了。憲法裡的整體「軍事秩序」也就實實在在可形成憲法裡的「軍事憲法」矣。在這個「法」的意義上，義大利中古時代一位著名的政治學家Marsilius von Padua （1290-1343）的一句格言「在自由的社會裡，任何公權力的行使一定要有廣泛或特別的授權方可為。蓋欲藉此限制來保障公權力下的人民也」[86]，可以為建立軍隊的法治意義加上一個註腳。

另外，由包狄辛等改革人士所致力的把軍人認為是「穿軍服的公民」，並且透過軍隊裡的「領導統御」之改革，及在德國軍人法裡已落實的諸多制度，我們可以清楚的看出西德對於軍隊的「體質」，

---

[86]C-G v. Unruh, a.a.O., S.157.

一改二百年來軍國主義「僵硬」之內部領導統御模式，以更合乎社會變遷、民主理念及人權保障之觀念組成及運作其軍隊。尤其是藉著承認軍人仍是和一般國家之公民一樣，要求軍人不僅在享受公民權利同時，也要擔負其作為公民及軍人之雙重義務，把軍人變成成熟的公民及有「權利義務意識」之軍人，這種先進的開明思想，應該是契合當今時代之潮流。另外，軍人法就有關軍人之權利義務作詳盡的規定，已彰顯軍隊的「法治化」，尤其值得吾人注意的是，軍人法對違法命令的明確規定，絕對有助於解決軍隊裡基於威權主義及階級主義所不免發生的權力濫用之問題。德國把軍事命令權力用法治主義予以嚴格的拘束，也是一個把軍事權力比擬行政權力的表現。

誠然，西德軍隊經過包狄辛嶄新理念的薰陶，成為一個換骨脫胎的新軍隊，但是以法治及民主構建的軍隊，可能會有人懷疑這種軍隊的「實戰能力」如何？由於筆者並非軍事專家無法評估西德國軍之作戰實力。不過，(1)西德軍隊雖然採擷包狄辛之新理念，但是這些都是環繞在軍隊內的領導統御的原則及軍人角色的認定。而在軍隊的戰技訓練，則絲毫不受影響。易言之，軍隊在作戰要求方面，不至於因領導統御方面之變革而有所鬆懈，毋寧因為重視軍人人權及尊嚴，反而更可能增加部隊的袍澤情感及精神戰力；(2)西德軍隊因為重視法治主義，所以軍隊的法紀亦甚嚴明。違法犯紀仍可受到依法且有效的懲罰；(3)西德軍隊因為國家富裕、科技水準極高，所以武器裝備非常先進與新穎[87]。因此，西德軍隊在北約組織裡被視為勁旅，應該可以認定西德新軍並未因引用包狄辛之理念而以戕傷戰力為其代價。

---

[87] 依一九八七年的統計，西德國防預算每年為五百億馬克，其中百分之三十四是用作國防建設及投資、研發之用。見 Ritter/Ploetz, Die Bundeswehr, 2. Aufl., 1988, S.70.

反觀我國的軍事思想及軍制，和德國的發展就是殊途而異馳。我國古代雖然出現許多偉大的軍事思想家，如孫子之輩，但宋代以後國家的重文輕武使得軍事及軍隊的地位，並未獲得國家的重視，已是史上眾所周知。尤其比起德國，當老毛奇元帥（Helmut Graf von Moltke）在一八五七年起主持普魯士參謀本部起，將普魯士戰略、戰術用科學方式研究與擬訂，並使軍隊法制化及現代化，造就一批優秀的參謀軍官。而同時期，中國陷於太平天國之亂，曾國藩督練新軍（咸豐二年，一八五二年）卻援用明朝嘉靖時代戚繼光之制度，這種以中古時代的戰術、兵制及武器、領導統御所成立的湘軍及軍隊的私人化，一直延續至民國成立後[88]。所以，我國軍隊的現代化，就欠缺德國所擁有優秀的「軍事傳統之遺產」，這是我國先天的條件不足之處。至於後天條件，我國在民國之後的連年內亂及外患迭至，國家政治的不穩定、經濟衰退，特別是軍閥割據給國家帶來的弊害，在在使我國沒有建立一個符合時代需要的軍事體制，以及提升軍人應有的地位。但是時至今日，我國已經解除戒嚴，國家也因終止實施動員戡亂體制而回復承平狀態。在這個追求法治國家之時代裡，我們必須重新以憲法的角度，全盤檢討我國「軍事憲法」制度、理念有無已經過時之處。這涉及對國家軍隊統帥權及指揮權的「歸屬認定」，對軍人權利義務的界定、限制之方法以及對軍隊的任務，內部的秩序是否要重新反省等等。尤其是在擁有五十萬軍人的國軍，在維持強大的戰力前提下，我國應該如何揚棄於傳統的「特別權力關係」，採行法律保留之制度，輔以強調軍人應該擁有人權、人性尊嚴，抑制長官的可能恣意（違反比例原則）濫權之理念，使我國所有的「民國軍人」能夠在一個講法治，重正義，朝氣

---

[88] 參閱羅爾綱，《湘軍新志》，黎明文化事業公司，民國七十七年，第一二二及三二一頁。

蓬勃的軍隊裡，為國效命，應當是我國朝野人士現階段採取的整軍方略。因此，德國軍事法制在同樣實施大陸法制的我國，也就有許多參考之價值。師其法，不必盡用其規，我國對「國情不同」的德國軍事法制及理念，理亦應持此態度也。

　　（本文原刊載：《台大法學論叢》，第二十一卷，第二期，民國八十一年八月）

附錄一　包狄辛將軍年譜

一九〇七年五月八日出生在德國南部近法國邊境之 Trier市，父親為
　邦首長，包狄辛是在西普魯士地方受教育。

一九二五年五月入柏林大學學習法律及歷史。

一九二六年在波茨坦參加陸軍第九團，擔任候補軍官。

一九二七年退役，改學農業、準備掌理家產。

一九三〇年十月，農業課程結束，考試及格後，重新入伍。

一九三〇年至一九三八年在基層單位擔任幹部，並結識許多日後參
　與刺殺希特勒之青年軍官。

一九三九年九月一日，戰爭開始，調至步兵團擔任情報官，最後參
　加隆美爾非洲軍團。

一九四一年四月，任少校參謀軍官在搜索任務中被俘，送往英國等
　地，至一九四七年七月才釋放歸國。

一九五〇年十月，擔任德國軍事重整委員會委員。

一九五一年五月，被西德總理任命為研究如何整建軍備之布朗克辦
　公室之成員。

一九五一年至一九五八年，在布朗克辦公室主持軍隊內部領導統御
　之問題的研究。同時開始發表新國防軍之觀念。

一九五五年十月一日，升任為德國國防軍之上校。

一九五八年七月至一九六一年，任命為裝甲旅旅長。

一九五九年十二月三十日，升為准將。

一九六一年十月一日至一九六三年，任北約聯軍副參謀長。

一九六三年九月至一九六五年三月，任巴黎之北約防衛學院司令
　官。

一九六四年一月九日，升為中將。

一九六五年六月，任命為聯軍最高統帥部副參謀總長。

一九六七年一月，因致力民主理念之闡揚，獲致西德最榮譽之Theodor-Heuss獎。

一九六七年十二月三十一日，從軍中退伍。

一九六八年十月，受聘為漢堡大學講師，講授現代戰略。

一九七一年至一九八四年，協助漢堡大學成立「和平與安全政策研究所」，並擔任所長。

一九七九年，被任命為漢堡大學榮譽教授。

一九九三年六月七日，病逝於漢堡。

附錄二　德國軍人法

一九五六年三月十九日公布，四月一日起施行
一九七五年八月十九日修正公布

第一章　總　則

甲、一般規定

第一條：概　念

一、依法服兵役或志願加入軍隊者，為軍人。國家與軍人彼此互
　　負忠誠義務。

二、依法服兵役者亦包括擁有軍階且被徵召入營之備役人員在
　　內。

三、軍人得基於志願終生服役而被任命為職業軍人，或基於（志
　　願）限期服役而被任命為限期役軍人。婦女只得擔任衛勤之
　　軍官職位。

四、稱為長官，係指被任命得予軍人下命權者。基於何種職位、
　　官階、特別職權或自行宣稱，方可下命者，由行政命令定之
　　[1]。在執勤以外之時間，不得僅憑官階獲得下命權限。自行宣
　　稱擁有下命權者，只能在緊急情況的協助行為，或為了維持
　　紀律及安全，或恢復統一的下命權限，有所懷疑時，方可行

---

[1]依「規範軍事長官關係命令」第六條，所謂「自行宣稱」長官，是指在危急
需要協助，或是為了維持軍紀及安全，而有緊急處置之必要時，以及在需要
統一指揮之情況，任何高官階的軍人得對非其所屬的低階軍人下達命令之謂
也。

之。

五、稱為軍紀長官，係指對軍人擁有懲戒權限者而言。其細節由法律定之。

第二條：軍事勤務關係之期限

軍事勤務關始於軍人入伍服役時，終於退離國軍之日。

第三條：任命及任用原則

軍人應依其個性、能力及其服務，而不受性別、出身、種族、信仰、宗教或政治見解、籍貫及背景之影響，而予任命及任用。

第四條：任命、軍階及制服

一、職業軍人或志願限期服役軍人的勤務關係之產生，以及由（志願）限期役轉為職業軍人或由職業軍人轉為志願限期役軍人，以及軍階晉升，皆需經過任命程序。

二、職業軍人、（志願）限期役軍人及後備役軍官，由聯邦總統任命。其他軍人由國防部長任命之。此任命之權限，得由他機關代行之。

三、除法律別有規定外，軍人之軍階標誌由聯邦總統決定之。軍人制服由總統命令決定之。總統得授權他機關行使此權限。

四、軍人若已脫卸民意代表職位，同時又獲得聯邦眾議院議員席位，不得予以晉升其官階。前項規定於軍人獲得邦議會席位並在二個選舉期間時，準用之。職業軍人或（志願）限期役軍人，依一九七七年二月十八日公布之議員法第五條、第六條、第八條及第三十六條之規定，而停止其權利與義務，但參加點召訓練時，亦不得晉升其軍階。

第五條 a：退役後得穿制服之權限

軍人於勤務關係終止後，得依許可擁有穿軍服並佩戴退伍時官階及其他得辨識之標誌。其細節由命令定之。

第五條：赦免權

一、總統對軍人權利及前因軍人關係所獲權利之喪失，得行赦免權。該權限總統得移轉予他機關行使之。

二、軍人權利之喪失，若獲赦免而完全得予回復者，由恢復時刻起，適用聯邦公務員法第五十一條第一項、第二項及第四項之規定[2]。

乙、軍人之義務與權利

第六條：軍人的公民權

軍人和其他每個公民一樣，享有同等的公民權利。其權利在執行軍事勤務所需之範圍內，由其法定義務予以限制。

第七條：軍人之基本義務

軍人有對聯邦德國忠心服勤，以及勇敢保衛德國人民權利及自由之義務。

第八條：擁護民主的基本秩序

軍人必須服膺基本法所揭櫫之自由、民主的基本秩序，並以全部之行為維護此基本秩序之成立。

第九條：宣誓及宣誓大會

一、職業軍人及（志願）限期役軍人之誓詞如下：「本人謹宣誓對聯邦德國服務，並勇敢的保衛德國人民之權利與自由，願上帝助我」。前項誓詞亦可省略「願上帝助我」之字句。若經聯邦法律許可，某些宗教團體之成員，亦可用其他字句取代「本人謹宣誓」之用語。

二、服兵役之軍人，由宣誓大會宣讀下列誓詞強調其義務：本人祈願以忠心服務聯邦德國，並勇敢的保衛德國人民之權利與

---

[2] 參閱拙譯，〈德國聯邦公務員法〉，收錄在（研考會編）《公務員基準法之研究》，民國七十九年，第四六九頁。

自由。

第十條：長官之義務

一、長官應以自身行為及履行義務，作為下屬之榜樣。

二、長官有監督下屬之義務，並為下屬之紀律負責。

三、長官應該照顧下屬。

四、長官只能為了職務目的，並且必須遵守國際法、法律及職權命令之規定來下命。

五、長官應為自己之命令而負責。長官對其命令應衡諸情況，以適宜方貫徹之。

六、軍官及士官在其執行勤務時間之內及之外，應以必要的保守之言行，獲得屬下對長官的信賴。

第十一條：服　從

一、軍人應服從長官。對長官之命令，應以最大之能力完全的、清晰的及迅速的達成之。對長官違反人性尊嚴及非為達成勤務目的所頒發之命令，不予遵守者，不屬於不服從命令之行為。對長官命令誤認為有上述情況而不予遵從者，唯有在該誤認係不可避免及由下屬所認知之情況，無法獲得法定程序來澄清該命令時，方可免除其抗命之責任。

二、一個命令若構成犯罪之要件時，不得予以遵從。若下屬仍遵從該命令，在明知其命令乃犯罪，或該犯罪情況對下屬而言已極為明顯時，下屬即必須擔負刑責。

第十二條：袍澤情感

國軍的凝聚力根本上有賴予袍澤情感。所有軍人有義務尊重袍澤的尊嚴及權利，並在危急及困難時，亦有相予扶持之義務。袍澤情感亦及於對不同見解彼此的尊重及體諒。

第十三條：敘述真實事實之義務

一、軍人對勤務之事件，必須陳述真實之事實。

二、惟有勤務許可時，方得予以通告之。

第十四條：沈默義務

一、軍人，即使在退伍後亦然，對其於執勤時所知悉之事件，負有沈默之義務。但在職務來往之通知，以及公眾所周知或已非秘密之事件，不在此限。

二、軍人對應保密之事件，在法庭或法庭以外，未獲得上級許可前，亦不得陳述或說明之。前項許可由懲戒長官頒布，在退伍軍人，由退伍時之懲戒長官頒布之。聯邦公務員法第六十二條之規定準用之[3]。

三、軍人，即使在退伍後亦然，經懲戒長官或前懲戒長官之要求，應交出所掌管之勤務文件、圖表、圖片、以及為個案保密所需，或要重新製作時，對各種勤務流程應予以指明。前項義務亦及於軍人之遺族與遺產之受領人。

四、軍人依法負有之對犯罪之作證及維護自由民主基本秩序免危害之義務，則不受沈默義務之限制。

第十五條：政治行為

一、在執勤時，軍人不得有圖謀有利或不利於某一特定之政治方針之行為。軍人與其他袍澤發表個人意見之權利，仍不受限制。

二、於軍隊營房及基地內，軍人於休閒時間之言論自由應受袍澤情感基本原則之限制。軍人應該不能以其行為，使勤務之袍澤情感受到嚴重之侵害。軍人尤不得為政治團體作宣傳、演說、散發文件，或充當政治團體之代表。彼此之尊重不得予以侵害。

三、軍人不得穿制服參加任何政治性之集會。

---

[3] 同註[2]，第四七三頁。

四、軍人不得以長官身分對下屬為有利或不利於某種政治意見之
　　影響。

第十六條：在外國之行為

軍人在外國不得介入所在國之任何事件。

第十七條：勤務內及外之行為

一、軍人應該遵守紀律，對於長官基於其職位，亦應在執行勤務
　　以外之時間，予以個人之尊重。

二、軍人應該以國軍之形象及當作軍人之尊榮及信賴感，作為行
　　為之標準。在離開軍營及基地外之非執勤時間，軍人之行為
　　不得嚴重的損害國軍形象及軍人身分所應有之尊榮及信賴
　　感。

三、軍人應該經常的全力保持及回復其健康。其健康不得因為故
　　意或重大過失而受到損害。軍人在為了預防或治療傳染病
　　時，即使違反本人意願，亦應忍受此醫療行為對其人身之侵
　　犯，基本法第二條二項一款之規定得予限制。一九七九年十
　　二月十八日公布之聯邦防疫法第三十二條二項二款之規定，
　　不受限制。軍人若拒絕適當之醫療行為，致使其服勤務及成
　　效能力受到不利之影響時，將喪失本應給予之福利措施。不
　　適當之醫療行為係指對軍人之生命及健康有重大之危險；一
　　個手術會對人身自由嚴重侵犯，亦屬之。

第十八條：共同居住

軍人依上級職務之安排，有實行共同食、住之義務。其必要的行
政規章由聯邦國防部長會同聯邦內政部長頒定之。

第十九條：饋贈之接受

軍人，即使在退役後亦然，唯有經國防部長許可後，方可接受基
於其職務有關之獎品及禮物。前項許可得授權其他機關行之。

第二十條：兼職行為

一、職業軍人及（志願）限期役軍人除事先獲得許可外，不得為
任何兼職行為。但本條第六項所列舉者，不在此限。擔任榮
譽公共職務者，不屬於本條之兼職行為。接受此榮譽職務
前，應先以書面報告。

二、兼職行為有妨害職務利益之虞時，應不許可之。兼職行為如
有下列情事，尤應拒絕許可：

1. 兼職行為之種類及範圍，將足以妨礙軍人正常履行其義務
者。

2. 致使軍人與其職務義務產生衝突，或有損國軍之形象，或所
為係其所屬機關或單位所從事之活動者。

3. 影響軍人之獨立性與中立性者。

4. 將嚴重妨害軍人嗣後的執勤能力者；兼職行為每週超過八小
時者，通常即可符合前1.所稱之範圍。若上級認為兼職有妨
害職務利益，即可拒絕許可，不受此每週不超過八小時之限
制。

5. 除軍紀長官建議或指派，或承認軍人之兼職行為係符合職務
利益者外，兼職行為應於職務外之時間為之。唯有在特殊之
情況，基於公益之考慮，且不影響職務利益及所占用時間能
日後補足時，得於職務時間內為兼職行為。

6. 為兼職行為時，唯有能證明係為公共利益及學術利益，且獲
許可與支付相當費用，方得使用本機關之設備、人員及資
料。該項費用由本機關衡量其花費及應特別考慮軍人由兼職
所獲之報酬後，予以規定。

三、依本條第一項之許可聲請，第三項後段之例外許可，及對許
可之決定，以及建議軍人擔任之兼職工作，皆應以書面為
之。懲戒長官得要求軍人以職務報告其兼職之種類及範圍。

本條第三項前句所稱（兼職符合之）職務利益，應列檔證明之。

四、下列行為無需聲請許可：

1. 無償的兼職行為，但擔任營業行為，以及自由業之行為或與自由業之工作者，不在此限。加入企業之機關，雖無償亦不可為之，但純粹為會員及擔任信託工作者，不在此限。

2. 人自有或共用財產權標的之管理。

3. 為寫作、學術、藝術及演說之行為。

4. 擔任公立及軍事大學教員及任職其他學術單位及機構內之軍人，所為與教學與研究有關之獨立的評鑑行為。

5. 為以保障軍人職業利益為目的之職業工會、團體及自治組織內之工作。

七、聯邦公務員法第六十四條、六十七條至六十九條之規定準用之[4]。

八、義務役之軍人，其兼職行為如有妨害其執勤能力及違反勤務要求時，方得禁止其兼職。

九、無需聲請許可之兼職行為，如有妨害其執行職務之義務時，可全部或部分禁止之。軍人負有義務，經懲戒長官要求，以書面報告其兼職的種類與範圍。

第二十條 a：退休後的行為

一、退休之職業軍人，或已退役但獲得退役補助及職業補助之軍人，於退役後五年內，接受與其退役前五年內之職務有關之工作或營業行為，且有妨害其職務利益之虞，應報告國防部長。但從事公職者不在此限。

二、當所為之工作或營業行為有妨害職務利益者，應禁止之。

---

[4] 同註[2]，第四七三頁。

三、前項禁止由國防部長宣告之，其最長期限至退伍後五年為
　　止。國防部長得授權其他機關行使該項職權。

第二十一條：監護人與榮譽職

軍人接受擔任監護人，相對監護人、照顧人、辯護人或遺囑執行
人，皆需軍紀長官之許可。若無急迫之職務理由，前項許可不得
拒絕。軍人可拒絕接受上述職位。

第二十二條：職務執行之禁止

國防部長，或由其指定之機關得基於急迫之職務理由，禁止軍人
執行其職務。在禁止命令頒布未滿三個月時，該軍人未被移送進
入懲戒程序、刑事程序及退職程序時，該項禁令即失效。在頒布
該禁令前，應予軍人陳述意見之機會。

第二十三條：失職行為

一、軍人有責的違反義務時，即屬失職行為。

二、下列行為屬失職行為：

　　1.軍人於退伍後，違反保密義務、接受獎品、禮物之禁令，及
　　　未依第二十條 a 之規定，提出報告或違反禁令而執業。

　　2.軍官或士官於退伍後，行為有違反基本法所揭櫫之自由民主
　　　之基本秩序，或有其他不名譽之行為，足以妨害其日後回
　　　役，擔任長官所需之尊敬及信賴感者。

　　3.退休之職業軍人，有責的不應召入伍接受新的職位。

三、失職行為之處罰，另依法律規定之。

第二十四條：責　任

一、軍人有責的違反其職務義務，應向聯邦負起賠償其所造成損
　　害之義務。倘在執行公權力、訓練及出勤務時違反其職務義
　　務時，唯有該違反義務係出於故意或重大過失者為限，方負
　　賠償之責任。數人共同造成損害者，為連帶債務人。

二、聯邦若依基本法第三十四條一項之規定，為國家賠償之給付

後，以軍人係出於故意或重大過失為限，得向其求償。

三、向軍人請求損害賠償之時效，以及其請求之程序，準用聯邦
公務員法第七十八條第三項及第四項之規定。

第二十五條：擔任民意代表及其他公職

一、軍人決定參加聯邦眾議院，即議會及地方代表會之選舉時，
應即向更上一級之軍紀長官報告。

二、一九七八年六月一日以後當選邦議會之職業軍人及志願限期
役軍人，其法律地位準用一九七七年二月十八日公布之聯邦
眾議員法第五至第七條，第八條二項、第二十三條五項及第
三十六條一項有關職業軍人及志願限期役軍人當選眾議院議
員之規定。軍人若因成為邦議會議員致不能享有生活津貼之
補償時，得以其在軍中最後薪資百分之五十，繼續支付之，
聯邦薪資法第十四條之薪資提高一般規定，應予以考慮適
用。

三、軍人擔任地方民意代表，或擔任依地方自治法規定所成立委
員會及其他類似性地方機關之成員工作，得以請假並減發薪
俸及補助之方式擔任之。前句規定亦適用於擔任由地方代表
會選舉產生，自係依法律成立之委員會的榮譽職委員職位。

四、職業軍人被任命為聯邦政府之閣員或是國會秘書長，準用聯
邦部長法第十八條一項、二項及第二十條之規定。前句規定
亦準用於軍人被任命為邦政府成員或擔任類似國會秘書長職
位性質的邦議會秘書長之職位。前二句之規定亦適用於（志
願）限期役軍人，但適用聯邦部長法第十八條二項之規定該
軍人已於接受新職時視同已於軍職退休。

第二十六條：軍階之喪失

軍人非依法律或法院判決宣告，不喪失其軍階。由法院判決喪失
軍階之規定，另依法律定之。

第二十七條：任官規定

一、軍人任官之規定，應依本條第二項至第六項之原則，以命令定之。

二、職業軍人及志願限期役軍人至少應符合下列條件：

    1.士官之任官至少應：

      （1）初級中學（Hauptschule）畢業或同等學歷；

      （2）服役一年以上；

      （3）士官考試及格；

    2.軍官之任官至少應：

      （1）高中畢業或是同等學歷；

      （2）服役三年以上；

      （3）軍官考試及格；

    3.衛生勤務軍官需已通過醫生、牙醫、獸醫及藥劑師之國家考試者。

三、士官之任官至少應證明已具備職業學校畢業或初級中學畢業，並且應受完職業訓練或同等的訓練經歷。

四、軍人之晉升應以一般條件及至少任職期限（停年）決定之。軍人晉升應該逐階晉升，不得跳階晉升。其例外情形由聯邦人事委員會決定之。

五、士官晉升軍官者，得免除第二項規定軍官之任官資格，惟軍官考試及格仍屬必要。

六、為某些特別軍事目的所需，得以命令規定擔任某種官階或某些職位之軍人必須具備大學或專科大學畢業或已接受專門職業教育完畢之資格，以及可規定何種之一般訓練得視為同等之技術及專門訓練學歷。對於某類軍官之資格，得以命令規定其僅需職業學校畢業或具備同等學歷，且僅需服役二年。

七、聯邦人事委員會決定關於軍人事務，準用聯邦公務員法第四

章之規定[5]。聯邦公務員第九十六條二項及三項之條文修正如下：聯邦人事委員會之常設成員係以聯邦審計院院長為主席，聯邦內政部人事法規司司長、國防部人事司司長及三位職業軍人。代理成員則為各為一位的聯邦審計院之公務員，聯邦國防部之文職公務員或職業軍人及三位其他之職業軍人。為代理成員之國防部文職公務員及職業軍人，其人選由國防部長提名後，聯邦總統任命之。

第二十八條：休　假

一、軍人每年有休假、繼續支領全額薪俸與津貼之權。

二、惟有急迫的職務需要時，方得拒絕休假之申請。

三、軍人得給予特別之休假。

四、軍人之休假給予及休假期間，以命令定之。特別休假期間薪俸及津貼之給予，亦以命令定之。

五、女性衛勤軍官如有下列情形，得在停發薪津、津貼及享受自由療養權利之情況下，申請三年，最長可延長至十二年的休假以照顧下列之：

1.至少有一個低於十八歲之孩子；或是

2.家人有經醫生診斷需要照料者。休假之延長至遲須在休假許可結束前六個月申請之。休假期間只得從事與休假目的不互相牴觸之副業。

六、職業軍人或志願限期役軍人登記為聯邦眾議院及邦議會議員之候選人者，在投票日前二個月，得申請不支薪之休假，以從事競選之準備。

第二十八條a：退休前之休假

一、至一九九三年十二月三十一日前為止，凡工作滿二十年及年

---

[5] 同註[2]，第四八七頁以下參照。

滿五十歲之職業軍人在不違反勤務要求下，得申請不支薪及不享受自由療養之權利的休假直至退休為止。這種休假之批准由聯邦國防部長為之。

二、前項之申請，惟有該軍人保證在休假期間將不從事其他營利（有報酬）之副業，或是全天的從事依本法第二十條六項之有報酬之副業，但不至於違背職務義務時，方得許可之。軍人在休假中，有責的違反義務，休假許可得予撤回。本項第一句之例外，唯有在不違反休假之目的時，方得許可之。聯邦國防部長在軍人休假時行為有不當的特別嚴重情況時，得召回該軍人。

三、聯邦國防部長得因急迫之職務理由，撤回休假之許可。

四、依本條第一項及本法第二十八條五項之休假，至長不得超過十二年。

第二十九條：人事檔案與評判

一、軍人對於任何於己不利或有缺點之紀錄，在登錄入人事檔案或列為其他人事評判前，有被告知之機會。軍人對該紀錄，如果有所陳述，亦應同時列入人事檔案之內。

二、對軍人任官、晉升及職務關係有所影響之各種評判因素，應對該軍人公開之。但對軍人日後職務任用之建議，不必公開之。

三、軍人，即使在退役後亦然，有要求閱覽其全部人事檔案之權利。其他有關其本人之檔案亦可閱覽之。

第三十條：薪俸、津貼、醫療及福利

一、軍人享有薪俸、津貼、醫療照顧、福利、旅行及搬家費用之補助之權利，皆以法律另定之。軍人眷屬的疾病社會保險、本人失業救濟及法定退休金之保障，亦另以法律定之。

二、預備被任命為衛勤軍官，因申請停發薪俸及津貼之休假，已

就讀大學者，除可免費享受軍醫之醫療外，另發予教育補助金（基本金額，家庭加給及子女加給），教育補助金之額度，依該員之大學年級及就讀期間軍人軍階的一般俸給為標準，以命令定之。教育補助金內亦應包括補助因就學有關行為所需要購置之物件，其細節由命令定之。

三、聯邦公務員法第七十三條二項、第八十四條、第八十六條、第八十七條、第八十七條 a、第一八三條一項之規定準內之。

四、軍人在任職屆滿一定年數，得舉行慶祝會，並獲得補助。其細節由命令定之。

五、女性衛勤軍官對於婦女保障法及聯邦教育補助金法之規定，而可在軍事勤務關係適用者，經命令規定申請教育休假。聯邦國防部長得因急迫的國防理由拒絕依聯邦教育補助金之規定所為之休假申請，亦得依同樣理由撤回已批准之申請。

第三十一條：照 顧

聯邦在勤務與忠誠關係內，應該照顧職業軍人及志願限期役軍人，以及其家屬之福利，即使在退伍後亦然。對於服兵役之軍人的福利亦應照顧之；對入伍軍人家屬之福利及退伍後就業之輔助，另以法律定之。

第三十二條：服役證明、退伍證

一、軍人於退伍時，應發予服務證明。軍人服役滿四週以上者，得請求發予服務證明，註明服役之種類及期間，以及其職位，其表現與成績。

二、服兵役之軍人，得於退伍前之相當期間內，請求發予臨時之退伍證明。

第三十三條：公民與國際法教育

一、軍人應接受公民與國際法教育。負責前述教育之長官不得在討論政治問題時，只以單向的意見限制之。教育的整體形

象，不得圖謀有利或不利某種政見而發。

二、軍人應該在公民及國際法教育中，被教導軍人在平時與戰時的權利與義務。

第三十四條：訴　願

軍人擁有訴願之權利，其詳由法律定之。

第三十五條：信託代表（注意：本條文及以下第三十五條 a．b．c條等四條文皆已在一九九一年一月二十一日刪除）

一、士官及士兵在每個：(1)連隊；(2)軍艦之部門；(3)旅以上之參謀處；(4)學校；(5)任何主管擁有懲戒權之單位；(6)訓練處；(7)新兵訓練中心；等皆可選舉一名信託代表及二位副代表。

二、在單位及旅以上參謀處及學校內，進行訓練及新兵訓練之軍官、士官及士兵應獨立的選出非屬於訓練處之一名信託代表及二名副代表。

三、信託代表應負起全責的促使長官與部屬的合作無間，並使互信的袍澤情感得以維繫。信託代表有權對所屬團體的軍紀長官，就有關部隊勤務、照顧、職業福利及執勤外之共同生活等問題，提出建議。長官應該聆聽該項建議，並且討論。倘若信託代表之建議超過其所選出之團體之範圍，軍紀長官應該附加自己的意見，將該項建議送呈更上一級之長官。該上級長官不贊同，或部分不贊同該建議時，應通知信託代表其決定，並告知理由。

四、軍紀長官應支持信託代表，使其任務得以達成。若有涉及信託代表在執行勤務之時間內，若任務所需，且不至於影響其勤務時，應該給予其有可處理任務之談話、作業之時間。

五、營長或相當於營長職位的軍紀長官，至少每四個月應該就信託代表任務範圍之共同利益事項，召集一次各級軍紀長官與信託代表的會議。

六、選舉信託代表是以秘密與直接選舉之方式為之。關於選舉權人、被選舉權人，選舉程序，信託代表之任期及職務之中止，另以法律定之。

第三十五條a：軍人代表（已刪除）

一、在前第三十五條第一項及第二項所指之職位與機構外之軍人，得依聯邦公職人員代表法之規定，選舉代表。

二、軍人代表係與公務員、公務雇員及公務勞工同日，但不同選舉程序來選舉之。軍人代表的人數，係由軍人總數的比例，比照公務員、公務雇員及公務勞工所推派代表的比例產生之，並至少應符合聯邦公職人員代表法第十七條三項、五項款所規定之代表人數。軍人的數目若少於任何一類的公務員、公務雇員及公務勞工，則其軍人代表人數不得超過該類公職人員之代表人數。軍人代表總數不得逾三十一人。

三、軍人得視為聯邦公職人員代表法第五條所規定之其他類別之公務員。同法第三十八條之規定準用之。倘僅屬軍人適用之事務，軍人代表即擁有相同於軍人信託代表之權限。在軍人的懲戒及訴願事件、軍官、士官與士兵之信託代表，乃代表軍官、士官與士兵之階級，行使其職權，並且以階級的參加投票的人數比例多寡決定席次，在多次的選舉時，以曾得到的最高票數來計算。倘相當的代表欠缺時，信託代表的權限，由依聯邦公職人員代表法第三十二條規定所選舉出來的軍人主席團成員行使之。

四、依本條一項之規定，國軍之職位及機構內的公務員、公務雇員及公務勞工無法組成代表會時，軍人得依本法第三十五條之規定，選舉信託代表。

五、聯邦國防部長以行政命令規定，何等軍事機關應設立地區的代表會。

第三十五條 b：依前二條規定之可實行權利與義務的意外保障（已刪除）

軍人在行使依第三十五條及第三十五條 a 所定之權利或義務時，遭到意外而健康受損時，如依軍人撫卹法所規之可構成勤務意外或傷害時，準用相關之規定。

第三十五條 c：軍人得準用聯邦公務員法第九十四條之規定，參與職務法之形成[6]。（已刪除）

第三十六條：宗　教

軍人得請求參與宗教活動與接受完整的宗教禮拜。但參加宗教禮拜應自由為之。

第二章　職業軍人與（志願）限期役軍人之法律地位

甲、勤務關係之成立

第三十七條：任命之要件

一、職業軍人與（志願）限期役軍人，須符合下列要件，方得任命之：

　　1.依基本法第一一六條規定，身為德國人。

　　2.能保證任何時間都會維護基本法所揭櫫的自由、民主之原則。

　　3.在性格、心智及體能上，能滿足軍人之任務者。

二、聯邦國防部長得在勤務必要的例外之個案時，免除前項一款之限制。

三、在任命時，應該已有預定給予之職位。

---

[6]同註[2]，第四八七頁。

第三十八條：任命之障礙

一、職業軍人及（志願）限期役軍人，如有下列情形，不得任命之。

1. 經德國法院判決確定，判處有期徒刑一年以上，或是故意犯內亂、外患、叛亂等相關法條，致被判刑者。

2. 被褫奪公權者。

3. 依刑法第六十四條至六十六條，被宣告保安處分，仍未終結者。

二、在基本法施行地區以外，被法院判刑者，唯有依一九五三年五月二日簽訂之兩德法律及公務協助協定之刑事案件，方有適用之餘地。

三、聯邦國防部長得在個案例外情形，免除第一項第一款之限制。

第三十九條：職業軍人勤務關係之成立

職業軍人的勤務關係，得依下列之規定而成立：

1. 士官由下士開始晉用。

2. 預備軍官在完成養成教育後，由少尉開始晉用；衛勤預備軍官則以初級軍醫官（Stabsarzt）、初級獸醫官（Stabsveterinaer）及初級藥劑官（Stabsapothek）晉用。

3. 任命為限期役軍官。

4. 任命為後備役軍官。

第四十條：限期役軍人的勤務關係之成立

一、限期役軍人應依下列規定任命之：

1. 士官及士官以下者，服役最多至十五年為止，但年齡不得逾四十歲。

2. 軍官最多服役至十五年為止，衛勤軍官最多服役至二十年為止。

3.預備軍官在結束其養成教育前，為限期役軍人，或在完成養
　　成教育後，至少服役三年。

二、只要在不超過前項一款及二款所定最長之期限，得由軍人志
　　願延長其服役年限。

三、依軍人福利法（第九條一項一款）轉任其他公務員之軍人，
　　其服役年限不受第一項一款及二款所定年限之限制，但最長
　　不得超過一年半。

四、服限期役者，其役期之計算應包括其在服兵役之年限。

第四十一條：任命及轉任的方式

一、勤務關係的任命及轉任，應交付「任用狀」。此任用狀應在：
　　1.任命案應註明：茲任命為職業軍人或限期役軍人。
　　2.在轉任案：應使用如同前項所用之用語。為了替代「茲任命」
　　　之用語，亦可改用「本人任命……」之用語。

二、除非任用狀上另有較遲日期才生效之規定，任命及轉任自交
　　付任用狀起生效。

三、如果限期役軍人之任命，依任用狀所載是較晚才生效時，應
　　至規定之日才就職。在未就職之期間，如依本法第三十七條
　　一項及三十八條之規定，本任命係不合法者，任命人得撤回
　　任命。

四、同時任命數位軍人，得以同一任用狀為之。在交付任用狀方
　　面，只需交給被任用人原本證書有關其本人之謄本部分。

乙、晉　升

第四十二條：

一、職業軍人及限期役軍人之晉升，應頒與晉升狀。晉升狀中應
　　註明其晉升之官階。數位人員同時晉升者，得於同一晉升狀
　　中發表之。

二、任命為部隊之長官及晉升為士官者，自正式職務公告發布後生效，但任命狀另有規定較晚之生效時間者，不在此限。自正式職務公布發表後，受晉升之軍人得配掛新的官階。

三、晉升者亦應頒與晉升狀，本法第四十一條二項之規定準用之；如數位人員同時晉升，其頒發晉升狀，準用第四十七條四項二句之規定。在例外情形，尤其是晉升者係在國外時，可以晉升之公布，通知晉升者之新職即足。晉升者應盡可能能被交付晉升狀或晉升狀之謄本，前項之規定準用之。

丙、勤務關係之終止

■職業軍人的勤務關係之終止

第四十三條：終止理由

一、職業軍人勤務關係之終止，除了死亡，因達退休之規定而退休時，終止之。

二、勤務關係，亦因下列情形終止：
  1.免職。
  2.喪失職業軍人之法定身分。
  3.經懲戒法庭對職業軍人所為免職之判決。

第四十四條：退休規定

一、職業軍人於屆滿退休年齡當年之三月三十一日或九月三十日起退休。如有急迫理由，需要某軍人延緩退休時，國防部長得延緩該軍人之退休年限，但最長不得逾五年。

二、（過渡規定，茲從略）。

三、職業軍人因傷殘或是身體及精神之耗弱，無法持續的勝任職務義務時，應予以退休。前句所謂之「持續無法勝任職務者」可包括自無法勝任職務起一年內無法恢復能力之情形在內。

四、不能勝任職務之情形，應由國軍之軍醫本於職權，或依委託

來鑑定之。如職業軍人非己意申請退休者，應由機關通知其本人，將考慮其退休之事宜並告知其理由，本人有權要求申辯之機會。職業軍人有接受國軍軍醫或軍醫指定之其他醫生檢查，在必要時留置觀察之義務。有權決定退休之機關，得另外提出該公務員應退休之證明。除非已極明顯之情況外，對不能於一年內恢復執行勤務之斷定，至少應該軍人就診半年後才決定之。

五、退休之前提係軍人有下列情形：

1.至少已服役滿五年。

2.因執行勤務而受傷，無法再勝任勤務者。惟該執勤受傷係因重大過失而肇致者，不在此限。

前1.所規定之役期，依軍人福利法有關之規定決定之。

六、退休令之頒布，由本法第四條二款有關職業軍人任命之機關為之。退休令應以書面為之。退休令可於退休開始前撤回之，本法第五十一條之規定準用之。（屬特殊之過渡規定，從略）於本條第三項之情形，軍人於被通知退休當月起，第三個月月底後退休之。

七、職業軍人於退休後，擁有繼續使用其階級稱呼之權，惟應於階級稱呼後加註「退役」兩字。

第四十五條：退休年齡

一、職業軍人一般退休年齡為滿六十歲。

二、部隊軍官之退休年齡為：

1.職業士官之退休年齡為年滿五十三歲。

2.部隊官、士之年齡為：

(1)尉官為年滿五十三歲；

(2)少校為年滿五十五歲；

(3)中校為年滿五十六歲；

(4)上校為年滿五十九歲。

3.擔任有裝載放射性裝備之飛機飛行員及領航員之軍官，年滿四十一歲退休。如不適飛行勤務時，滿四十歲退休。

4.後勤類之軍官，年滿五十三歲退休。

第四十六條：免　職

一、職業軍人如依基本法第一一六條之規定，已非德國人時，應予免職。國防部長決定該軍人是否已滿足前句之要件及決定勤務關係終止之日期。

二、職業軍人有下列情形之一者應予免職：

1.依本法第三十八條之規定，該軍人之任命本不應為之者及該任用之障礙仍繼續存在者。

2.該軍人之任命，係基於強迫、詐欺或賄賂，而得來者，但如免職對軍人是特別不利時，國防長在此特殊之情形，可以為例外之規定。

3.該軍人在任命前，已證實有犯罪行為，致其被任命為職業軍人有損軍隊之尊嚴，及其本人曾受或將受刑罰之宣告者。

4.拒絕宣誓者。

5.該軍人在任命時，是聯邦眾議員或邦議會議員，卻未在國防部長所定的期間內辭去其議員之職務者。

6.如有在本法第四十四條一項至三項之情形，並未足滿同條第五項之要件者。

7.該軍人已被准許為「拒服兵役者」，這種免職視同志願申請免職者。

8.軍人在未獲國防部長許可下，在本法施行地區以外之地區（西德以外之地區，包括柏林在內）有住所或持續停留者。

三、職業軍人得隨時請求予以免職。但軍人因其軍事教育，有因上大學及接受專門訓練而受拘束時，應在受教育期間三倍的

服役期滿後，隨時請求免職。上述役期最多不得逾十年。未
受大學及專門訓練之職業軍官，必須任滿軍官六年後，方得
請求免職。在本項前述有役期限制之情形，如該軍人繼續服
役會造成其個人，特別是家庭、職業及經濟上特別的權利
時，得請求免職。這種請求在送達軍紀長官之後二週內，但
該軍人尚未獲得免職之許可時，得撤回之；在超過此二週之
期限，如免職主管機關同意時，申請人亦得撤回。免職得依
申請人所申請之時刻起生效，該生效時間亦得延後到該軍人
完成任務交接之程序，最長不得逾三個月。

四、在例外之情形，少尉得因為不適合擔任職業軍人為由，在屆
滿服役三年軍官之任期，或是最遲總共服役已滿十年時，免
職之。前述軍人退役後之福利，應以法律保障之。

第四十七條：免職的管轄、申辯權利及期限

一、免職決定之機關為依本法第四條二項所定之任命機關，但法
律另有規定者，從其規定。

二、職業軍人在免職前，應有准其聽聞申辯之機會。

三、在因本法第四十六條二項二款及三款為由之免職，應在國防
部長或獲得決定應免職之授權機關，知悉有此免職之理由的
六個月內，免職之。

四、依本法第四十六條二項六款，以不能勝任執勤而免職者，至
遲應於免職生效日三個月前，在依第四十六條四項之情形，
應至遲在免職生效日六週前，並且係在日曆每季（三個月）
結束之日前，獲得書面的理由說明通知。

第四十八條：喪失職業軍人之法律身分

一、職業軍人在德國法院判決下列之罪行時，喪失其法律地位：

　　1.依本法三十八條所提及之刑罰或從罰。

　　2.因故意犯，處有期徒刑一年以上者。

二、職業軍人如受到聯邦憲法法院依基本法第十八條之規定，宣告剝奪其人權時，亦同。

第四十九條：免職及喪失法律身分之效果

一、職業軍人因依本法第四十六條之免職及依第四十八條之喪失法律身分，而終止其和聯邦國軍之勤務關係。在第四十六條二項一款至四款及三項，以及第四十八條之情形，如職業軍人仍有服兵役之義務時，該軍人仍隸屬於國軍。

二、在第四十六條一項及二項一款至四款、七款及八款，以及第四十八條之情形，軍人喪失其官階。

三、職業軍人的法律身分喪失後及被免職後，不能再請求給付薪俸及福利，但仍可請求給付傷殘福利。法律另有規定時，從其規定。

四、職業軍人依第四十六條三項一句所規定之服役期限屆滿前，申請免職時，應償還上大學及接受專門訓練之費用。衛勤職業軍官在擔任預備衛勤軍官生時之教育費用，亦應償還。如果償還上述金額對軍人是顯過嚴苛時，得減少或免除其償還金額。

五、被免職之職業軍官，得獲國防部長之特許時，使用其原來之官銜，但須加上「已退役」之字樣。當此已免職軍官之使用原官銜，有損及官銜之尊嚴時，得撤回其許可。

第五十條：假退休之調任

一、聯邦總統得對任何一個准將以上的軍官，予以假退休之調任。

二、聯邦公務員法第三十七條、三十九條及四十條有關公務員假退休之規定，準用之。假退休之軍人在屆滿退休年齡時，轉為正式退休。

第五十一條：回　役

一、職業軍人已屆齡退休後，在屆滿六十五歲前，仍有回役之義務。其可被召集如下：

1.短期召集，服聯邦政府之預備役及訓練，每年至多長達一個月。

2.重新徵召之職業軍人：

(1)一至二年的役期，但以不礙其個人，特別是家庭、職業或經濟之利益，同時以退休已不超過五年為限。

(2)國家宣告進入國防狀態時，可服不限定期限之暫時役。

二、職業軍人因聯邦眾議員法第五、六、八及三十六條之規定及相關法令之規定，致其權利義務受到限制者，得請求接受軍訓，但不得超過三個月。

三、在前項二款(1)之受徵召於回役結束後，回到退休之身分。在(2)之期間結束後，亦回到退休狀態。回役得隨時終止之。

四、曾因不能勝任執行職務而退休之職業軍官已恢復執行職務之能力時，得再被任命為職業軍人，但退休已逾五年或已屆退休年齡者，不得再任命之。在此期限前，除有急迫的職務理由外，應予批准。本法第四十四條四項三、四款準用之。

五、在本條一項二款及四項之情形，軍人終止其退休身分，轉為職業軍人之身分。

六、本條第一項、二項之規定，於女性衛勤軍官不適用之。

第五十二條：再審的結果

法院判決如經再審決定被告無罪時，對於已產生本法四十八條之結果者，依聯邦公務員法第五十一條一項、二項及四項之規定辦理[7]。

---

[7]依同註[2]，第四六九頁。

第五十三條：勤務關係終止後的裁判

一、已退休或已免職之職業軍人，在有下列情形：

　　1.在退職前所犯之罪，遭到判決，足以使軍人喪其本法四十八
　　　條所稱之職業軍人法律身分，產生喪失之效果時。

　　2.在退職後所犯之罪，已經德國法院判處下列刑罰：

　　　(1)因故意犯，判處二年以上有限徒刑；

　　　(2)因故意犯內亂、外患、叛亂，危害民主法治國之罪，判
　　　　處六個月以上有期徒刑者；

　　　應喪失其官階及福利金之請求權，但傷殘福利不在此限。

　　　在遭到聯邦憲法法院依基本法第十八條宣告剝奪人權者，
　　　亦同。

二、除前項二款之情形外，已退休或已免職之職業軍人若(1)被褫
　　奪公權；(2)因故意犯被判處一年有期徒刑時，亦喪失其官
　　階。

三、第五十二條之規定，準用之。

■ 限期役軍人勤務的終止

第五十四條：終止理由

一、限期役軍人除死亡外，於服役期滿即終止其勤務關係。

二、勤務關係於下列情形終止：

　　1.免職。

　　2.依第四十八條之規定，可喪失軍人之法律身分。

　　3.被撤職。

三、如有急迫的國防理由，軍人限期役之役期得：(1)由行政命令
　　廣泛的，或是(2)在個案時，由國防部長決定，延長任期三個
　　月。前述情形於女性衛勤軍官，不適用之。

四、限期役軍人因聯邦眾議員法第五、六、八條及三十六條之規
　　定及其他法令之規定，致權利義務受到限制者，得申請召集

接受軍訓，但不得超過三個月。

五、依第一項一款所定，超過服役期限後，如依兵役法規，軍人
　　負有服預備役時，仍可隸屬於國軍。

第五十五條：免　職

一、第四十六條一項、二項一至五款及七、八款之規定於限期役
　　軍人準用之。

二、如因傷殘，或身體及精神耗弱，致持續無法勝任執行勤務
　　時，得予免職。前句所謂「持續無法勝任執行職務」，可包括
　　自無法勝任執行職務起，一年內無法恢復能力之情形在內。
　　第四十四條四項之規定，準用之。

三、限期役軍人如繼續服役，致對個人，特別是家庭、職業及經
　　濟上，產生嚴重之不利時，得申請提早退役之免職。

四、預備軍官、衛勤軍官生，不適合擔任職業軍人者，應予免
　　職。預備軍官係士官者，應回役為士官以前之資歷，不得免
　　職。

五、限期役軍人在服役的前四年內，如有違反紀律，且其留在軍
　　中對軍紀及國軍的形象，有嚴重影響之虞時，得隨時予以免
　　職。

六、關於免職的管轄機關、申辯權利及義務及期限，準用第四十
　　七條一項至三項之規定。在本條二項之情形，至遲在免職生
　　效日前三個月，在第四項之情形，至少在免職生效前一個
　　月，應該以書面敘明理由，通知當事人。

第五十六條：免職及喪失法律身分之效果

一、限期役軍人在第五十四條一項的役期屆滿，依五十五條之免
　　職及依五十四條之喪失軍人法律身分後，終止與國軍之隸屬
　　關係。軍人若依第四十六條二項一款至四款，第四十八條之
　　情形，以及第五十五條四項與五項之情形，如仍有服義務兵

役之理由時，仍隸屬於國軍。

二、依第四十六條一項、二項一款至四款、七款及八款，及依第五十五條五項，和喪失軍人法律身分後，皆喪失其軍階。

三、喪失法律身分及被免職後，限期役軍人不得再要求薪俸及福利金，但仍可申請傷殘福利。但法律別有規定者，不在此限。

四、因故意或重大過失，致遭到依本法第五十五條四項一款之免職時，對於曾受軍事教育的上大學及接受專門訓練之費用，應予償還。衛勤軍官生，在下列情形：除非是志願服役十五年外，因不能被許可擔任職業軍官時；申請免職時；因故意或重大過失而遭到依第五十五條四項一款之免職時，應償還其訓練費用。如償還上述費用對軍人係過度嚴苛時，得減少或免除該金額。

第五十七條：再審，職務關係終止後之裁判

第五十二條及五十三條有關法院再審程序及職務關係終止後的裁判，亦準用於限期役軍人。

第三章 服兵役之軍人的法律身分

第五十八條：

一、兵役的產生、召集及兵役的終止，另以法律定之。

二、服兵役之軍人的晉升，以發布職務公告為之，並應交付晉升狀。

第四章 法律救濟之途徑

第五十九條：

一、現役軍人、退休軍人、被免職及喪失法律身分之軍人及軍人遺族之訴訟，由行政法院裁判。但法律另有規定其法律救濟

程序者，從其規定。

二、由聯邦提起之訴訟亦同。

三、聯邦由國防部長代表訴訟，國防部長得移轉此代表權限予其他機關，但須公布於聯邦法律公報。

第五章 過渡及最終條款

第六十條（及六十一條）：對以往（第三帝國）時代軍人之特殊規定。（從略）

第六十二條至六十五條：廢　止

第六十六條：組織法

國防組織，尤其是國軍最高機構及聯邦國防部之組織，另以法律定之。

第六十七條：刪　除

第六十八條：民法有關條文之修正

民法第九條之規定，作如下之修正：

一、軍人以其駐在所為其住所。軍人在國內無住所，以在國內最後之駐在所為其住所。

二、義務役軍人，或不能自主意定住所者，本條規定不適用之。

第六十九條：勞動時間令之修正

一九三八年四月三十日公布之勞動時間令，應增訂下列第十四條 a 之規定：

第十四條 a：在國軍中服務之勞工，對於雇主於超過本法第三條至十三條所定工作時間外之加班要求，如該要求係基於緊急國防之理由，且是依國防部與聯邦勞工及社會部長共同頒布之行政命令時，勞工不得拒絕加班。加班之報酬依本法第十五條一項及二項之規定辦理。

第七十條：公務員、職員及勞工之職業代表

一、於國軍內擔任軍事勤務之文職公務員、職員及勞工，適用聯邦公務人員代表法。

二、本法三十五條a五項之規定，準用之。

三、聯邦公務人員代表法第七十六條二項四款之規定亦準用於軍人推選軍醫之信託代表。第三十八條一項之程序亦準用之。

四、軍事機關的解散、裁減、轉換及與其他單位整合如妨害軍事目的，均不適用聯邦公務人員代表法第七十八條一項二款之規定。

第七十一條：資歷的過渡規定

一、關於一九七七年十二月三十一日前之規定，茲從略。

二、進入國防之狀態時，職業軍人及限期役軍人之役期，得以命令依二十七條二項一款b（士官）縮短到六個月，對第二款b（軍官）縮短至一年之任用。

第七十二條：行政命令（法規命令）之頒布

一、聯邦政府頒布下列之行政命令：依第二十條七項之兼職命令；第二十七條之資歷命令；第二十八條四項之休假命令；第三十條四項之慶典費用命令；第三十條五項，女性衛勤軍官的母性保護及教育子女休假之命令；第五十四條三項一款(1)之延長限期役軍人之役期。

二、國防部長得頒布下列行政命令：依第一條四項之軍隊上級關係之命令；第四條a有關勤務關係終止後，前軍人穿著制服之命令。

三、國防部長應會同內政部長、財政部長，共同發布有關第三十條二項規定之教育補助金之命令。

第七十三條：一九八三年的過渡規定。（從略）

第三章

軍人的權利與義務——
　　論「穿著軍服的公民」

第一節　前　言

　　軍人是國家的國民，也是法治國家的組成人民之一。在人權享有的角度而言，軍人實和一般公民一樣，受到憲法基本人權的保障。所以軍人應該是一位「穿著軍服的公民」（Staatsbuerger in Uniform）。軍人為了保國衛民的軍事勤務所需，自應對其人權作必要之限制，但基本上這乃是對軍人人權之局部限制，而非全面剝奪，已是自明之理矣。本文是當年曾擔任西德眾議院國防委員會主席、眾議院副院長，本身也是軍事問題專家的李查·耶格博士（Richard Jaeger），發表在一九五八年所出版之為慶祝W. Apelt教授八十華誕之文集——《國家與國民》（*Staat und Buerger*）。一九五八年是德國重整軍備之翌年，本文發表迄今雖已有三十餘年，其中有些制度已經改變，不過大體上仍與現在德國軍隊制度相去不遠。因此，由本文可見得德國在重建軍隊之後，重新塑造法治國家的軍隊的理念，同時對軍人新形象與新角色也有極全面的探討，吾人只要一讀斯文，即知德國如何要求其軍人扮演「穿著軍服的公民」之角色了。本文中部分已過時的法條，筆者皆已一一修正。現特迻譯出原文，以供關心我國軍事法制現代化之同好們參考。也希望朝野及國人對於必須浴血、盡忠國家之三軍將士，能夠視之為「穿軍服的公民」，並在相關的法制上落實這種理念。

第二節　耶格的「穿著軍服的公民」

一、意旨與問題

德國國軍在重建之時，除討論軍隊之軍事任務與戰略任務以外，還談到兩個問題：首先是「國家與軍隊」間之關係，特別是政治領導軍隊與國會控制的問題；其次為「軍隊內部之領導統御」問題。此二者在政策上有其相互之意義，與共通之重要性。

在所謂的「內部領導統御」的問題，是指如何將軍人在軍事社會裡賦予正確之定位，而且在長官與僚屬間有哪種適當的關係。內部領導統御可稱為軍隊之「內部秩序」或「內部指揮」。這概念首次出現於一九五七年六月二十五日公布的「聯邦眾議院國防監察員法」（Gesetz ueber den Wehrbeauftragten des Deutschen Bundestages）第二條二項。該條條文規定，「國防監察員」（Wehrbeauftragter）如知有侵犯人權或違反內部領導統御原則之情事時，應行使糾舉糾正之職權以保障軍人人權。

現代德國軍隊的內部領導統御，是要強調所謂「著軍服公民」的概念。這個用語相對於舊日軍國主義時代，軍人代表著軍國主義之象徵，與一般人民有兩極化社會背景。此當然極易引起爭議與各種誤解。在一個國民已由國家的「臣屬地位」遞嬗為國家「公民地位」的時代裡，吾人應對軍人之角色重新加以定位。

二、歷史的回顧

十九世紀伊始，軍隊才被當成諸侯們（最高的戰爭司令官）的
「戰爭機器」。因之，軍人便擁有在戰時與平時皆異於平民的地位與
權利。

首先，一八〇七年普魯士進行軍事改革。香霍斯特（Scharn-
host）、格萊斯瑙（Gneisenau）二人徹底地改變軍隊的結構。一八一
三年推行的全民義務兵制，導致了「武裝的民族」；這是近代德國
首度進行的軍隊改革，不僅牽涉武器與軍事組織的變革，也一改過
去的傭兵制為國軍制（民軍）。

全民義務兵制實施的同時，也展開了一種新的國家理念。這制
度是把一種新理念貫注到國民的腦海：國家已不再僅僅是屬於國王
個人，軍隊亦非只為國王所驅策的軍隊。國家為了全民族之安全，
並受全民之託，必須用武力來保障、護衛人民的自由與國家之獨
立。武裝國民所進行的解放戰爭（指推翻拿破崙之戰），也導致了國
家憲法的改革，使得原臣屬於國家的人民，轉變為自由主義時代國
家的公民。但是，即使軍事改革家 Lorenz v. Stein 力主「軍隊自律」
的主張，以及香霍斯特致力於將軍隊變為國民軍（民軍）之政治力
量，並沒有貫徹到整個國家政治之內，軍隊縱使改革為國軍，但仍
屬於君王之軍隊，也是服膺絕對的統治。所以，憲法未能肯定軍隊
須具有民軍之地位，故直到君主立憲的後期，此種國軍仍是「皇
軍」。

隨著一九一八年德國帝制的崩潰，也使人興起了改革軍事的盼
望。威瑪憲法誠然是一個民主與共和的憲法，但凡爾賽和約卻強迫
這個年輕的共和國政體，只能擁有十萬人的軍隊。此種完全由職業
軍人組成的軍隊，也反映出列強要求威瑪共和軍人過著和平民不同

之特殊生活的心態。威瑪共和國的國軍並非由德國民意機關自由決議而建立，而是由外國（戰勝國）強制地規定，使軍隊由長期服役——即長期遠離市民階層——的職業軍人所組成。威瑪共和國之國軍並非穿著制服之公民，而是屬「純軍人」（Nur-Soldaten）。依賽克特（von Seeckt）將軍——威瑪國防軍的創始人——之主張，軍隊應遠離政治生活。當然，這種要求軍隊不涉入政治的看法，可以歸咎於當時政黨政治錯綜複雜。然而，將軍隊置於政治漩渦之外，卻也造成對軍隊角色錯誤的定位。

凡爾賽和約實際上對軍人而言，是具有一種反對「軍隊民主」的理念。繼起的納粹政權，相反的卻將國民生活大幅度地軍事化，以至於平民生活不再是以平民思維為主導，而是軍事理念占了重要位置。當整個國家都已全面軍事化時，在軍隊之外也就沒有平民可言了。

西德成立不久後，就重建了國軍。同時，也就有一個良好的機會來貫徹「著軍服公民」的理想。軍事法的立法者將這些理念予以制度化的目標，終可以向前邁進了。

三、基於民主理念所塑造之軍隊領導統御之可能性及其界限

常有人說：「民主與軍隊是處於絕對矛盾的關係。」這種看法值得斟酌。其實民主和紀律，並非不可併存。就像國家實行的民主，都是一種統治模式，包含著命令者與服從者。在每個國家中，國民都負有服從法律，與聽命國家公務員的義務，這是自明之理。沒有服從，就無法形成紀律，也就不能成為一個健康的國家。

民主國家行使其統治權時，亦需要民主的正當性。易言之，統治權乃由全體國民的手中獲得，同時也要人民知曉這種權力，以及

授與人民這種權力。至高無上的民主正當性，是仰賴國會之直接選舉；其次才是對國會負責之行政（內閣）。在一個正確實踐民主的國家中，軍隊也該基於民主而成立。因為軍隊最高長官（國軍總監）也是由行政首長指定，而該指定亦同時因為實行責任議會政治，而獲得正當性；並且更進一步的，軍隊長官也知道要對整個民族與民主的國家秩序，負起責任。

光只是軍隊重建與組織本身，並無法絕對保證軍隊會符合國家民主的秩序。因為軍隊任務與軍隊行動的特殊性，與一般的國家行為不同，無法要求他們一切都要符合「依法律行為」。在軍事行動中，要求對於每個個別上級命令的合法性，應有迅速審查的可能性，亦是不可能的事。所以，假如一個軍隊是一個已相當程度受到民主理念薰陶的軍隊，對這些要求即可不必太過重視。

吾人要求軍隊須受到民主理念之薰陶浸淫，並非指必依民主方式來組成軍隊不可，而是著眼於軍隊中應崇尚民主的精神，使得活潑的民主理念能存在於軍隊之中。民主不僅是一個外在的國家形式，也是一種生活的秩序。

在國家民主的秩序裡，沒有人純粹是國家統治權力的標的，任何人民皆擁有不可讓渡之人權。人權的持有者也包括軍人在內。每個軍事命令唯有在遵守人類尊嚴與基本人權的前提下，才屬有效。軍人的服從也就有另一番前景存在：國家對軍人並非是一個陌生的、只會下命的權力，而是國家乃軍人的國家；以及軍人的國家所創建的秩序，是足以保障軍人的自由安全。軍人該知道當他全力服從及付出貢獻時，他自己也有權享受、使用其服從與貢獻的成果。

職是之故，倘若吾人正確地瞭解民主與軍隊間之關係，即可知其兩者乃處於緊密相聯，而非截然劃分的關係了。

四、「穿著軍服的公民」之必要性

把軍人當作「著軍服公民」，已是天經地義的道理。其理由有二：

第一，軍隊的精神是由時代精神、政治觀念以及國家社會的形態予以確定。假使作為國家生活中最重要的組成份子——軍隊，不能與當時的社會相適應，軍隊就會成為社會的「異體」，並與整個公共秩序相疏離。著名的例子，仍可舉威瑪共和國時代的德軍來說。威瑪共和國是民主國家，在外觀上德軍保持著對政治的中立性，但實則對民主卻完全陌生。威瑪共和國的國軍就成了「國家中的國家」！當然，剛才所謂精神與政治的概念，也需要一個永恒的道德要求作為支柱。若違反這種道德倫理的要求，軍人可以拒絕服從之。然而，關於軍人之道德要求是另一個複雜的問題，於此無法再予討論。

假使吾人希望國家能整合軍隊，那麼它必須也使德國聯邦軍隊的內部奉行民主的原則。

第二，一個部隊在今日能有效地戰鬥與動員之前提，不僅是軍人在戰技方面有良好的訓練與武裝，其內心也必須肯定國家及其價值的存在。關於此點，公民教育就擔負起最重要的任務。公民教育的任務乃教導軍人瞭解軍人非只屬於軍隊，而是屬於整個社會。軍人應該很清楚的明瞭：自己是值得為保衛自由民主的國家而奮鬥犧牲。換言之，在法治國家所保障的自由、人類尊嚴等法治原則，都可以在軍人的身上實踐出來。軍人應能確信他所防衛的國家及法治國家原則，正可以保障軍人本身與其他同胞。

今日每個軍人不能消極地或陽奉陰違地服從命令。這是極端重要的！在現代化的戰爭，同時是以「宣傳」與「意識形態」的領導

進行戰爭。戰爭型態不若以往是以大部隊進行，而是小型部隊或小單位，甚至個人游擊式進行的戰鬥。因此，每個戰鬥員由自發的意識來進行戰鬥之重要性，遂告提升。

德國軍人個人在軍隊內部所扮演的角色與自我認知，已有如此的重要性，故在考慮達成任務之同時，也應該尊重個人之自由、人類尊嚴及法治國家原則的維護。

因此，軍人身為公民所享有的權利與義務，應儘可能地維持之，並儘量的不被侵犯。易言之，軍人必須在穿著軍裝後，仍保有公民的身分；而且既然是屬於國家、社會裡有責任心之一份子，軍人的權利唯有在勤務之必要時，才能加以限制。在美國華盛頓郊區阿靈頓國家公墓中，有個無名軍人的墓碑上曾刻有這麼段話：「While we put on the solider, we did not lay aside the citizen.」（即使我們被任命為軍人，卻仍不脫公民的身分）。實值得吾人深思！

五、軍人的權利與義務

當我們稱軍人為「穿著軍服的公民」時，同樣地表明軍人仍是公民的一份子；他和其他公民間並無差別，亦非享有特權或具有特殊的身分地位，任何要區分軍人與公民之身分的想法皆應避免。因此，原則上軍人與公民一樣，均享有同等權利與義務。但是，從職務的本質來觀察，可有某些必要的限制：只有在軍隊職務所必需與法律明文授權之下，對其人權特殊的限制始被許可。下述討論，係以軍人之權利、義務與法律救濟程序保障的角度來進行之。

（一）軍人的公民權

是指人民擔任軍人的職務後，仍能享受其公民權利及負擔公民義務之謂。軍人不再如威瑪共和時代是脫離政治，他也像其他公民

一樣能介入、參與政治。德國「軍人法」第二節中規定保障軍人的公民權，認為軍人享有公民權是國家要求軍人負擔「特殊義務」之前提要件。德國「軍人法」的立法，是本於軍人的公民權應儘可能地加以保障，作為認知的前提。穿著軍服的軍人與其他公民同享權利、負擔義務。只有在個別、特殊之情況，為著軍事勤務之必需，始得予以限制。

德國軍人法第六條是「穿著軍服的公民」理念的「大憲章」。其內容為：「軍人的公民權應予以完全的維持，尤其是積極與消極的選舉權。除非在法律明白限制外，應予保障之。」聯邦眾議院當時草擬本條文時，曾有下列看法：本條規定使軍人在民主國家中之角色，能更清楚地顯現。本條之意義是：宣示軍人的公民權，受到法治國的承認與保障；其他國民基於憲法及其他法律擁有的公民權利，宣示軍人皆能擁有之。不過，吾人仍不可誤解，軍人的享有人權並非源於「軍人法」第六條所賦予，而是憲法直接的保障，只不過在本條文中再度宣示罷了！為教育軍人成為堂堂正正的國家公民，並瞭解自身的權利義務，軍人法第三十三條規定：「軍人應接受公民與國際法教育」。

（二）軍人的公民義務

德國軍人法第六條並未詳細規定公民義務。軍人是基於公法的勤務關係而為國家公務員之一。因此，由勤務關係視之，軍人類似於公務員。是以軍人法中援引部分的公務員義務作為軍人的義務，以限制軍人的基本權利。同時，本諸公務員與軍人應負擔公法的勤務義務，以及對國家之忠誠關係，軍人應承認國家之民主基本秩序，且應該以所有行動來維護國家這個基本秩序（參見軍人法第八條，類似規定參見聯邦公務員法第五十二條）。依本法第六條規定，軍人負有的勤務義務，都應由法律明文規定。

除軍人法第八條之基本義務（忠誠義務）外，尚有第十三條規定：「軍人對勤務之事件，負有陳述真實之義務。」這種義務在公務員法中，是由一般的勤務義務與忠實義務所引申出來。另外，第十四條規定軍人之保密義務（聯邦公務員法第六十一條）；第十七條規定執勤範圍內、外有保持品位之義務 （聯邦公務員法第五十四條）；第十九條則為軍人收受禮物、餽贈之特別規定；第二十條為軍人兼職行為規定 （聯邦公務員法第五條、第五十六條）；第九條有宣誓義務之規定（聯邦公務員法第五十八條）；這些義務都是概括地源自軍人忠誠義務而來，也就限制了軍人的公民權利。由雙方的忠誠關係，也產生軍人所享有的特殊，也就是非屬於公民的權利，例如休假、薪俸、津貼之權利等等。

除了軍人與公務員之地位類似性外，二者在勤務性質與法律關係方面，仍有基本上差異。因此，要將對公務員的所有法律原則皆一體適用於軍人，係不可能。軍事勤務在命令、服從的關係上，顯得特別明確。以往認為只要基於軍事勤務的關係，就可以隨意限制軍人公民權之情形，已被改變。基本法在增訂第十七條a時，已承認對軍人人權的限制亦屬於對一般人民人權之限制。

「軍人法」利用賦予軍人義務來限制其人權，必須在基本法第十七條a所明定之限度內方可為之。而由軍人義務的範圍與其重要性，即可輕易地知道憲法保障軍人權利之重要性了。

軍人負有勇敢防衛德國人民自由的義務（軍人法第九條）。這個義務是遠超過一般公民義務（後者只要求人民對國家忠誠而已），且也超過一般公務員之忠誠義務。一般公務員只需全力維繫國家之民主基本秩序，但是「軍人法」卻進一步的要求軍人在必要時，要手持武器、犧牲生命以捍衛國土。德國職業軍人與志願限期役軍人（Soldaten auf Zeit）皆應宣誓，以達成此項義務；而一般服兵役的軍人也應在宣誓大會中，宣誓達成這種義務（第九條）。除上開基本義

務外，由勤務關係還可以產生其他為履行基本義務而衍生的義務。服從義務也是另一個最重要的義務，軍隊的特徵便是命令，每支軍隊都把命令當成一種領導的工具（第十一條）。而第十二條規定之「袍澤的情感義務」，也是古老的傳統精神，缺此精神，軍隊之團體即無法生存。又第十五條軍人服勤時，對政治行為之應採「戒慎」態度，不得有利於或不利於某種政治觀點而有所作為，但軍人之意見表示自由並未受限制。為勤務之需，軍人應以共同起居為原則，故第十八條也剝奪軍人私人外宿之權利。

是以，德國軍人法已落實「穿著軍服的公民」的理念，本法之指導原則，乃軍人唯有在絕對必要之情況，才可限制其公民權。故基本上，軍人保有公民權利，其義務應以法律明白規定之；而且，軍人之義務即其權利之限制。

六、軍人權益之保障

光是探討軍人享有權利是不夠的，必須要進而深究應如何保障，且促其實現。因為保障人民的公民權利，是法治國家最重要的基本原則之一。

德國新的軍事法，所強調法律救濟途徑與對法律程序之妥善規定，已不同於往昔。軍人的訴願權，最後可請求法院救濟（下文將述及之）。由這種法律救濟途徑，使軍人擁有可自行掌握訴訟以保障其權利之機會。軍人權利最重要的保障，是向普通刑事法院提起之救濟程序。由第三者角度來審理軍人刑案，對於軍人的犯罪——尤其是來自長官的犯罪，可以較公正的裁判，針對犯罪人可給予有效的制裁。

另一個保障軍人權利之制度，便是聯邦眾議院國防監察員，此為新創立的制度。其重要任務厥為：對軍人人權侵犯之情事，以及

對軍隊內部領導統御行使其糾察之職權。

此外，軍隊中的「信託代表」（Vertrauensmann）制度，亦為有效地協助軍人發現其權利受損，而可以有救濟之管道，最後，聯邦眾議院及其國防委員會，能在必要特殊的與嚴重情況時，行使國會的監督權力。從政治層面觀之，它在軍人權利遭受侵害時也可以發揮重大角色，以護衛個別軍人之權益。

（一）軍人的申辯權與訴願權

軍人法第三十四條明定軍人享有訴願權，根據同條文規定訴願權另以法律定之（德國現已有軍人訴願法）。一九五六年十二月二十三日所公布之軍人訴願法（Wehrbeschwerdeordnung），即基於下列的立場：(1)訴願權應儘可能清楚、明確地規範，以堵塞所有可能的漏洞，並使得未曾受過法律教育的軍人有提訴願之勇氣；(2)符合法治國原則，尤其是基本法第十九條四項規定任何人都有提起救濟之權，故軍人也應該享有毫無保留的法律救濟途徑。此二方針皆於訴願法中獲得實現。

當軍人確信其長官或機關錯誤行使職權，或同僚違反法定義務，致其權利受侵害時，可提起訴願（參見軍人訴願法第一條）。本條的解釋是相當寬廣的。訴願之提起不僅是對於違法侵害，同時也及於不合目的之行為。只有兩種情形被排除於提起訴願可能性之外：第一是集體訴願；其次為對於職務上的裁量，軍人無訴願權可言。在後者情形，假設是對於一項恣意的裁量時，軍人仍有訴願權。此外，軍人還有其他申辯權利，如軍人主張對自己有特別不利的資料已被編入其人事檔案，或上級在為判斷之前，就該事實有給予申辯之機會，並且應將其陳述納入人事檔案（軍人法第二十九條一項）。

軍人訴願程序在通常情況下，以先經調查程序為前提，但可視

個別情況而異。設若訴願人因健康或有其他實質利益時，可聲請一代理人代行之。訴願人對於不知程序或過程之程序，可以主張該程序並非合法。

訴願應以書面為之，並附加理由。訴願得因無理由而駁回之；或有理由時予以更正；或為其他必要之協助。假如該協助為無效或無意義者，得聲明變更或廢止之。若該命令已執行完畢或終結者，訴願程序得宣示該命令溯及無效。不服訴願決定可提起再訴願，其程序與訴願程序略同。

對於再訴願決定如有不服，可提起行政救濟。再訴願可直接向國防部長提起之，而不必中間經過多次的訴願。這種異於以往的制度之優點為，訴願不必經過太多程序而進行，只要有二次訴願的程序即足。向國防部長提出再訴願也是有效的救濟方式。

訴願人非必向國防部長提起訴願不可，亦可向法院請求救濟。一般行政法院或部隊勤務法院有管轄權。行政法院的救濟只在身分事件（勤務關係之存在否）、薪俸及福利之問題、責任（如侵權責任），及對於選舉法規定之訴訟等有審判權。其他事件，如對於軍人權利之侵犯，或對軍人法中規定上級義務之違反，部隊勤務法院皆有審判權。無論向何法院提起訴訟，皆是以權利受損為前提。但是向聯邦國防部長所提起之訴願（再訴願），不在此限。亦即，可對部隊長官之裁量是否妥當，提起再訴願。

對於行政法院判決，依通常上訴程序，可向上訴審行政法院提起上訴，最後可進聯邦行政法院。

對於部隊勤務法院之裁判，訴願人並無其他救濟程序。只有部隊勤務法院認為該法律問題具有重要意義時，可將該案件移送於聯邦行政法院軍事庭，使聯邦行政法院對於法律見解，求得裁判上一致與釐清。聯邦行政法院軍事庭所作之判決，對於前審的部隊勤務法院，具有拘束力。

（二）憲法訴願

聯邦憲法法院法第九十條規定：「任何人認為公權力侵害其基本權利與類似的人權時，得向聯邦憲法法院提起訴願。」正如同公民一樣，軍人亦享有憲法訴願的權利。憲法訴願是德國創設之制度，因此，對於保障軍人權利的法院之路，無疑是更加開闊的了。

憲法訴願的前提是在所有法律救濟途徑皆已窮盡時，方得提起之。所以，憲法訴願應是最後的救濟方法。它可針對所有公權力行為，不僅針對行政處分，也及於法律規定及法院判決，但必須是對被害人有直接與現在之侵犯方可。

（三）刑法的保障

此係指透過紀律法或軍刑法來實現的保障。軍隊長官如侵犯軍人權利，或違背其作為上級長官之義務，將受到懲罰。這種以刑事法來保障軍人之制度，頗堪注意。此乃表明：如長官的行為已侵犯其他軍人的權利，即構成刑事上不法，應受刑事制裁。一九五九年五月三十日公布的軍刑法第三十條以下，規定長官違背職務義務的各種犯罪行為。然而，吾人要強調的是，不僅是虐待軍人身體或損害其健康，而且在精神上對其折磨，皆為第三十一條所稱「蔑視人類尊嚴」之要件；違反者應服自由刑，在極其嚴重時，尚須服苦役。尤其長官對部屬濫施命令權或指揮權，也應受處罰（第三十五條）。以各種方式阻撓軍人提起訴願（第三十七條），妨害軍人利用救濟程序，皆會遭到刑事制裁，這些刑法規定是運用刑事政策、刑事法律有效地保障軍人之權益。

（四）國防監察員

這是德國法裡一個全新的制度。國防監察員乃仿效瑞典之法

制，而丹麥隨瑞典之後也跟進創立本制度。依基本法第四十五條b可知，國防監察員是為保障軍人人權，並作為國會行使其國會控制權之輔助機關。本條並未說明國防監察員之法律地位。學者遂有主張，如 C. H. Ule 於一九五七年認為國防監察員既為保障軍人人權，則應為獨立之憲法機關，從而具雙重性格（獨立行使職權，惟仍隸屬國會）。但是「獨立性」說實在不應贊同。無論如何，國防監察員皆應被視為國會的機關。由該制度成立之歷史觀之，在立法過程中，一直都是將國防監察員視為聯邦眾議院的輔助機關。此外，國防監察員應經聯邦眾議院之任命，所以為保障軍人人權才設立的國防監察員，應是國會的監察員，而非獨立的憲法機關。

國防監察員法第二條二項明定國防監察員之任務。國防監察員經由國會議員之通知，或其他方式知有侵害軍人人權與不當的內部領導統御之情事時，應為適當的裁量而執行勤務。第七條規定每個軍人有毋須經機關許可，逕向國防監察員陳情（申訴）之權；軍人不得因為向監察員陳情，而受到任何懲戒或不利之處分。國防監察員須對軍人提出之申訴，展開進一步的調查，以求澄清事實，國防監察員並因此享有資訊獲取之權利；第三條揭示國防監察員可向聯邦國防部長或其所屬機關、成員要求取得各類資訊與調閱檔案。他更可於任何時間，在毋須事先通知之情況下，至部隊、國防軍事機關與附屬單位訪察（巡查）。同時其亦有權向法院索取任何涉及軍人與立法人員所進行之訴訟程序之報告（即使訴訟程序採祕密庭、程序不公開，國防監察員亦可列席）。但是國防監察員對於軍事長官並無特別的行政與指揮權限。國防監察員只能對軍事機關予以該特定事項作一處理方針的指示，而通常此種情況是希望能發現真實。倘若國防監察員所調查之事實為觸犯刑章，則可將該案件移送檢察官，讓檢察官進行刑事訴追程序；如案件在國防監察員之手中已得清楚之結果時，國防監察員得以專案或年度報告之方式向聯邦眾議

院報告此事（第五條）。

（五）信託代表

軍人法第三十五條規定部隊或其他軍事機關應設有信託代表。信託代表乃是為維持軍隊內同僚袍澤間、長官與部屬間之相互信任而選舉產生。由個人負責調處部隊弟兄們的情誼。在涉及軍人權利之爭執或糾紛中，亦能扮演中介與和事佬的角色（關於信託代表制度的新發展，請參閱本書第六章〈民主與軍隊——談德國軍人信託代表制度〉）。

（六）國會的控制

在一九五六年三月十九日公布的基本法修正案中，加重國會的控制權力。申言之，透過修憲建立國防委員會制度，以憲法的位階來強調及樹立國會控制軍隊的地位。在通常情況，國會控制是著重在國防政策，與西德國防軍重建的問題方面。國防委員會與國會也可以關注軍人權利之保障問題，尤其出現侵犯軍人人權之情事，卻沒有引起應有之注意時，國會即可發揮其實質的監控效力。國防委員會不問何時皆可將其權力授與監察員來行使，只要有三分之一的委員同意，即可賦予該監察員調查之權限。

德國眾議院在討論國軍重建時，就致力於將軍人視為國家公民，但法律僅能勾勒大致的模型。因此，對於軍人法就應有正確的心態，及符合本法精神來履行實踐之。軍隊之長官、部屬都是有同樣的義務來遵守本法之規定。而德國國軍內部的秩序，亦可描繪出是一個保障軍人權益而存在的世界，也是擁有一個由軍人的權利所成立、規範的自由世界之形象。

（本文原刊載：《軍法專刊》，第三十七卷第九期，民國八十年九月）

建議參考書目

1. 陳新民，〈法治國家的軍隊——兼論德國軍人法〉，刊載於本書第二章；〈軍人人權與軍隊法治的維護者——論德國「國防監察員」制度〉，刊載於本書第四章；〈民主與軍隊——談德國軍人信託代表制度〉，刊載於本書第六章。

2. 王世杰，〈軍人的人身自由、言論自由與政治權〉，刊載於《王世杰先生論著選集》，國立武漢大學旅台校友會編輯，自版，民國六十九年，第一二四頁以下。

3. 蔡新毅，〈法治國家與軍事審判〉（台大法研所碩士論文），民國八十三年六月，永然出版社出版。

第四章

軍人人權與軍隊法治的維護者——
論德國「國防監察員」制度

第一節　前言──「以文統軍」的原則

　　　　軍隊是國家有組織的武力，目的在防禦外來之侵略。當然，自古以來，中外歷史上軍隊也常被作為侵略他國，為君主帝王開疆拓土的工具。換句話說，軍隊是作為統治者「遂行意志」的組織。刀刃既然能傷他人，當然也會傷及自己。羅馬時代一位詩人朱文納(Juvenal, 60-140 A.D.)說過一句話：「Quis custodiet ipsos custodes」？這句拉丁文譯成中文是：「誰能幫我們防衛我們的保護者」？柏拉圖在《理想國》裡，也比喻說：「牧羊犬養來是為了維護羊群的秩序。如果一隻牧羊犬不知是出於饑餓，或是其他壞習慣，竟會撲倒一隻羊，且咬斷牠的喉嚨，對羊群而言，這隻牧羊犬的行為已不是一隻犬，而是一隻狼了。這是惡劣且矛盾的事。所以我們要仔細的注意，不要讓我們手握強大武器的軍隊壓在人民的頭上，奴役人民。人民應和軍隊建立情感且站在一起。」所以，妥適的調整國家的「文武關係」，是現實政治所必需，也是「法政藝術」的表現。

　　專制時代對軍隊的駕馭，多半不脫離恩、威的手段。羅馬時代對軍隊的控制方式是調離中央，分駐帝國各地。獨占地利的御林軍（及其將領）卻變成經常上演「黃袍加身」的導演和主角之角色。吾人只要翻閱英人吉朋所著的《羅馬帝國興亡史》一書，即可發現羅馬帝國──如我國唐朝的藩鎮──實在是毀於權勢和財富薰心的軍人手中。許多當政者對軍隊的控制，採取對將領的「籠絡」，給予政治和經濟上的特權，使軍隊安於其分，這是「施恩」方式。至於對於意圖不軌，叛亂政變的軍人，國家率給予最嚴厲的刑罰，則是歷

來政權最不可缺的「御軍」政策，這在我國歷朝對於「謀叛」者誅，且誅及九族，可以說明政府皆用「刑威」對付不忠於朝廷之軍隊。

近代在所謂「現代化」的國家中，除了實施共產主義及法西斯國家裡，將軍隊置於國家執政黨領導之下，這也是遵循「政治優越」（Primat der Politik）原則之結果外，其他奉行民主主義的國家，軍隊應該受到民選政府的指揮，服膺文人領導。這個所謂的「文人統軍」（Civilian Control）原則依美國軍事社會學者路易斯・史密斯（Louis Smith）在所著的《美國民主和軍權》（*American Democracy and Military Power*）一書中，認為一個民主國家應該建立下列五個制度，才能算是完全實踐「以文統軍」之原則。這五個制度是：

1. 政府的領導人士必須是文人，且代表了多數以上的民意。政府由法定且正常方式選舉產生，對民意負責。並且也可用政治之方式，加以更換。
2. 率領軍隊的職業軍官必須服膺文人政府的領導，並且不論在形式上，也在實質上，軍隊應遵守憲法之規定。
3. 國防部長必須是文人。部長既是責任政府內之一員，應該有權決定所有國防之方針。
4. 由國民選出之議員決定一般政策，以及議決戰爭與和平。為了任何軍事目的以及消除緊急狀態所必須動用的經費和軍隊，都必須得到民意代表之同意。對於負責執行政策之人，民意代表們能行使最高且普遍之監督權力。
5. 對於軍隊有無侵犯國民之民主的基本權利，法院能享有保護之職權[1]。

---

[1] 參見本書德文本：Militaer-und Zivilgewalt in Amerika, Markus Verlag, Koeln, 1954, S. 39.

由路易斯・史密斯的分析，「文人統軍」主要的重心是置於「文人政府」、文人部長、國會的監督及法院的保障人民權利之上。現代民選政府多半是由文人組成，所謂的「軍政府」成為戒嚴法或是戰爭時對占領地統治的形式，已非常態性的政府組織。本要件（文人政府）最值得重視之處，是對文人組成政府之「更換」，史密斯強調了「用政治方式」，易言之，排除了用武力更換政府的可能性。我們必須承認，這是根本原則，軍隊應該遵從民選文人政府之指揮。然而，若民選政府已形成獨裁，或是明白廢棄憲法（例如希特勒政權），是否軍隊應束手不為，親眼目睹國家淪入黑暗時代？這已是另一個嚴肅的話題，也是涉及到軍人的倫理觀和國民抵抗權問題，非三言兩語所能討論完。文人部長之制度，美國在一九四七年公布的「國家安全法」規定，軍人必須退役十年後，方能擔任國防部長。這個美國政治的傳統在一九四七年首次形諸法條文字後，到一九五〇年，杜魯門總統欲任命馬歇爾上將擔任國防部長時，國會就在「下不為例」的條件下，修改國安法之規定。後馬歇爾任期屆滿後又恢復了此規定。我國憲法第一四〇條規定軍人不得兼任文官，所以便以迂迴方式規定了國防部長須以文人擔任。在立法例上，我國憲法並未採美國法例，規定軍人必須退役若干年後才能擔任部長之職。這點，可以讓具有軍事資歷，也就是「知兵」的將領以退伍為擔任部長之條件，自是比較妥當且彈性的制度。惟我國對本條文的實際實施，卻是先將擔任部長的軍人「軍職外調」，一旦交卸部長職務後，又回復到軍人的身分。因此擔任部長的「文人」只不過是過渡時期及暫時性的「脫下軍服」，也是為職務的脫下軍服。這點與憲法所欲追求軍隊由「文人」統御的精神——即不是由「自始」就是文人當部長，也要「嗣後」乃永遠是文人者擔任部長，大

相逕庭！此行之有年的「軍職外調」的制度應該徹底的加以檢討[2]。

法院作為保障人民權利之機構，避免人權遭到軍隊之侵害。這是另一個值得加以深入討論的課題。由此保障人權的觀點，可以分析到底軍事審判權應不應該獨立於國家一般的司法權體制之外？軍人犯罪可否保障其有三級三審，甚至上訴最高法院之權利？本人是認為有其必要性，將另撰文討論之，在本文不再贅言（參閱本書第九章〈軍中正義的最後防線──淺論我國軍事審判制度的改革芻議〉）。

剩下來的便是國會議員們如何監督軍隊的問題了。

德國（西德）在一九四九年公布基本法，重新建立國家後，並沒有設置軍隊。一直到一九五六年三月十九日公布第七次憲法修正案，通過了建軍之憲法依據後，才開始產生國會如何監督軍隊之問題。由於德國廢棄了傳統的統帥權制度，實施了軍政和軍令一元化。在平時國防部長擁有對軍隊的指揮權。在進入緊急時刻，才由總理掌握軍權[3]，故軍權已形成行政權之一。一般而言，國會對軍隊的監督，是依據「權力制衡」之原則。既然軍隊已被視為行政權之一支，行政係對立法負責，故施政的行政權必須接受國會之監督。國會對軍隊之監督，可以利用下列之手段為之：質詢、預算案之審議、調查權以及（在內閣制之國家）行使不信任之投票迫使部長或內閣倒閣。德國國會擁有上述四種可以監督軍隊之權限。其中質詢權、預算案及不信任案投票（依德國基本法第六十七條之規定，不信任只能針對總理一人）之方式屬於國會，特別是內閣制國家傳統

---

[2] 參閱韓毓傑，〈論國防法制之現代化──從司法院大法官會議釋字第二五〇號解釋談起〉，刊載於《第二屆國防管理學術暨實務研討會論文集》，國防管理學院出版，民國八十三年，第三九一頁以下。

[3] 參閱拙作：〈憲法「統帥權」之研究──由德國統帥制度演進之反省〉，刊載於本書第一章。

之權限,對軍隊監督之成效和意義並不太大。惟國會可以實施調查權,把國會探究事實真相的「活動空間」延伸入軍隊及軍營之中,才是有積極之意義。因而,德國國會內成立一個「國防委員會」的功能即令人注意。此外,隸屬在德國國會之下又有所謂的「國防監察員」(Wehrbeauftragter)之制度,專司對軍隊的監督。本文即對這兩個機構之功能加以探討,不過,重心是置於後者——即國防監察員——之上,讓這個類似我國古代的「監軍」之制度能夠有一個整體性的面貌浮現出來。

第二節　德國國會的「國防委員會」

一、由美國移植而來的制度

德國在一九六五年修憲時,增訂了第四十五條a:

1. 眾議院設立外交委員會和國防委員會。
2. 國防委員會擁有調查委員會之權限。經國防委員會委員四分之一的提議,國防委員會即有將該議案加以調查之義務。
3. 本法第四十四條一項之規定(即經眾議院議員四分之一以上提議,得設調查委員會,其程序以公開為原則,亦得開秘密調查庭),在國防事務不適用之。

德國國會裡設立調查委員會之制度,早在一八四九年制定的法蘭克福憲法草案(第九十九條)中已見雛型。該條條文僅規定眾議院得擁有調查權力。在次年普魯士公布的憲法第八十二條也訂有相同的規定。不過,本條款的施行法一直未規定,國會行使調查權之

制度也只是紙上規定而已。一八七一年的俾斯麥憲法就未再賦予國會此種權力。威瑪憲法在第三十四條重新賦予國會此權力，只要有五分之一以上的議員提議，即可設立一個調查委員會。此外，威瑪憲法第三十五條也明白規定，國會應設置一個外交委員會。這是憲法所明定應「強制性」設置的專門委員會。在一九二二年，國會裡類似外交委員會的專門委員會共有十五個，至一九三三年納粹掌權前，則共有十七個委員會，但並無國防委員會[4]。基本法第四十五條a明白規定國會裡一定要設置外交委員會及國防委員會，在德國歷史上，首次將國防事務的「國會監督」交由一個擁有調查權限的委員會來掌管。由當年二度提出修憲條文草案的耶格博士（Richard Jaeger）的說明可知，這是完全由美國移植而來的制度。

二、擁有調查權

　　依基本法第四十五條a二項之規定，國防委員會擁有調查委員會之權限。易言之，國防委員會擁有「調查權」。德國基本法第四十四條之規定，只要有四分之一之議員提議，國會即可成立一個調查委員會。此調查委員會應該公開地調查及討論任何事項，但依刑事訴訟法之規定應採秘密審理者，則採程序不公開之原則。國會調查委員會可以準用刑事訴訟法之規定，調查證據及傳喚證人作證。證人應宣誓不得偽證。同時所有行政機關及法院應提供協助。調查委員會應該公布所調查的結果，不過，法院卻不必受此調查報告之拘束，仍可以自由的對事實及證據力作裁量。由此可知，調查委員會所作的調查，基本上是闡明事實的真相而已。所以，其目的主要是政治性，而非司法性質。

---

[4]H-J Berg, Der Verteidigungsausschuβ des Deutschen Bundestages, 1982, S.25.

另外，依據德國眾議院議事規則（GOBT）第七十四條a也規定，為準備複雜及重大的問題，眾議院亦得設立一個「研議委員會」(Enquetekommission)。這個「研議委員會」之成員，不像其他國會的委員會及調查委員會，以國會議員為限，而是可以延攬其他民意代表（如參議員及州議員）及學者專家加入，以集思廣益。並且，為了打破一般委員會是以政黨席位比率分配決定成員之方式，「研議委員會」是以「政黨代表」方式，每個政黨之黨團派一人為代表，經黨團會議同意後，由眾議院議長任命。如經院會同意，某政黨黨團得派一人以上之代表加入研議委員會為成員。研議委員會的制度在外觀上和國會一般委員會類似，但是這個在一九六九年才創設，遲至一九七一年才成立第一個研議委員會（修憲委員會）之制度，卻是將工作重點放在「未來」的立法計畫之上。易言之，一般的調查委員會是屬於「弊端調查」之性質（Skandalenqueten），而研議委員會則屬於前瞻性的「準備委員會」。既然這個研議委員會人員並不以國會議員為限，且工作偏向研究性質，所以德國各界頗多懷疑這種委員會是否仍屬國會之委員會，也有認為僅憑眾議院的議事規則並不能充分給予研議委員會法定地位之基礎，應該透過修憲的方式（增列第四十四條a），才可以承認研議委員會的權限[5]。

三、國防委員會之績效

　　德國基本法第四十五條 a 既已明白規定國會應設置一個國防委員會，且擁有調查權，所以眾議院就不能再依據基本法第四十四條之規定，另外成立一個調查委員會來調查有關國防之事務；同時，也不能依據議事規則第七十四條之規定，成立一個研議委員會考

---

[5]Schmidt-Bleibtreu/Klein, GG Kommentar, 4 Aufl., 1977, Rdnr 12 zum Art. 44, 1.

察、研究國防問題。故國防委員會至少在委員會的組織方面，已「包攬」了國會對國防問題之監督權限，而無「鬧雙胞」之虞。所以國會各委員會裡，國防事務是「專屬」於國防委員會，其重要性即可得而知。

　　如同一般的委員會，國防委員會之成員亦按政黨擁有國會席位之比例產生。執政黨在委員會裡之優勢也成為不可避免之現象。既然國防委員會裡執政黨之成員多過反對黨，所以，對事實發掘的真相，也就會「反比化」──即有多少比例的反對黨，就只能有幾成的真相被發掘出來。因此，本制度的優點是只要四分之一的議員提議，國防委員會即有調查該案之義務，自然也有向社會大眾提出「調查結果」之義務。所以，唯有在「發動提案」的造成媒體輿論注意上，才有使在國會裡占少數力量的反對黨議員發揮監督國防之作用[6]。至於在調查過程中，雖然調查程序可以準用刑事訴訟法之規定，其強制力不容置疑，但是，既然執政黨議員居多數，調查程序難免受執政當局之左右，故德國國防委員會實施多年來績效多不彰，制度上的設計有不得不然的因果關係[7]。德國在一九五六年修憲時已預料到這種情形。為了補救國防委員會不能有效的行使監督國防事務之職責之弊，修憲時就增加制定另一個國防監督的輔助機構，這就是「國防監察員」。

---

[6] 國防委員會有四分之一的成員提議，委員會即有調查的義務，這是委員會調查的「強制規定」。至於其他調查權的發動，則依實際的運作，即某些成員提議，其他成員不反對，即可展開調查也。

[7] H. Maurer, Wehrbeauftragter und Parlament, 1965, S.13.

第三節　德國國防監察員之制度

　　一九五六年德國基本法增訂第四十五條b，規定為了保障軍人的人權，以及協助國會對軍隊之監督，國會得設立一位「國防監察員」，作為國會的「輔助機關」。其細節由法律規定之。一九五七年六月二十六日德國公布「國防監察員法」（見附錄），三日後生效。但遲至一九五九年二月十九日才選出第一位監察員Helmuth von Grolman。迄今（一九九四年四月）共有七位（八任）擔任監察員之職位，次序分別是 H. v. Grolman; H. G. Heye; M. Hoogen; F-R Schultz; K. W. Berkhan; W. Weiskirch以及現任的 A. Biehle。

一、制度之淵源──取材北歐之制度

　　德國國防監察員的制度，是採擷自北歐，特別是瑞典的制度。早在一八〇九年六月七日，瑞典通過「政府組織法」，設置一個「監察員」(Justitieombudsman)由國會選舉之。這個監察員應具有法官之資格（即必須具有法律事業之資歷），每四年一任。監察員可以替國會監督所有的政府機構，包括行政、軍事以及法院，並接受人民的申訴。對於違法失職的公務員，監察員可以要求上級機關改進，或逕自提起公訴。每年監察員應巡迴拜訪各行政及軍事單位一次，並發表年度報告。監察員因係國會議員，並非行政機關及法院之上級長官，故不能對任何機關及公務員擁有命令權。瑞典在一九一九年七月十七日修改政府組織法後，把原來監察權一分為二，抽離出監察員對軍隊及國防之權限，另外設立了一個「國防監察員」(Militaerombudsman)。這是因為瑞典實施義務兵役後，兵源增加，

因此為了保障軍人人權及妥善運用服役之人力，早在一九〇一年及一九一四年二度提出的軍事改革方案中，已有提出另外設立專業國防監察員的構想[8]。

瑞典的制度，也影響到鄰近諸國。芬蘭在一九一九年七月七日也立法設立監察員，監督所有行政機關及法院有無依法行政及審判，但不及於軍事；挪威在一九五二年是先設立國防監察員，遲至一九六二年才設置一般（非軍事）監察員；丹麥在一九五三年的憲法規定應設置監察員，次年通過法律。丹麥的監察員可以監督一切的行政權，包括軍隊在內，但不能監督法院。這些德國國防監察員制度實施前在北歐已行之有年的制度，無疑是德國取法的對象[9]。不過德國只設置國防監察員專司國防事務之監督，對於其他行政機關及法院，就未如瑞典、芬蘭、挪威及丹麥等四國設置監察員來予監督了。

二、國防監察員之產生

依國防監察員法（以下簡稱「本法」）第十四條之規定，凡德國公民，年滿三十五歲，具有選舉權（選舉國會議員之權），即可被選為監察員。任期五年，連選得連任一次。人選由眾議院黨團，國防委員會及相當黨團人數的議員連署推薦，由眾議院秘密投票選出之。本來「本法」在第十四條還規定監察員的人選必須至少服過一年兵役，但在一九九〇年刪除這條規定，使得婦女也有機會擔任此職位。

雖然「本法」並沒有明白規定國防監察員應該具有議員之身

---

[8]G. Hahn, Der Wehrbeauftrgte des Schwedischen Reichstages, AoeR 84（1959），S. 385.

[9]C. H. Ule, Der Wehrbeauftrgte des Bundestages, JZ 1957, S.422.

分，但是由於監察員和國會關係密切，所以迄今歷任之七位監察員，除了第一任 Grolman 以外，其餘六位全是國會中人，其中五位是現任國會議員任上轉任，另一位 Berkhan 是以現任國防部政務次長轉任。

國防監察員本來依規定至少應服過一年兵役，其目的至明，希望監察員能夠熟悉軍隊之生活。這點對戰後的德國並不困難。值得重視的是，歷任監察員都有相當「堅實」的軍事經歷。例如第一任的 Grolman，在大戰時曾官拜陸軍中將；第二任的 Heye 是第二次世界大戰納粹德國海軍著名戰艦（重巡洋艦 Hipper 上將號）艦長，中將退伍；第三任 Hoogan 空軍軍法官退伍；第四任 Schultz 以裝甲兵少校退伍，但獲頒最高級的鐵十字騎士加橡葉勳章，是戰時德國的英雄；第五任（及第六任連任）的 Berkhan 及現任的 Biehle 雖然無顯赫的戰功，但前者以國防部次長，後者以國防委員會主席職位，接掌監察員職位，故亦不陌生軍事之問題；第七任的 Weiskirch 在戰時多次負傷，最後以中士退伍，是唯一一位非軍官退伍的監察員。

監察員可以隨時辭職。國防委員會如過半數決議，亦可請求眾議院議長，經國會過半數同意後，將監察員撤職。

三、國防監察員之任務

依基本法第四十五條 b 之規定，國防監察員的任務是「保障人權以及作為執行國會監督的輔助機構」，才有設置監察員之舉。而本法第一條一項明定監察員是國會的「輔助機關」，從而確定監察員之制度不能獨立於國會之外；第二項規定監察員受到國防委員會及眾議院指示時，應對案件進行調查，這也是強調國會及國防委員會能夠指派監察員調查任務。惟為了落實國防委員會的調查職權，以及調查義務（如前述之有成員四分之一之提議，委員會即有調查之義務），

本項也同時規定上述之指示以國防委員會未將案件列入討論議題者為限。第三項規定監察員知有侵害軍人基本權利或內部領導統御之原則時，應進行調查。由上述三項之規定可知，監察員之任務在於維護軍人的人權以及維護軍隊內部的領導統御之原則。茲分別略加敘述如下：

（一）對於軍人人權的維護

這是德國建立新軍的最重要的指導原則。推行這個理念，德國包狄辛(Wolf Graf von Baudissin）居功厥偉。包狄辛在一九五一年開始即在德國大力鼓吹「穿著軍服的公民」之觀念，認為軍人即使穿上軍服，住入軍營，仍然是國家公民的一份子，應該享有充分的人權及完整的人性尊嚴。國家應儘量的給予軍人人權最大的保障，唯有為勤務所需時，才能依法限制。包狄辛這種新的思想，很快的形成了政府及國會各黨派對建立軍隊的指導原則。在一九五六年三月十九日通過修憲案同一日，德國通過了「軍人法」，就是將這種「穿著軍服的公民」之理念形諸法條的具體表現[10]。例如軍人法第六條規定：軍人和其他每個公民一樣，享有同等的公民權利，在執行軍事勤務所需的範圍內，依法定義務加以限制。所以憲法所保障之人權全部可適用到軍人身上。因此，當軍人的人權遭到軍隊及長官之違法或恣意侵害時，可以向監察員申訴，監察員即可展開調查。

（二）維持軍隊內部領導統御之原則

所謂的「內部領導統御」(Innere Fuehrung)是德國在一九五六年建軍所根植最重要的理念。為了讓以往德國軍國主義及法西斯時代

---

[10] 關於包狄辛的見解及德國軍人法，參見陳新民，〈法治國家的軍隊——兼論德國軍人法〉，刊載本書第二章。

「絕對服從」思想籠罩下所形成的「軍事文化」，能夠在西德新軍中絕跡，因此早在一九五○年隸屬在西德總理之下的「史維林辦公室」（Dienststelle Schwerin）就開始擬議新軍必須在「道德、精神及政治思想」上，要有突破傳統之必須性。而推廣這種軍隊「內部新秩序」最力者，仍是包狄辛。這種新的軍隊內部的「領導統御」原則；包狄辛在一九五一年發表了〈為了和平而戰的軍人〉[11]，認為現代民主國家的軍隊一定要由「有自覺」及「技術嫻熟」的軍人來組成不可；軍人應該衷心的接受上級的指揮。軍隊應該讓每個軍人有最大的「發展個人人格價值」的空間，拋棄以往個人只是一個機械化組織中的一體，沒有個人意識及思考能力，變成了一個宿命式的物體。而是能自動自發性的，內心產生責任感的承擔起軍人的職責。為了達到賦予軍隊新的角色之任務，軍隊的內部領導統御原則之內涵便變成十分的複雜，也是一個公法學上所稱的「不確定的法律概念」。大體上，領導統御可分成「整合性」，「組織性」及「軍人個人」三個層次來予瞭解。

■ **整合性**

所謂「整合性」的角度，是軍隊要朝向和社會「整合」方向努力。軍隊的職責是履行由憲法及法律所確定之保國衛民之任務，故軍隊是一個服膺「政治優越性」，及「以文統軍」原則之國家「法定組織」，獲得政治及社會的正當性。同時在實踐民主社會的「公開原則」方面，人民有權利知道國家的國防及安全政策，國防政策不再視為黑箱，只許少數人知悉。故對軍隊的組織及內部，亦應為國人所公開。軍隊和民間整合的結果後，軍人的來源，特別是職業軍官之來源，已是來自社會各階層。以往德國之職業軍官八成以上由出身四種家庭之子弟（也是最受軍界歡迎的家庭）——軍人、公務

[11]Soldat fuer den Frieden, S. 25.

員、教員以及中產階級的商人——所壟斷之情形，應該徹底打破，讓軍人來源「多元化」，而導入多元的價值於軍中。軍人並沒有享受社會特權，而是和社會其他階層融合在一起。

■組織性

組織性的觀點，乃認為軍隊之內部組織應該回應社會已到達了高度科技化的時代，軍人成為科技軍人，同時也是受過教育的軍人。所以，以往不讓部屬有個人思考餘地的絕對服從理念，已不符時代所需。關於現代軍人已是科技軍人的看法，在最近波斯灣戰爭中，已經完全證明了包狄辛的見解。依臺北時報文化出版社，民國八十三年出版一本膾炙人口的《新戰爭論》（第九十六頁）中，作者——名軍事學者艾文・托佛勒及海蒂・托佛勒指出了「第三波」的時代，軍人動用電腦者比動用武器的多。軍人「科技化」已是時代趨勢。包狄辛在四十年前即指出此趨勢，不得不令人驚佩其前瞻眼力！另外，長官和部屬不應只是一方下命，一方單純服從，而是應該採取「協合」之觀念，也就是激發部屬「參與決定」（Mitbestimmung）及「參與負責」（Mitverantwortung）。軍中應有相當程度的民主理念存在。部屬的智慧不應該為盲目信仰長官的智慧所掩蓋。不過，這個涉及領導統御核心的「軍中民主」在實踐上也最困難。軍隊一旦執行任務，往往須憑靠長官的即時處置，所以，軍人對長官的命令，仍以服從為原則，唯有命令明顯違法，或侵犯人類尊嚴（德國軍人法第十一條規定）時，才有拒絕執行之權利也。

■軍人個人

以軍人個人之立場，軍隊的內部秩序，也就是領導統御要遵奉軍人乃是「穿著軍服之公民」之原則。不僅長官要服膺國家民主及法治之原則，容忍部屬及同僚有不同之意見及政見，使得軍中也是

一個講求人權之社會[12]。

由上述對領導統御原則的檢討可知，固然加諸軍隊各級長官一個新的職責，必須以全新的時代精神，來教導部屬成為好的公民及好的軍人，喚起他們的責任感及榮譽心，為保衛國家的民主法治原則及生存權利而執起武器。故軍官們應對部屬為「合時宜的領導」（zeitmaessige Menschenfuehrung），讓他們知道為什麼而戰，及如何而戰[13]，此是領導統御的一個極重要的任務。所以，領導統御變成一個媒介的工具，讓憲法所揭櫫的法治國家原則、尊重人類尊嚴以及各種基本人權之規定，都能透過這個領導統御之制度而在軍營中實踐！但是同時，領導統御也可由軍營出發，進而使軍隊和社會融合。故內部領導統御之概念應該跳脫其狹義的、傳統的及字面上的只講求長官對部屬的「指揮技巧和指揮與服從之現象」，而是進一步的指軍隊的「內在體質」而言。 所以，此「內部領導統御」（Innere Fuehrung）一詞實可譯為「內在體質」為佳[14]。這已反映在現時的法令上。內部領導統御原則已由德國國防部在一九七二年，以第十號之一的行政命令(ZDv 10/1)公布一個「內部領導統御解釋令」（Hilfen zur Inneren Fuehrung） 加以具體化。這個「釋令」（一九九三年修正，見本書附錄）乃依據下列二十個原則形成的，它要求各級長官應有下列的強烈認知及據以為領導統御：

---

[12]E.Wagemann, Zur Konkretisierung der Inneren Fuehrung, in: Poeggler/Wien, Soldaten der Demokratie, 1973. S.67; Zoll/Lippert/Roessler(Hrsg.), Bundeswehr und Gesellschaft, 1977, S. 127.

[13]這是德國國軍總監 de Maiziere 在一九六一年十二月對全軍司令官所做的演講，同時也是一九六五年德國國軍「領導統御學院」（Schule der Bundeswehr fuer Innere Fuehrung）對領導統御概念所做的闡釋。見 F-H Hartenstein, Der Wehrbeauftragte des Deutschen Bundestages, 1977, S. 141.

[14]E.Busch, Der Wehrbeauftragte, 3. Aufl., 1989, S. 79; K-H Dietz, Vergessene Grundlagen der Menschenfuehrung in den Streitkraeften? in: K. Heinen(Hrsg.), Bundeswehr im Umbruch? 1991, S. 36.

1.毫無保留的尊重每個軍人擁有天賦之人權。

2.使你的部屬在負有防衛國家自由、民主的基本秩序時,也在日常執勤時能夠享受此秩序。

3.使你的部屬能夠自覺及分擔責任的衷心服從你。

4.使你的部屬對在有任何侵犯自由、權利及人類尊嚴之行為時,能起而護衛之。

5.訓練你的部屬,使他們既能夠嫻熟戰技,也能熟習和平之生活。

6.使你的部屬在軍中能夠充分發揮由平民生活所擁有之才幹與退伍後能發揮軍中所長。

7.使你的部屬能參與計畫之擬定,而不畏懼與你討論。

8.使你的部屬儘可能擁有最大的個人休閒時間。

9.培養你的部屬,使他們思慮、情感及行為能成熟。

10.培養你的部屬,使他們感覺是和社會一體,並加強他們的政治責任感。

11.培養你的部屬能盡一切力量來維護國家的自由、民主的基本秩序。

12.訓練你的部屬能夠充分掌握他的事業。

13.訓練你的部屬,使他們無須監督及嚴刑峻罰,即可獨立及合作的執行勤務。

14.應該適量的訓練,亦即把人以人來對待,只要求功能所需之訓練,不可過重,也不可過輕的施以訓練。

15.應經常──特別在出任務時──給予部屬有關資訊;並應給予真實,而非片面的資訊。

16.告訴你的部屬,在討論中,任何觀點皆可提出,以求得正確的結論。

17.告訴你的部屬,他能提出相關的提議,且清楚的有權可提出

意見。

18.鼓勵你的部屬發揮才能，不要潑冷水。

19.對部屬的休假行為，給予必要的輔導，且這些輔導措施應視為乃理所當然之事。

20.應有組織的籌劃，使部屬能夠享受有意義的休假，以有助於發展個人的人格，但不要替部屬規劃他們的休假。

由上述二十個原則無疑的都是要求長官的開明、容忍與民主思想，也是把軍隊變成一個有人性、尊尚人類尊嚴，且不妨害戰力的「活動空間」[15]。

由上述討論可知，內部領導統御原則雖然以軍人人權的維護作為出發點，極力強調軍人之人格及人類尊嚴。但是只要一涉及人權，其範圍就如同滾雪球，愈滾愈大。例如對軍人居住權的保障，自也及於對宿舍的管理和興建問題；軍人婚姻及家庭權利的保障，就牽涉到軍眷的福利、軍人休假、撫卹等問題。但是舉凡制度性，如福利、撫卹等等，即可列入內部領導統御原則之中，成為監察員監督及關切的對象。易言之，凡是侵犯軍人人權者，亦必是侵犯內部領導統御原則。故自一九五九年四月第一份監察員年度報告（Jahresbericht）起，就把監督重心置於貫徹領導統御，而將軍隊長官不法及不當的的命令與管教行為，列入其中的「人員領導」(Menschenfuehrung)項目。長官侵犯部屬人權變成了違反領導統御行為的一環。這種情形，顯示出監察員任務重心，維護領導統御之原則，和基本法第四十五條b之規定——係僅以保障軍人人權及「作國會之監督輔助機構」作為國防監察員之任務——顯有不合。易言之，領導統御原則成為國防監察員的調查重點全由「本法」（國防監

[15] 參閱G-O v. Ilsemann, Die Bundeswehr in der Demokratie, Zeit der Inneren Fuehrung, 1971, SS. 291; 329; W. R. Vogt, Militaer und Demokratie, 1972, S. 297.

察員法）第一條三項規定而來，不僅基本法內並無此概念，整個德國法律中也只有在國防監察員法裡有此規定。甚至在立法時，眾議院各黨派也是「理所當然」的接納此用語，並未對此概念的內容作進一步的研討，也並未深論其和軍人人權之保障有無那個範圍孰大孰小之問題。不過關於國防監察員將任務重心擺在維護軍隊內在領導統御原則，有無違反憲法之問題，依德國現行通說卻皆持否認見解。因為一個已履行全新的內部領導統御原則之軍隊，自然是會全力維護軍隊的法治化及人權，故不必斤斤拘泥於基本法第四十五條b之較狹隘的規定也[16]。

四、國防監察員之權責

國防監察員（以下簡稱監察員）的權責，分別是：資訊獲取權（Informationsrecht）、督促權（Anregungsrecht）、接受申訴權以及向國會報告之義務等。茲分述如下：

（一）資訊獲取權

這是監察員在履行國會監督權的一個重要手段，藉以獲取事實之真相，避免國會被不實的事實所蒙蔽。這個資訊獲取權還可以衍生出下列幾項權利：

■ 卷宗閱覽及詢問權

「本法」第三條一款賦予監察員可以向國防部長本人及部長以下所有受國防部管轄之軍人及文職人員（包括聘雇人員）就某事件加

---

[16] F-H Hartenstein, a.a.O., S. 150; H.O. Ruemmer, Menschenfuehrung im Spannungsfeld unterschiedlicher Anforderungen, in: Bundeswehr im Umbruch? S. 138.

以詢問之權，以及調閱卷宗檔案之權。這種請求可以以書面或口頭之方式提出。被請求之人員有義務答覆監察員之詢問及提供服務。不過，「本法」並未規定當被請求人違反前述的義務之責任。不像瑞典的國防監察員法第十條規定，國防部人員對國防監察員之請求及詢問不予遵從時，可處以一千克朗 (Krone)以下的罰鍰。所以，在德國如果不履行監察員所請求及詢問之義務時，監察員並無強制的手段，只能要求所屬機關首長及國防部長糾正之或公諸於世，造成政治及輿論壓力。不過，至今為止，並未產生一個類似的案例。此外，對於監察員之請求，唯有在基於重大保密的理由，才可以由國防部長及其常設職務代理人（即政務次長）加以拒絕。並且，應該對國防委員會說明其理由，也就是對此「保密」決定，部長及次長應在國防委員會中辯護。由於監察員所詢問的消息及要求提供的檔案都是涉及軍人人權之維護及內部領導統御之原則，這是不會涉及重大的保密規定。因此，迄今也沒有發生過一次國防監察員要求德國國防部人員提供資訊，但由國防部長及次長認為為保密，而拒絕之例[17]。儘管如此，這個制度也包含了一個可能性：那就是部長及次長有可能濫用其保密權限，而聯合國防委員會過半數的成員即可能阻止監察員替國會發掘真相之權利。因此，著名的公法學家烏勒（C. H. Ule）早在一九五七年，「本法」甫公布時即看到這個危險，而主張應該仿效瑞典制度，部長及次長沒有保密的拒絕理由，避免削弱監察員之職權，這個見解頗受到學界的支持[18]。依德國國防部一九八四年二月九日公布（一九八七年八月十二日最後修正）的「部隊對國防監察員執行職務之注意事項」(Erlass Truppe und Wehrbeauftragter, 以下簡稱「注意事項」) 第四條規定，各級部隊長官

---

[17]E. Busch, a.a.O., S. 122.

[18]C. H. Ule （註[9]處）, S. 427; F. H. Hartenstein, a.a.O., S.194.

對監察員要求之事項應以「最優先」的順序配合處理。但同時也規定，當長官對監察員所要求答覆或查閱卷宗，是否屬於侵犯軍人人權以及違反內部領導統御原則之案件？及在係受到國防委員會及眾議院「指示」調查時，是否該項「指示」確實存在？以及認為的確有觸及重大保密規定等三種情況時，各級長官應該立刻上報國防部長，靜候裁決，並且將這種上報情形告知監察員。由這個「注意事項」可知，德國國防部並不承認監察員對一切國防事務擁有廣泛的資訊獲取權，而是只限於「侵犯軍人人權及內部領導統御原則」之案件，才容監察員置喙。由這點可以看出國防部長和監察員之間會存在摩擦的緊張關係，這種權限衝突的問題一直沒有中斷。例如國防監察員在一九七一年的年度報告中就曾指責國防部。監察員Schultz曾要求某個部隊少將司令官答覆某事，該司令官以此事並未涉及軍隊人權的侵害，也未違反內部領導統御原則，而是純粹是「軍隊內部的勤務」與行政事務，而拒絕回答監察員之詢問。當時的國防部長也支持司令官的看法。因為只有軍人方可提起申訴，如是在國防部及所屬機關內之服務的公務員和聘雇人員即不享有此權利[19]。以國防部及部長的觀點自無可厚非，因為軍事行政是其權限，惟亦可由部隊執行。這些由軍人擔負之行政事務，如文書處理等等，則和一般公務員所擔任之職務並無不同。故國防部長會認為此種勤務和一般文職公務員所執行之行政並無不同，即非監察員所可過問！但如果由保障軍人免受「違反其人權之侵害」的角度觀察，則不僅在狹義，也就是在傳統的軍事勤務——訓練、演習及其他部隊勤務——方面固應保障其人權，就是被調往幕僚及後勤單位擔任「行政」勤務，亦同樣的應維護其基本權利。故想要將類似一般行政機關的行政勤務抽離出來，並非易事。

---

[19]F-H Hartenstein, a.a.O., S. 157.

儘管德國國防部公布的「注意事項」裡強調監察員行使職權的
範圍乃在保障「軍隊人權」及「內部領導統御」原則，但這只是國
防部方面的看法。歷任監察員在每年的年度報告中，例如一九九三
年的年度報告中，不僅報告軍人人權受侵害之案例以及部隊長官的
違法領導及指揮之行為，也以將近三分之二的篇幅討論有關軍隊裁
員、人事、人力結構、宗教活動、後備軍人、轉業訓練、義務役士
兵的住宿、休假、醫療、不適役軍人的服役等等問題。明顯的可見
監察員就一切國防事務，只要涉及軍人服役及權利有關者，皆列入
其關切的對象。唯有類似武器研發、飛彈部署等屬於軍備整建，和
一般軍人權益不相涉及之事項，監察員才不加以討論。所以，由歷
年來監察員所發表的年度報告可知，其已將內部領導統御的原則做
極度的擴充及於一切可涉及軍人人權的範疇在內。德國國防部對監
察員在年度報告裡極廣泛的報告事項，也未聞有抗議監察員「撈過
界」及要求監察員下年度「修正」之議。這可得一個結論：德國國
防部及社會大眾已習慣監察員這種「擴權」，這同時也顯示出監察員
廣泛監督國防之行為，已是分擔國會之任務，使得國會（及國防委
員會）可以專注其精力在其他國防問題，例如軍事預算、採購、與
盟國的軍事協定（例如出兵海外）等等問題的研討之上[20]。

■ 聽證權

一九八二年修正「本法」第三條一項一款，增加監察員聽證
權。如果監察員收到聯邦眾議院或國防委員會的指示，就某個事件
調查時，或是收受申訴案時，得就申訴事件舉行聽證會，對投訴
人、證人及其他相關人士（如鑑定人），進行聽證。

---

[20]A. Biehle, Die Kontrollfunktion des Wehrbeauftragten des Deutschen
Bundestages, in: Brecht/Klein（Hrsg.），Streitkraefte in der Demokratie, 1994, S.
49.

■ 突擊訪查權

這是監察員一項特別重要的權利。依「本法」第三條四款之規定，監察員得在任何時間，對所有部隊、司令部及國防部所屬機構，進行突擊性質——亦即不必事先通知——的訪查。這是屬於監察員個人的專屬權利，其所屬之人員並不能享有。依德國國防部「注意事項」第九條的規定，任何部隊在遇到國防監察員來訪查時，固然應優先配合（第四條），同時應立刻以電話通知國防部長辦公室，告知受訪單位名稱及查訪事項（特別是為某偶發事件及因部隊多位軍人申訴案件所肇因的查訪）。同時，若是受訪人員對於監察員所詢問的問題，認為有嚴重的牴觸保密規定之虞時，也應該立刻報告部長，等待部長之裁決，同時將此情形報告監察員知悉。

由授與監察員突擊訪查權的規定可知：(1)這是監察員獲得第一手資訊的最好方法。監察員可以對任何士兵、士官、軍官及文職人員進行單獨且不公開的訪談及閱覽卷宗檔案，瞭解事情的來龍去脈；(2)訪查可以分成例行性及專案性的訪查。前者是例行性的訪查，看看軍隊人權及內部領導統御實施之狀況。後者乃針對某個突發事件，或由媒體、軍人申訴等產生動機而為有特殊目的的專案查訪。這是最能發揮「突擊」性訪查制度的優點；(3)本訪查權既是由監察員本人所擁有，其幕僚人員不能代行之[21]，故是一種專屬權利。監察員進行訪查時，當然可以有幕僚人員隨行，以供輔助[22]，但是非幕僚人員以外之人員可否隨行？例如監察員可否邀請學者專家隨行以備諮詢？或是邀請新聞媒體人員同行以備廣為宣傳？德國相關法令及著作並未有加以論究者。本文以為既然訪查權是賦予監察員的特權，可以長驅直入到各軍營、堡壘及國防所屬各單位接觸

---

[21] 秘書長依本法第十七條二項，只能在監察員不能視事達三個月以上，及獲得國防委員會特別授權時，方能擁有此訪查權。

[22] F-H Hartenstein, a.a.O., S. 200.

任何一位國防部人員及軍人，這種行使公務自會接觸許多公務機密，非他人所能知悉。此權力自不宜與他人分享。故幕僚以外的人士理應不能隨行。

■ 刑事及懲戒案件程序之列席權

「本法」第三條六款之規定，任何涉及軍人及國防部所屬人員的刑事及懲戒審理程序，監察員皆有列席權，即使對外不公開的審理——例如依軍事懲戒法第一〇一條，任何軍事懲戒之審理以採不公開為原則——亦然。同時監察員享有視同原告、被告及其律師，擁有調閱卷宗之權利。這個「列席權」（Beiwohnungsrecht）僅是提供監察員瞭解事實真相——即蒐集資訊所需，並未另外賦予監察員可以在審理程序中擁有陳述之機會。換句話說，監察員不能向法庭或懲戒庭提出任何請求及詢問當事人。這是因為憲法及「本法」並未期待監察員成為司法或懲戒法的「正義輔佐」之工具，以維護司法權力的完整及權力分立之制度[23]。

■ 懲戒及刑事統計報告提出請求權

依「本法」第三條五款，監察員可以對任何涉及軍人或部隊之事宜，向國防部長請求提出關於行使懲戒權的綜合報告，以及要求聯邦與各邦主管機關，提出刑事統計報告，以供監察員瞭解軍人整體上違法犯紀之情形。

（二）督促權

監察員因為僅代表國會行使對行政權的監督權限，本身並非受其監督機關及個人之上級機關，故對受監督的行政（國防）機關及人員（軍人）並無命令及糾正之權力，而只有「督促權」。這種督促

---

[23]F-H Hartenstein, a.a.O., S. 203.

權依「本法」第三條二款及第三款之規定，監察員可以就自己調查發現或是經由其他管道——例如媒體報導或軍人申訴——所知的事實，移交給主管機關處理；也可以在涉及刑事或懲戒事件時，將案移送刑事偵查機關追訴或是懲戒主管機關來議處。因此監察員是擔任「移送者」，而非「起訴者」之角色。但是監察員行使督促權的重心，是置於前，也就是交給主管機關的處理之上。使監察員得以將保障軍人人權以及內部領導統御原則，貫徹到國軍之中。不過，這種督促權並無強制力。主管機關採取何種措施自屬主管機關之權限。只是監察員可以再對該主管機關之上級——最後直至國防部長之階層——施以「關切」之壓力罷了。

一旦監察員發現有違法，涉及刑事或懲戒事由時，可以行使「移送權」。依「本法」第四條之規定，聯邦各機關、各邦及各級法院皆有協助的義務，故不能置監察員之移送於不顧，而應進行懲戒及追訴之程序。依據「本法」第十二條規定，聯邦及各邦之行政及司法機關對於監察員所移送案件的處理情形——例如公訴之提起、在懲戒程序裡發布調查命令等等，都有向監察員提出報告的義務。這種後續性的報告義務使得監察員清晰的瞭解對其所移送行為是否再作反應。

至於是否移送至有關機關或刑事與懲戒機關處理，乃監察員之裁量權。不過，德國刑法第一三八條規定，任何人只要知悉他人企圖犯有叛國、殺人、發動侵略戰爭等等重罪時，皆有檢舉之義務。所以，一旦監察員發現有上述事實時，自亦不免有移送案件至有關機關代替檢舉之義務也[24]。

---

[24] F-H Hartenstein, a.a.O., S. 208; E. Busch, a.a.O., S.130.

（三）接受申訴權

　　作為國會監督軍隊和國防單位是否侵犯軍人人權與違反新的內部領導統御原則的監察員，要想深入瞭解軍隊內部所發生的事務，最好的辦法，莫如直接由當事人處獲得資訊及個案的請求主管機關研處。接受軍人申訴成為國防監察員最重要的職掌之一。依本法第七條規定，任何軍人無須循職務管道，得逕自向監察員請求協助。申訴之軍人不得因此申訴遭受職務上之處分或不利益。第八條規定，上述之申訴必須具名，如果是匿名之申訴（即所謂的「黑函」），不予受理。第九條規定，如果申訴人不願公布其姓名及申訴事件之內容，並且不影響監察員的調查義務時，監察員即負有不公開之義務。如果申訴人並未有「不公開」之請求時，是否公布申訴之人名及事實，即由監察員的裁量來作決定。

　　只要是具名的申訴案件，監察員就有答覆之義務。下面即是一個典型的申訴案及處理情形。筆者在一九九○年七月底曾赴德國波昂市拜會德國國防監察員畢勒（A. Biehle）先生，取得一份檔案，可以具體說明軍人申訴案的運作：

(1)一九九○年三月八日，監察員辦公室收到一份一等兵A的申訴信件：

　　本人謹向您報告自己在連隊裡所發生的事。所有在營官兵在二月二十六日或二十七日都可以休假一日，以慶祝齋戒節。本人在當日上午七時十五分起擔任營部留守人員，直至次日七時十五分為止。但是我在次日想要休假一天，卻被長官以「值勤守則」之規定不符為由，拒絕休假之要求。

　　我在此請求您迅速審查這個「不准休假」命令的合法性。

(2)同年三月十四日，監察員寄給一等兵A所屬部隊司令官B少將下列

一函：

　　　貴單位所屬一等兵Ａ，向本人申訴其被拒絕准許休假一天之事
宜。關於申訴事宜之細節，謹請參閱該申訴之影本（見附件）。可
否請您審閱所附申訴文件之內容，及處理情形惠覆為盼。

(3)同年三月十四日，監察員寄給申訴人Ａ下列一函：

　　　台端一九九〇年三月五日之申訴敬悉。本人已作審查，一有結
果將立即通知您。

(4)同年五月九日，監察員收到司令官Ｂ（五月四日發出）之覆函：

　　　本人就一等兵Ａ於今年三月五日的申訴所述遭取消休假之事，
經詳細調查，證明申訴之事屬實。Ａ所屬長官已經修正休假規定。
同時將有另外三位遭到類似待遇的軍人將可獲得補假。
　　　對上述補救措施，本人完全同意。對於本案詳細處理情形，請
參閱附件。

(5)同年五月十五日，監察員寄給申訴人Ａ下列一函：

　　　台端於今年三月五日之申訴，本人已經收到台端所屬單位司令
官Ｂ少將的回函以及相關之資料，證明您所陳述之情形屬實。
　　　台端之長官已經更正休假規定，台端連同其他三位弟兄將可補
假。台端之申訴事宜已經得到解決，本人因此即將結案。在此，本
人謹感謝台端對國防監察員的信任。

(6)同年五月十五日，監察員寄給司令官Ｂ少將下列一函：

　　　您在五月四日大函所示之意見，本人敬表完全同意，謹致上由
衷謝意。本人將予結案，並將您的決定通知申訴人，並且敬請將本
案審查之結果通知各有關長官為荷。

　　由上述一個具體的申訴案進行之情形可知，監察員對於軍人申
訴案的處理極為迅速，以本案為例，監察員在收到申訴案後一週內
即去函所屬單位司令官進行查證，效率不可說不高。這可以說明為

圖4-1　歷年申訴案數量表

什麼目前只擁有六十名工作人員（其中四十名為公務員，二名為聘雇人員）的「國防監察員署」，能夠每年處理八千至一萬件的申訴案件，而不積壓申訴案件。圖4-1是自第一屆監察員就任時起至一九九八年為止所收到申訴案件之統計圖，可供參考。

　　德國軍人依「本法」所獲得之申訴權，只能單獨進行，不能集體行之，避免造成軍中串聯申訴的行為（「本法」第七條及國防部「注意事項」第十條二款）。同時，每位軍人在入伍受訓時，皆應該被告知有關監察員的任務及地址，而在入伍訓練終了，分發到各單位服役時，也應該再度被告知此制度（「注意事項」第十條）。這是各級長官的法定義務。不過，例如監察員畢勒在一九九二年年度報告中表示，依其過去一年和許多軍人接觸及會談所知，還有許多軍人不清楚國防個監察員及申訴制度，而認為國防部應再加強宣導之工作。對於提起申訴之軍人，「本法」第七條後段明定不能因此受到職務上的處分（例如調整職位或調職）及其他不利益之處分。而「注意事項」第十條四項更進一步指出，各級長官如果利用命令、恐嚇、承諾、禮物及其他方式來阻撓、妨害軍人向監察員提出申訴時，是觸犯軍刑法第三十五條的「阻撓訴願罪」，可處以三年以下有

期徒刑。因此，在制度上已充分的保障軍人的申訴權利。不過，據監察員在同一年度（一九九二年）報告中（第二頁）表示，仍有許多軍人——特別是士兵及基層軍官——擔心會因申訴帶來不利的後果，因為監察員無法提供「完全無隙」的監督。對此監察員特別要求各階層長官應再加強法治的素養及體認申訴制度只會使軍隊的團結更加密實。

依一九九八年年度報告顯示，全年共收到五九八五件申訴，其中涉及不當領導、侵犯人權者，占百分之二十七點一；職業軍人及限期役軍人人事問題，占百分之二五點四；義務役軍人人事占百分之十四點六；薪俸等財務問題，占百分之十二點六；醫療問題占百分之七；轉業訓練、保險、宿舍等占百分之五。

軍人的申訴如果基於事實，則受法律的保護。但是如果所申訴者為無中生有的誹謗或侮辱時，該申訴人則不免刑責及懲戒（「注意事項」第十條五款）。又軍人之申訴不能洩露已歸入第四級機密以上之三種機密（即極機密、機密及限閱）文件，及寄給監察員[25]。如果事件涉及該等級的機密時，亦不能洩漏給監察員，是為軍人的保密義務。但是，如果申訴人認為事涉自己權利而有必要時，可以告訴監察員自己已負有保密之責的事實，但仍不能洩漏其內容（「注意事項」第十條五款），而讓調查事實真相的主動權操在監察員的手中。當然這種制度不可避免的會使一些軍人在其權益受到侵害時，卻在「機密」的掩護下無法讓監察員迅速的知悉。但是，只要監察員有徹查的決心，一旦知悉申訴人有「難言之隱」時，應當採行主動的措施，自亦不難發掘到真相。所以，這種「報告保密責任」制度不失為折衷之道也。

---

[25] 依德國聯邦眾議院保密法第二條規定，機密文件共分四級。第一級為「極機密」；二級為「機密」；三級為「限閱」（VS-Verbraulich）；四級為「僅供勤務使用」。

最後，關於申訴制度猶有一言。申訴制度是為平抑軍人遭到違法的待遇。所以德國國防部長及歷屆監察員是希望此申訴管道能夠暢通。長官們固不應該阻撓部屬提出申訴，但是本制度亦非鼓勵軍人隨意申訴。除非對涉及誹謗、侮辱及洩密的申訴會有法律責任外，一般的申訴不會有任何不利的後果。以一九九二年全德共有四十五萬六千名軍人，全年監察員共收到八千件申訴，比例為百分之一點七左右；一九九三年全德共有三十七萬三千名軍人，同年收到七千三百件申訴，以及一九九八年共有三十三萬軍人，收到近六千件申訴，比例兩者皆為百分之一點八，似乎申訴的比例不太高。而長官除了「積極性」的阻撓申訴，已構成軍刑法第三十五條的刑責外，其他「消極性」的阻撓，例如：向部屬宣揚類似「申訴僅是最後手段、有不滿事情應先向長官溝通」，以及「申訴不會有效果」等等足以讓部屬對申訴制度「怯步」的行為，也不是一個長官應有的作為。這亦是歷屆監察員會在年度報告一再要求各級長官嚴格遵守的準則！

　　除了向監察員提起申訴外，軍人依軍人法第三十四條規定，應享有訴願權利。這是在德國軍事（及軍法）史上第一個保障軍人訴願權利法律，即在一九五六年公布的「軍人訴願法」也規定軍人認為遭到長官或所屬單位不公平的對待以及受到同僚違法侵害時，都可以向更上一級的長官提起訴願，其提起訴願的期間是在事實發生（或知悉）起二週內為之。因此，軍人訴願法保障軍人向上級長官提出訴願之權利。故這是「雙軌制」的申訴制度，軍人可以選擇向上級長官提起訴願及向監察員提出訴願或申訴。惟若就同一事件同時向上級長官提起訴願及向監察員提出申訴時，依「注意事項」第七條之規定，收到訴願的上級長官應立刻通知監察員，同時一有任何處理結果時，應通知監察員。如果軍人向監察員申訴的事項較向長官提出的訴願多時，則應將較多的申訴部分列入訴願的處理範圍。

使得這兩種保護軍人權益的救濟制度能夠相互協調（關於德國軍人訴願制度，參閱本書第五章〈不平則鳴——論德國的「軍人訴願」制度〉）。

五、向國會報告之義務

作為國會監督國防事務的輔助機關，監察員負有向國會（眾議院）提出報告之義務。由於監察員除了可以依職權自行調查外，受到國會指示時，即有進行調查並隨時提出報告之義務。故依「本法」第三條之規定，監察員向國會提出報告之義務有三：(1)每年向眾議院提出總結報告，這就是俗稱的「年度報告」；(2)隨時向眾議院或國防委員會提出個別的報告；(3)依眾議院或國防委員會指示而進行調查時，應提交調查之報告。可再分述如下：

(一) 年度報告

這是監察員每年向國會報告一年的活動，提出統計數字以及國防部應進行檢討之地方。這是監察員每年的重頭戲。每年的報告都有不同，但是綜觀每年的報告，共同的內容都是由軍人申訴案所顯露的問題為主。每年不同的內容則多半是各種違反內部領導統御的問題，所以每年各有各個討論重點。這個年度報告是作為國會監督國防與軍隊最有效的手段。如本文前所述，監察員並沒有下令權。對講究服從及階級甚嚴的軍隊，監察員建立權威的最有效方式是訴諸輿論及國會力量，使得自己的監督權不致形成「虛權」。德國國防監察員自一九五九年開始，每年多半在二月中至四月底前出版年度報告（只有在一九六三年至六七年，才在五月至七月時公布）。每次一公布即形成各報章的頭條新聞，至於針對本報告所引發的新聞媒體及國會討論的熱烈，就不在話下，已讓軍隊和國防成為國人關切

的對象。國會會將本年度報告印成書冊對外公開，自一九八五年起更公開發售外，連國防部也翻印此年度報告，並附上國防部對本報告的「答辯」，廣泛的發至各級單位，作為內部領導統御課程的教材[26]。所以，德國國防部並不會以「敷衍」的態度對付此攸關軍譽的年度報告。

此外，儘管這個年度報告是出自國會中人的監察員之手，而非國防部之年度報告。不過，這個年度報告已使國人瞭解軍隊的內部領導統御，使軍中事務透明化。因此對於公布類似其他國家較重視的「國防白皮書」的期待，就比較不熱烈。在這種功能的作用上，監察員的年度報告已經在相當程度——即使不是完全——取代國防白皮書的功用。這可部分的說明為何德國極久才公布一次國防白皮書——最近一次是在一九九四年，而上一次則是一九八五年公布，相距有十年之久——的理由了。

一九九三年的報告共有五十一頁，報告事項共有十六項，包括海外派兵、領導統御、軍人參決法、軍中極右派份子問題、軍中宗教、人事、兵役役男服役情形、後備軍人、衛生勤務、營房設施、轉業輔導、福利……。一九九二年的年度報告共有五十二頁，報告事項共有十八項，包括軍隊的裁員、薪俸、軍中社會問題、領導統御、軍人參決法、軍中宗教、軍隊人事、役男服役情形、後備軍人、軍人轉業、營房設施、宿舍、福利、休閒、衛生勤務（軍醫）……，幾乎包含整個國防行政在內。一九九一年的年度報告只有三十五頁，包括十六項的篇幅，提出關於波灣戰爭對軍隊的影響、整軍、休假、參決權、軍中宗教自由、人事（包括裁軍、整編原東德官兵、士官訓練新制、延役、薪俸等）、役男服役、後備軍人、軍醫、部隊福利、宿舍、後勤（如伙食）以及對領導統御的看法等

---

[26]E. Busch, a.a.O., S. 170.

等。一九九〇年的年度報告計三十五頁，分十項討論部隊的領導、裁員、役男服役、軍醫、部隊伙食、福利及後勤、環保、東德地區的軍事整建（如役男入伍、人事、宿舍、薪俸、休假、原東德職業軍人之保護、社會役……）等。由這四份報告的內容可知，有七成左右的內容是每年都討論到的，如裁員、整軍、福利、領導統御、軍醫、役男問題等等。每年另有大約三成左右的特別報告。所以只要綜合近幾年的年度報告，幾乎已涵蓋全部國防事務之領域了。

（二）個別報告

這是監察員主動向眾議院或國防委員會提出的個別報告。由於這是監察員依職權提出之報告，所以其實是屬於監察員之權利，而非義務。監察員並不常提出個別報告。例如一九六八年至一九八二年共十四年間，監察員只在七個年度內提出總共十一次的個別報告。一九九〇年至九三年的四年間，則未提出任何個別報告。監察員提出的個別報告以不公開為原則，不似年度報告印成書面，並對外發售，而是當成議會文件，由國防委員會或眾議院決定公開與否。而監察員赴院（會）報告也享有答辯及其他發言權利，易言之，「本法」第十六條規定監察員在眾議院擁有一個席位，其是以眾議院及國防委員會一員的的身分參與此報告，因此，這是監察員認為是涉重大關係之事件，才會有向國會同僚報告，爭取支持之必要[27]。

（三）國會指示之報告

「本法」第一條二項規定眾議院以及國防委員會得指示監察員對於某事件進行調查，監察員即應加以調查，並且提出報告，故是屬

---

[27]E. Busch, a.a.O., SS. 69, 165.

於義務性質的報告。德國國會及眾議院並不太常指示監察員調查。據統計，由一九六〇年至一九九二年為止，三十二年間國防委員會及眾議院一共委託監察員進行二十三個案件的調查。除一九六六年度曾指示高達七次外，其他曾指示的十二年間多半只提出一件指示而已，沒有太大之重要性[28]。眾議院或國防委員會由於任務多樣且繁重，對於涉及軍隊人權及領導統御問題，往往不能分心，並且既然監察員有專職，又常常造訪軍隊，故眾議院及國防委員會遇有涉及軍隊或國防事件監督之議案，會決議「移請監察員調查見覆」，對監察員而言，這就形成一個「指示」調查而須提出報告。故研究監察員制度權威學者 Eckart Busch 稱國會這種指示並非一個調查程序的形成與調查權限的產生指示，而是國會調查程序的「終結」指示，國會把問題丟給監察員處理了[29]。國會或國防委員會如果願意自行調查及討論案件時，即不可以再發出「指示」（「本法」第一條二項）；如已發出而監察員亦已進行調查時，監察員應即中止調查，以避免「雙重調查」，造成人力之浪費，也表示調查權之主體係國會，而監察員僅係處於輔助機關之地位也。

　　監察員雖依國會指示對案件進行調查，但依「本法」第五條二項之規定，監察員不受任何指示（除了國會及國防委員會的指示調查之指示外）之拘束。故如何調查全係監察員之判斷，而享有獨立行使職權之權限也。另依德國眾議院議事規則第一一五條，當監察員向眾議院提出報告時，經任何一個黨團，或在場議員人數百分之五以上的議員請求時，議長得請監察員就報告之內容進行答詢；同時經任何一個黨團及在場議員人數百分之五以上的請求，議長得請監察員出席報告其活動之情形（「本法」第六條）。

---

[28]E. Busch, a.a.O., S. 166.
[29]E. Busch, a.a.O., S. 70.

六、國防監察員署之組織

為協助監察員執行憲法所賦予之職權，而成立的「國防監察員署」(Das Amt des Wehrbeauftragten)，位於波昂市。其組織為：設秘書長一名，承監察員命，為綜攬署務之公務員(Leiten-der Beamter)。下設六個處。各處的職掌為：

　　1.第一處（基本事務處）：內部領導統御的原則。

　　2.第二處：軍隊內部的領導。

　　3.第三處：職業軍官及限期役軍官之福利及待遇。

　　4.第四處：軍官及士官之人事。

　　5.第五處：軍人及軍眷之撫卹、補助。

　　6.第六處：一般士兵之問題。

　　目前共有六十位職員在本署任職。其中四十名為公務員。一九九二年全年的預算是六千八百萬馬克，一九九三年則是六千七百萬馬克[30]。其預算編列在國會（眾議院）之項目下，單獨列出（「本法」第十六條三款）。監察員的待遇是比照聯邦部長法所定給予部長之待遇標準以七成五計算。此外關於出差旅費（如訪問軍營）及遷居則依公務員相關法令，但以最高標準支給之（「本法」第十八條）。

---

[30] A. Biehle, a.a.O., S. 51.

第四節　結論——軍人人權與軍隊法治之維護者

德國設置監察員迄今已逾三十年，可以說是規模已具。如果吾人在瞭解德國監察員制度之梗概後，反顧一下我國國會對國防的監督問題，可能會面對下列的難題：

（一）統帥權的概念界定

德國國會可以透過監察員行使職司國會監察權限的主要前提，是基於軍政與軍令一元化。如果在採行軍政與軍令二元化的我國現制，涉及軍令之事務劃歸總統與參謀總長所統轄的軍令體系，故國會即無法要求在國會中為軍政事項負責的國防部長，為軍令事務負責。軍政與軍令二元主義使得國會對軍令部分喪失監督權限。

（二）國會調查權的存在問題

雖然大法官會議在民國八十二年七月二十三日作成釋字第三二五號解釋，認定立法院擁有「文件調閱權」。此文件調閱權明顯的與德國國會所擁有的調查權有其程度上的差異。首先，在調查的範圍而言，我國立法院只能調閱行政院所屬機關之文件，而不及於約談相關人士；德國國會則可以約談相關人士。另在制裁方面，立法院並沒有任何強制力量，德國國會且可對約談人（及證人）課予不得偽證之義務。此外，對於立法院調閱權之限制，釋字第三二五號誠規定行政機關有依法律規定或法定理由即可拒絕提供文件。如果涉以及國防的監督問題，國防部或軍隊可否以違反「妨害軍機治罪條

例」，或依統帥權的軍令體系之內部規章，以「保密」或「軍令體系之事務」等為由拒絕提出文件？釋字第三二五號解釋並未言明。故吾人實無法，也不能妄測本號解釋文之「依法律規定」及「有正當理由」即包含「軍事保密之法令及正當理由」在內。釋字第三二五號解釋無助於澄清軍方提供文件的義務存在與否之疑義。

（三）監察院的調查權問題

大法官會議釋字第三二五號解釋文中已經指出，改為總統提名，國民大會同意的監察院已非民意機關。故由監察院行使的調查權不再是國會所行使的調查權。這與本文所要討論的「國會監督」主題已不一致。監察院既非代表民意，而是類同司法人員，代表國家行使監察權，但其表彰「國會優越」的意義即降低。關於監察院監督國防及軍隊之權限，國內已有不少相關文獻，於此不擬討論[31]。不過，就專業化及精細分工的角度而言，為數達二十九人之多的監察委員究竟無法和舉全國會之力支援一人，且有六十位訓練有素，且熟諳軍人待遇、權利及軍事法令的工作人員協助，加上年經費高達十億台幣的德國國防監察員制度相比擬矣！

德國監察員已經成功的扮演了監督德軍法治化及軍中人權化的「把關者」角色。若稱監察員是「軍人人權及軍隊法治的維護者」，並不為過。但是，僅以擁有六十名工作人員的監察員要來監督擁有三萬名公務員、六萬名聘雇職員以及八萬六千名聘雇勞工，總計十七萬六千名工作人員的國防部[32]，所憑藉的絕非單獨一個白紙黑字

---

[31] 參閱朱文德，〈我國憲法上國會與軍隊之關係〉，政戰學校法律研究所碩士論文，民國七十九年，第七十三頁以下。

[32] 一九九一年十二月三十一日之統計，見 D. Walz, Kontrollfunktionender Rechtspflege in den Streitkraeften und der Wehrverwaltung gegenueber der Bundeswehr, in: Streitkraefte in der Demokratie（註[19]處），S. 76.

的法律（如「本法」），而是自國防部長以次，各級軍事長官的協力配合，亦即必須體認軍人人權的維護及軍隊內部領導統御原則的作用都是會給軍隊帶來最大的內部凝聚力，提高軍人的社會地位以及培養出最負責任的及勇於且樂於為祖國──一個法治國家──的軍官及士兵！所以，在德國新軍建立後，其內部領導原則已成為歐洲許多國家注意的對象。監察員畢勒在一九九一年的年度報告（第二十五頁）中，甚且稱這個原則已成為一個「外銷條款」(Exportartikeln)。在一九九○年的年度報告中（第五頁），畢勒也認為德國各界已普遍確認內部領導統御原則是一個「當然之制度」，且已獲實踐。但這是經過長年來的努力才獲得朝野及軍民一致的共識！這可由以往國防部和監察員迭有權限之爭，但近年（特別是一九九○年以後）較少發生，作為一個佐證。

以我國的取法觀點來看，德國監察員接受申訴的制度頗有創意。德國軍人向監察員提出的申訴必須光明正大，所以可以制止「黑函」漫天飛舞的弊病。一個軍隊如果有黑函，表示其團隊精神及袍澤情感的消滅，且是欠缺軍人應有的勇氣、道德感及大丈夫的氣概！且申訴必須以個人名義提出，不得進行「集體申訴」也可以保護軍隊因串聯申訴而可能引起的譁變騷動。要妥善引進及維護此軍中申訴的制度，在制度上一定要保障──特別是要貫徹──申訴人不至於遭到來自軍中的報復。最近在台灣上演一部賣座由羅伯‧萊納（Rob Rainer）所導演頗佳的美國影片「軍官與魔鬼」（A Few Good Men, 1992），即清楚暴露出如果軍隊長官及士兵，不懂得容忍同僚或部屬申訴之權利，則「袍澤濺血」的慘劇必定上演！因此，根本之道必須在軍中加強法治教育及公民教育，訓練軍人成為一個堂堂正正的國家公民及戰技嫻熟的軍人。所以，國家需要的好軍人一定同時也是一個好的公民；同樣的，好的公民才會造就出好的軍人。德國一九七○年至一九七五年擔任監察員的 F-R. Schultz 就曾說

過：「沒有好的穿著便服的公民，就沒有好的穿著軍服的公民」(Ohne Staatsbuerger in Zivil, kein Staatsbuerger in Uniform）[33]，這是一個極好的說明！「在鄉為良民，在營為良兵」，也是一句久為國人所習知的原理。如果一個軍人不能享受人權，獲得軍隊各級長官尊重其人權，培養其榮譽心，要此種軍人來護衛一個崇尚法治原則及人權保障的國家，在邏輯上即無法完整！吾人若翻開西洋戰史，以前斯巴達軍隊為何驍勇善戰？因為他們是以「自由人為國家自由而戰」，個個斯巴達軍人並非奴隸軍人，其戰鬥力自然可加上「理念」而倍增其力的！吾人再看看一部十年前由著名的大導演庫柏利克（Standley Kuberick）導演的「金甲部隊」(Full Metal Jacket, 1986），片中魔鬼班長對新兵用各種身心的凌辱方法使軍人成為服從性絕高的殺人機器。這種踐踏人類尊嚴的訓練方式，根本就是將軍事文明導回黑暗時代！德國的監察員制度所要預防的，恐怕也就是這種「魔鬼訓練方式」的幽靈現身吧！

　　德國監察員的制度，除了沒有即時處置的指揮權外，有些類似我國古代的「監軍」。但是，監察員是代表憲法的法治國家的原則、以文統軍、民意政治、人權理念等等來監督軍隊，而非我國古代監軍乃代表皇帝的個人（或朝廷）之意志。德國監察員雖然大權在握（當然並非指揮軍隊之權，已在前述），但其行使的方式也不能「恣意」，而是必須受到輿論的監督，不能頤指氣使。筆者在一九九○年七月曾赴波昂市拜會監察員畢勒先生，據這位監察員表示，即使監察員的工作並不討人（國防部長及各級長官）喜歡（這點在一九九一年的年度報告第二十五頁再度提及），但是並不能因此而放棄職責。但也不能蓄意和軍隊（長官）站在敵對立場，處處找碴，而必

---

[33] F-R. Schultz, Probleme Militaerischer Menschenfuehrung aus der Sicht des Wehrbeauftragten, in: Soldaten der De-mokratie, （註[12]處），S. 63.

須以中庸的方式履行其任務。除了對軍人的申訴必須不鍥不捨外，其他行使職權時，例如以突擊訪查軍事單位為例，事先毫不通知單位就突然造訪的行為，就應該儘量避免。因為這種「突擊式」的訪查往往造成整個軍營——由衛兵開始以至於司令官——的人仰馬翻，如臨大敵。故畢勒氏多以事前電話聯繫後才成行的「視察」代替「突訪」，以和軍人直接會談取得一手資料。畢勒認為國防監察員不能自認為其可「獨力」讓人權及內部領導統御原則貫徹在軍中，雖有「和衷協力」才有可能，故其職責固然嚴正不撓，但行使方式當亦有所節制！這即政治藝術的表現！所以，由畢勒之看法可凸顯出監察員的監察行為是具技巧性的「政治性行為」而非純重是與非的「司法性行為」也。

最後，吾人願再以軍隊和變遷中社會的互動關係作為本文的結語！軍隊如果不能回應社會的價值觀，朝向「開放型」的軍隊，那麼軍隊及軍人便不會獲得及加深社會對他們的「信心」。作為最高民意機關（國會）所信任及所託的監察員，必須做好此社會價值的「媒介」角色。同時，如何使國會能夠制定要有效保障軍人權利及增強軍隊實力的法案與政策，也是監察員的任務。在這個較為人所忽視的監察員另一種「非法定任務」，是一種「迴向」——由軍隊導回國會——的要求。監察員唯有注意此點才是真正的「軍隊之友」，也才可釜底抽薪的解決軍隊中不良的制度。我國國會對軍隊的監督，不論出自哪個制度，恐怕也應注意監督者因為「瞭解實情」後所產生的「迴向改革」之義務了！

（本文原刊載：《軍法專刊》第四十卷五期、六期，民國八十三年五、六月）

附錄一　德國聯邦眾議院國防監察員法

一九五七年六月二十六日 公布
一九九〇年三月三十日 修正公布

第一條：憲法上之地位；任務

一、國防監察員為聯邦眾議院之輔助機關，執行國會監督之任務。

二、國防監察員依據聯邦眾議院或國防委員會之指示，對特定案件進行調查。指示以國防委員會未將案件列入討論議題者為限，始得為之。國防監察員得向國防委員會申請為調查特定案件之指示。

三、國防監察員於履行第三條第四款權利之際、或經由聯邦眾議院議員之通知、或接受第七條之申訴，或基於其他方式知有侵害軍人基本權利或內部領導統御之情事者，應根據合義務性之裁量，本於自我判斷進行調查。國防監察員根據前句所為之調查，於國防委員會已將該案件列入議題討論時，應中止之。

第二條：報告義務

一、國防監察員每年度應向聯邦眾議院提交書面總結報告（年度報告）。

二、國防監察員得隨時向聯邦眾議院或國防委員會提交個別報告。

三、國防監察員根據指示進行調查者，應依要求提交調查結果之個別報告。

第三條：職務權限

國防監察員於執行其職務時，享有下列之權限：

一、要求聯邦國防部長及所有隸屬機構與人員作答覆並閱覽卷宗。此項權利以存在有強制保密理由者為限，始得被拒絕之。拒絕之決定，由國防部長本人或其政務次長為之；且在國防委員會上應為此決定作辯護。基於第一條第二項之指示，以及收到申訴情形，國防監察員享有對申訴人、證人，以及鑑定人進行聽證之權利。證人、鑑定人依據一九六九年十月一日所公布之證人、鑑定人補償法（一九七九年十一月二十六日最後修正第十一條），應獲得補償。

二、賦予主管機關處理事件之機會。

三、移送案件予提起刑事訴訟或懲戒程序之主管機關。

四、無需事先通知，隨時得造訪所有部隊；參謀部；國防部所屬之單位、官署與設施。此為國防監察員個人專屬之權利。第一款第二、三句之規定，準用之。

五、在有涉及部隊或軍人之情形時，得要求聯邦國防部長提出關於部隊中懲戒權實施之綜合報告，以及要求聯邦與各邦主管機關提出關於刑事之統計報告。

六、出席刑事訴訟程序與懲戒法院程序之權利，在法院秘密庭亦然。並且享有與起訴人及告訴人相同之卷宗調閱權。根據軍事懲戒法與軍事訴願法向軍事法院所為之聲請與訴願程序，以及與其任務範圍有關聯之具有行政法院之程序，國防監察員享有第一句之權限；並且享有與程序參加人相同之卷宗調閱權。

第四條：職務協助

各級法院及聯邦、邦與縣之行政機關，於國防監察員進行調查的必要範圍內，負有職務協助之義務。

第五條：一般準則；指示拘束性

一、聯邦眾議院與國防委員會得頒布國防監察員工作之一般準

則。

二、國防監察員在不損及第一條第二項之情形下，不受任何指示
之拘束。

第六條：出席義務

聯邦眾議院與國防委員會得隨時要求國防監察員出席。

第七條：軍人之申訴權

任何軍人無庸遵循職務管道，得個人的逕自向國防監察員請求協
助。申訴之軍人不得因有向國防監察員申訴之行為致遭受職務上
之處分或不利益。

第八條：匿名申訴

匿名之申訴，不予受理。

第九條：申訴之保密

國防監察員因申訴而進行調查者，享有是否公布申訴事實與投訴
者姓名之裁量權。投訴者不欲公布，且不公布與法律義務不牴觸
者，國防監察員應不予公布。

第十條：緘默義務

一、國防監察員於職務關係終止後，對其職務上所得知之事件。
亦負有保持緘默之義務。職務往來間之通告、眾所周知之事
實，或是不具保密之重要性者，不適用之。

二、國防監察員未經許可，不得就應保持緘默之事件在法庭上及
法院外陳述或說明；已離職者，亦然。前句之許可由聯邦眾
議院議長經國防委員會同意後，頒布之。

三、對於以證人身分作證之許可，以其證言將對聯邦或各邦之福
祉帶來不利益，或對公任務之實現造成嚴重危害或顯著妨害
者為限，始得拒絕之。

四、對犯罪行為之告發，以及為防止自由民主基本秩序遭受危害
而維護的法定義務，不受影響。

第十一條：刪　除

第十二條：聯邦與邦機關之報告義務

聯邦與各邦之司法及行政機關，對於國防監察員所移送案件之程序上發動、公訴之提起、懲戒程序中調查之命令，以及程序之終結，負有告知國防監察員之義務。

第十三條：國防監察員之選舉

聯邦眾議院以多數決秘密投票，選舉國防監察員。國防委員會、黨團，以及根據議事規則有相當於黨團勢力數量之議員，得提名候選人。辯論不舉行之。

第十四條：候選資格；任期；兼職之禁止；宣誓；兵役之免除

一、凡具有聯邦眾議院之選舉權，且年滿三十五歲之公民，皆具有國防監察員之候選資格。

二、國防監察員之任期為五年。連選得連任。

三、國防監察員不得從事其他有給公職、營利性活動或職業，且不得擔任以營利為目的之企業與各級政府或議會所屬事業之董事與監事。

四、國防監察員於就職時，應在聯邦眾議院前為基本法第五十六條所定之宣誓。

五、國防監察員在就職期間得免除服兵役之義務。

第十五條：國防監察員之法律地位；職務關係之開始與終止

一、國防監察員依本法之規定，處於公法上之職務關係。國防監察員當選人，由聯邦眾議院議長任命之。

二、職務關係開始於任命證書遞送之時；若先前已為宣誓者（第十四條四項），開始於宣誓之時。

三、除第十四條第二項所定之任期屆滿或死亡外，職務關係因下列情形之一而終止之：

　　1.撤職。

2.辭職。

四、聯邦眾議院基於國防委員會之請求，議長得將國防監察員予以撤職。此撤職須聯邦眾議院議員過半數之同意。

五、國防監察員得隨時辭職。國防監察員之辭職，由聯邦眾議院議長宣布之。

第十六條：國防監察員之席位；主管；職員；內部事務

一、國防監察員於聯邦眾議院中擁有一個席位。

二、國防監察員擁有一位秘書長襄輔之。其餘職員為協助國防監察員履行其任務而服務。為國防監察員服務之公務員，為一九七七年一月三日所公布之聯邦公務員法（一九八一年六月二十六日最後修正第二十七條）第一百七十六條所規定之聯邦眾議院公務員。國防監察員為為其服務之公務員之長官。

三、國防監察員履行任務所需之必要人事配置與事物設備，應於聯邦眾議院之預算中，以專章列明之。

第十七條：國防監察員之代理

一、國防監察員不能視事，以及其職務關係終止後至繼任者就職前，其權利由秘書長行使之，但第三條四款之權利，不得行使之。第五條二項之規定準用之。

二、國防監察員不能視事長達三個月以上，或其職務關係終止逾三個月，仍無繼任者就職時，國防委員會得授權秘書長行使第三條四款所定之權利。

第十八條：薪俸、待遇

一、國防監察員自就職當月起，迄離職當月底為止，支領薪俸。一九七一年七月二十七日公布之「聯邦部長法」第十一條一項一款及二款之規定（經一九八二年十二月二十二日「閣員及政務次長薪俸裁減法」修正）準用之，且其薪俸及地區加給之標準，依聯邦部長待遇之七成五計算。薪俸由每月開始

前支給之。

二、聯邦部長法第十一條二項與四項及第十三條至二十條對兩年
　任期部長之規定（本法第十五條一項），準用至五年任期之
　國防監察員。前句之規定在職業軍人或限期役軍人被任命為
　國防監察員時，準用之，在限期役軍人準用聯邦部長法第十
　二條二項之規定，得以退休取代退伍。

三、一九七三年十一月十三日公布之「聯邦旅費法」（一九七九年
　五月三十一日最後修正）所定最高額旅費之標準規定，以及
　一九七三年十一月十三日公布之「聯邦遷居費補助法」（一九
　七四年十二月二十日最後修正）所定最高額遷居標準之規
　定，在國防監察員任職期間皆準用之。

第十九條：刪　除

第二十條：生效規定

本法自公布起三日後生效。

第五章

「不平則鳴」——
論德國的「軍人訴願」制度

第一節　德國軍人訴願制度之歷史

軍人訴願制度是一種「體制內」的申訴制度，讓軍人因長官或同僚不當行為而覺得有冤屈，或權利、尊嚴和人權受損時，能有一個申訴的管道。同時，如同國家有關訴願的制度一樣，人民遭到公權力（行政公權力）的侵害時，可以提起訴願及行政訴訟。軍人——特別是職業軍人——的訴願制度亦可以和行政訴訟制度相連接。如此，軍人訴願制度形成國家保障人民享有訴願和訴訟權利體系（我國憲法第十六條）重要的一環。

德國在一九五六年三月十九日公布的「軍人基本法」——「軍人法」，該法第三十四條明白規定軍人享有訴願權利，其詳以法律定之。同年十二月二十三日德國公布了「軍人訴願法」（Wehr-beschwerdeordnung），作為規範軍人訴願的基準法。德國現行的軍人訴願法，其實是吸收及反省了德國近百年來軍人訴願制度的優劣後而為的立法。易言之，軍人訴願制度在德國已有相當長遠的歷史。

德國早在一八一四年通過普魯士「國防法」（Wehrgesetz）創設了義務兵役制度之前，就在一八○六年與一八○七年之間進行一連串行政與軍事改革。這個改革，尤其是軍事改革是由著名的改革家史坦（H. F. K. v. Stein,1757-1831）；香霍斯特（G. J. D. v. Sharnhorst, 1755-1813）、包元（H. v. Boyen, 1771-1848）及哈登堡（K. A. F. v. Hardenberg, 1750-1822）等人所發起，也是為了深入檢討前一年普軍在耶那（Jena）遭到法國拿破崙致命性打擊之後，如何使老朽腐化的普魯士軍隊能夠在「體質」上脫胎換骨。這個軍事改革項目甚多，例如廢止軍隊的笞刑、剝奪貴族擔任校級以上軍官的特權、淘汰不適任的軍官等等，但值得吾人重視的是在一八○八年八月三日公布

「國防部第二十八號令」（Kriegsartikel－Nr.28）規定任何軍人可以就薪俸、福利及服裝等三項，擁有口頭向團長提起訴願之權利。這是口頭訴願，且團長作出裁決後即無任何補救方法。這個制度歷經十九世紀並無太大的改變。主要的因素是當時盛行一個口號「好的軍人不申訴」（Der gute Soldat beschwert sich nicht）[1]，所以，對於軍人申訴，基本上並未給予應有的重視。

　　德國現行軍人訴願法在體系上是承襲一九三六年四月八日的軍人訴願令。而在此訴願令公布前，德國先後在一八九四年公布「第二類軍人訴願令」，專司陸軍士官士兵的訴願；一九八五年公布「第一類軍人訴願令」，規範陸軍軍官及軍政事務公務員之訴願。另外，比照陸軍軍人的訴願制度，海軍也有兩套訴願法令與制度。德國保存四種訴願體系的制度，一直到了第一次大戰後威瑪共和的一九二一年十一月十五日公布一個統一的「聯邦軍人訴願令」後，才告結束。於此令中，已廢棄以往（即一八○八年令）限定軍人僅能就薪俸、福利、服裝、住宿及醫療事件申訴，而及於一切侵及該軍人權利之行為。但是，卻一反以往傳統，將薪俸、福利、服裝、住宿及不當（不良）醫療事件，認為是屬於財產爭議及軍政事務，所以應先請直屬長官移送軍政機構裁決，如果不服再向普通法院提起訴願。一九三六年「帝國軍人訴願令」再度作大幅度修正，同時易名為「國軍所屬人員訴願令」（Beschwerdeordnung fuer die Angehoerigen der Wehrmacht），共有三十四個條文。由條文名稱所示，本令適用對象不只是軍人而已，也及於所有任職於軍中之公務員及聘雇人員。可以申訴之範圍也類同一九二一年法例，採概括主義，但排除薪俸等五種事項。因為依一九三五年德國國防法（Wehrgesetz）第三十一條一項規定，國軍所屬人員就財產之爭議，

---

[1] C-G. v. Ilsemann, Die Bundeswehr in der Demokratie, 1971. S.168.

由普通法院管轄，但必須先聲請國防部長裁決。不服部長之裁決者，於收到裁決書六個月內可提起訴願。且依一九三六年之訴願令（以下本文簡稱為「舊令」）第四條二項即明文規定將該五個事項剔除在可提起訴願之列[2]。

除了放寬訴願範圍外，「舊令」也有許多具有新義的規定，例如明示「不遷怒原則」——即任何軍人，不得因訴願而遭到任何不利益之處分；調解（調解人）制度；再訴願制度；在軍醫院住院、在服刑中、派遣在外國之軍人的特別訴願程序等等，都可以在德國現行軍人訴願法中發現其影響力[3]。

第二節　德國現行軍人訴願制度

德國軍人的訴願權利受到憲法的保障。由於德國基本法將軍人之人權保障視同對一般人民基本權利的保障，亦即，將軍人視為「穿著軍服的公民」[4]，揚棄了以往的「特別權力關係理論」。故軍人的人格權、人類尊嚴、訴訟、訴願、人身不可侵犯等等，皆受到

---

[2] 另外，軍人就申請結婚許可、兼職禁止等事件，也不能依舊令提起訴願，而是請求直接上級長官及更上一級長官再作審議。參見P. Semler, Wehrrecht, 1936, S. 39; Rehdans/Dombrowski/Rerstens, Das Recht der Wehrmacht, 2. Aufl., 1938, S. 297. 。

[3] 納粹政府制定本法之目的乃在建立一個具有新的內在精神的軍隊。希望各級長官能夠藉部屬勇於訴願來發現弊端，讓「軍隊的事，在軍隊內部解決」。德國統帥部最後一位幕僚長凱特爾上將（W. Keitel）即認為應使軍人的訴願制度變成上級與下級獲得「相互信任」最好的工具。參見M.Messerschmidt, Die Wehrmacht im NS-Staat, 1969. S.308。至於其成效如何？以納粹乃極權國家，即可知其結果也。

[4] 參閱陳新民，〈法治國家的軍隊——兼論德國軍人法〉，刊載於本書第二章。

憲法之保障。惟憲法對軍人之人權有特別限制時，才能由法律加以限制。例如基本法第十七條a特別規定軍人的言論、集會、請願及集體訴願等權利，可由法律限制之。所以對於軍人訴願及訴訟權利，基本法僅限制軍人不得集體訴願而已。同時，基本法第十九條四項規定，人民（包括軍人）遭到公權力之侵害，享有向法院提起訴訟之權利。同時，基本法第九十六條四項復規定，聯邦得設置聯邦勤務法院，專司公務人員的懲戒及訴願事宜。因此，在權利實體及程序方面，軍人應該不可以被視為「無基本權利能力」（ungrundrechtsfaehig）之國民，國家護衛軍人人權之意志，毫不放鬆[5]。

　　德國一九五六年十二月公布的軍人訴願法（以下簡稱為「本法」）異於德國歷代軍事訴願法令者，在於本法是以法律的方式來制定，而以往之訴願事項皆以命令之方式來規範。由訴願令之位階的提升至訴願法，是德國軍事訴願史的首創，可看出德國對軍人人權保障及的決心[6]。本法計有二十四個條文。內容可由以下的討論略窺全貌：

一、訴願的範圍

　　本法第一條一項許可軍人認為遭受上級長官或國防單位錯誤（不法）的對待，或是同僚袍澤違反法令的侵害時，得提起訴願。故是採取概括的訴願許可主義。但是，和「舊令」不同的是，本法並

----

[5] P.Lerche,Grundrecht der Soldaten, in: Bettermann/Nipperdey/Scheuner, Die Grundrechte, Bd. I, 1960, S.460. 。

[6] 故德國學者Dieter Walz便稱本法為軍人的「大憲章」（Magna Charta）。D.Walz, Kontrollfunktionen der Rechtspflege in den Streitkraeften und der Wehrverwaltung gegenueber der Bundeswehr, in: Brecht/Klein, Streitkraefte in der Demokratie, 1994, S.75. 。

未把涉及薪俸、福利等五項排除在訴願的範圍之外，而是一律容納軍人可訴願之範圍內。也和「舊令」不同的，本法適用對象只是軍人。至於服務於軍中之文職人員，則不得適用本法。如果涉及權利爭議，應分別適用行政訴訟法或民事裁判法之規定。本法即變成專屬軍人的權利救濟法。

除了上級或同僚積極侵權外，在消極的侵權方面，例如軍人依法令提出之申請，在一個月內沒有得到答覆時，亦可提出訴願（第一條二項），這是本法的新規定，可以「加速」訴願之進行。蓋依「舊令」，軍人務必要獲得上級之批駁後才能提出訴願。此舉將可增加訴願人的時間利益。

為了避免軍人訴願引起內部骨牌性的動盪，造成串聯訴願的風潮，本法和「舊令」第三條，以及國防監察員法第七條一樣，禁止軍人集體提出訴願。基本法第十七條 a 一項也特別限制集體訴願。若同一事件可引起數人提出訴願時，應以個人名義分別提起之，沒有「合併訴願」之可能。對「訴訟經濟」而言，也許並不合算，但為了維持軍隊內部平靜之氣息，才有此要求「個案」式的訴願提起制度。

無獨有偶，與德國有類似制度者是奧地利。奧地利在一九七九年頒布「聯邦軍隊職務命令守則」（Allgemeine Dienstvorschriften fuer das Bundesherr，以下簡稱「奧令」）第十二條四項也規定軍人不得集體訴願，其理由亦同於德國之立法理由[7]。

惟易引起紛擾及困惑者，應是本法第一條三項，規定對於長官職務上的評判，不得提起訴願。所謂的「職務上的評判」，並非概括的指長官行使指揮及命令權限之裁量，而是依德國軍人法第二十九

---

[7] K.Redl, Mitbestimmungsmoeglichkeiten in oesterreichen Bundesherr, in: P. Klein(Hrsg), Mitbestimmung in den Streitkraeften, 1991, S. 111.

條的「人事評判」方面。軍人法第二十九條一項規定，軍人對於任何於已有利或有缺點之紀錄，在登錄入人事檔案，或列為其他人事評判前，皆有被告知之機會。軍人對該紀錄，如有所陳述，亦應同時列入檔案之內。第二項：對軍人任官、晉升及職務關係有所影響之各種評判因素，應對該軍人公開之。但對軍人日後職務任命之建議，不必公開之。故依軍人法之規定，軍人對長官之人事評判，僅有「陳述權」，而非「訴願權」。至於人事評判，是長官對所屬各級軍人「適才」、「適所」與「適任」等的評判，以求對軍人能力作最有效的運用。目前德國有一套精確及複雜的「國軍評判規定事項」(ZDv 20/6, Bestimmungen ueber die Beurteilungen des Soldaten der Bundeswehr)，一九八七年十月一日起施行。少將以下各級軍人——主要指職業軍人或限期役軍人，即士官以上軍人，可以在「定期考核」、「專案考核」及「任官考核」等，就其領導能力、品性、專業智能等（第二十一項），由長官進行評判，作為日後職務調整及升遷考量之依據。這種涉及長官對部屬能力及服務成果的評判，當然不免涉及主觀個人價值判斷之因素，但此評判無論如何，還須以最近一級上級長官（即擁有懲戒權之軍紀長官）進行為宜。他人——如更上級長官或法院，不能取代之。故本法第一條三項才將軍人對此人事評判，排除在訴願範圍之外。但若評判之長官不依事實評判——例如捏造事實、依據謠言、黑函……作評判依據，則屬於違法之評判，軍人仍得提起訴願[8]。

---

[8] BVerwGE86. 201; H. Giesen, Das Recht der Berufs- und Zeitsoldaten in der Praxis, 1992, Rdnr 277.

二、訴願的方式與種類

　　德國軍人的訴願有「法定訴願」及「非法定訴願」。「法定訴願」是依本法所提起之訴願；「非法定訴願」是指依本法以外法令所提起之訴願，例如軍人依國防監察員法第七條、第八條之規定，向國防監察員提出申訴。德國用這種方式請求軍隊體系以外的國會來救濟其權利者不少，例如在一九九一年德國國防監察員即接獲近八千個，一九九二年則接獲七千三百個類似的申訴[9]，故也是一個極為有效的軍人申訴制度。依本法之規定，軍人分別依其權利受損的性質，可提起「勤務訴願」（Truppendienstbeschwerde）、「懲戒訴願」及「行政訴願」三種。茲分述之：

(一)勤務訴願

　　軍人對於任何「直接」基於部隊勤務關係，受到長官或是同僚違反法令的侵害所提起的訴願，稱為「勤務訴願」。這種情形最常見的是長官的命令——例如勤務分派、休假、不准閱覽人事資料、兼職禁止等等。長官上述處分不論是違法，或是不合目的（不當）時，以及同僚有違反法令——例如軍人法所規定袍澤相互尊重及照顧義務之行為時，應在兩週內，提起訴願（本法第六條）。軍人依法可以提出申請之事件，例如申請閱覽其個人人事資料、休假、擔任監護人、遺產執行人等等，超過一個月仍未獲答覆時，亦可提起訴願。

　　訴願應向訴願人所屬上級軍紀長官提出之（本法第五條一項）。此上級軍紀長官（Disziplinarvorgesetzte）係指軍人法第一條五項所

---

[9] 參閱陳新民，〈軍人人權與軍隊法治的維護者——論德國「國會監察員」制度〉，刊載於本書第四章。

下的定義：能以命令對部屬施以懲戒權之長官。這種權限，依德國一九五七年三月十五日公布（一九七五年八月六日最後修正）之軍事懲戒法（Wehrdisziplinarordnung）第二十三條之規定，至少必須是軍官才能擔任軍紀長官。而軍隊中最基層的軍紀長官是連長（或相當職位者），最高階之軍紀長官為國防部長。故一般士兵針對士官或其他士兵侵害之訴願，應向連長提出之。至於在特殊情況，如住院軍人，亦可向軍醫院之最高衛勤主管軍官（必須是屬於衛勤軍官——即軍醫階級最高者）提出之；在關禁閉及服刑者，亦可向該機構主管長官提起訴願（本法第五條二項）。這種特殊情形，由法條規定「亦得提起」的用語可知，該軍人亦可向原主管之軍紀長官提出之。其立法理由和本法第十一條二項之立法理由相類似：該訴願人多獲得一個訴願的提出管道[10]。

訴願另依本法第五條一項後句，訴願另有管轄機關時，訴願亦得對之提出，乃指接受訴願人外，另有管轄權者而言。此涉及訴願權決定者歸屬之問題。本法第九條一項規定，能對訴願標的為人事評判之軍紀長官，即為訴願之決定長官。例如士兵就班長（士官）或其他士兵之違反義務之行為之訴願應向連長提出之，即可由連長決定。若士兵對連長之行為提出訴願，則連長之行為成為訴願標的，則士兵可以向連長本人提出訴願，或可選擇向本訴願之決定機關——營長——提出訴願。在前者之情形，連長即有「移送訴願」予營長之義務[11]。各級長官如果違反這個移送義務或扣壓訴願時，依軍刑法三十五條之規定，可處三年以下之有期徒刑。

作為軍隊最高軍紀長官的國防部長可以將裁決涉及部隊勤務之

---

[10] Schwenck/Weidinger, Handbuch des Wehrrechts, Bd 4, 2. Aufl., Stand 1988, 750, WBO, S.17.。

[11] 「奧令」（第十三條二項）則較明白的規定，訴願若針對軍紀長官提出時，即由更上一級之軍紀長官裁決之。

訴願的權限移轉給次長，或次長之下的機關行使之（本法第九條二項），亦即部長不必親自作決定，可委由其下級單位為決定。

訴願提出後，若對決定不服或遭到訴願駁回，或是在一個月內未獲訴願決定時，訴願人得向更上一級之軍紀長官提出再訴願。由再訴願準用訴願之規定可知（本法第十六條準用第六條），其提起期間為收到訴願決定書隔夜起，二週內為之[12]。

提出再訴願後遭到駁回，或是對再訴願之決定不服，以及提出再訴願後一個月內未獲決定時，訴願人若認為其依軍人法第一章第二節（即第六條以下至第三十六條有關於軍人權利與義務之規定）應保障的權利，受到侵害時，可以在收到再訴願決定書二週內（及已提出再訴願屆滿一個月而未獲決定起二週內），以書面向再訴願決定長官（或是第五條二項及第十一條 b 之長官）提出訴訟[13]。此訴訟由受理長官移送至「部隊勤務法院」（Truppendienstsgericht）裁判之。但是，訴願人必須主張其權利係遭受「違法」之侵犯，亦即濫用或逾越法定權限，也及於裁量權的濫用。亦即涉及法律問題方可。而且，起訴必須由再訴願決定長官移轉法院，而不許可軍人逕自向法院提起訴訟[14]。

部隊勤務法院是依軍事懲戒法規定而成立。依該法第六十二條，對軍人的懲戒與訴願，應成立軍事法院，由部隊勤務法院及聯

---

[12] 德國「舊令」並未規定訴願決定之期間，只要求在調查程序完成後，至快在隔夜後應「儘快」作出決定，並附理由（第十九條）。再訴願提起之時間為接到決定書後七日內為之（第二十一條）；「奧令」則規定訴願至遲應在六週內決定之。K. Redl, a. a.O., S.111。

[13] 本法第十七條一項有對違反軍人法第二十四條、二十五條、三十條及三十一條之行為者，排除向部隊勤務法院提起訴訟之規定，是因為這幾個條文都另有法律救濟之規定。例如三十條規定福利事宜，由社會法院為其救濟法院。關於軍人法條文內容，參閱本書第二章之附錄二部分。

[14] Schwenck/Weidinger, a.a.O., S.34.

邦行政法院組成之。

部隊勤務法院隸屬國防部。部隊勤務法院之設置，以及法院下設若干部隊勤務法庭（Truppendienstkammer），皆依部長之行政命令設立之。每庭由一位文職的法官擔任審判長，兩位陪席之榮譽職法官，共三位法官組成，各有一個投票權。榮譽法官係軍人，一位必須和起訴人同階，第二位必須至少是少校，並且高過起訴人官階之軍人。若被告是上校（含）以上之軍官時，第二位榮譽職之法官必須是將級軍官方可（懲戒法六十九條）。榮譽職法官由法院轄區各個部隊司令官提出三倍名單，由法院挑選後任命之（第六十八條）。依德國國防部長公布的「部隊勤務法院設置令」（一九五七年四月公布，一九八七年四月最後修正），目前德國設有在北（Muenster）以及南（Ulm）兩個部隊勤務法院，共設有二十九個勤務法庭[15]。

本來依德國軍人法第五十九條之規定，除法律另有規定外，關於軍人基於勤務關係所生之訴訟，以行政法院為管轄法院。而關於勤務訴願（及懲戒訴願）則不循行政訴訟程序，卻另設一個部隊勤務法院，乃依軍人懲戒法之規定，符合軍人法第五十九條之「例外規定」。再就合憲性之角度而論，基本法第九十六條四項許可聯邦設置勤務法院負責公務人員之訴願及懲戒事宜，故軍人懲戒法設立部隊勤務法院即有憲法上之依據。

故本法第十七條二項規定部隊勤務法院之訴訟程序取代且排除軍人法第五十九條規定之行政訴訟程序，而依本法（第十八條）及懲戒法（第七十五條以下）對勤務法院審理程序之規定。

---

[15] 依一九八九年之資料，目前德國統一後，法院及法庭之數目應該會增加，德東地區應增設一個部勤務法院，惜未能獲得進一步之資料。依稍早資料，如 Deutscher Bundeswehr-Kalender, Bd. II, Stand 1989,14, S.6。德國原設有三個部隊勤務法院，但依最新資料（註[4]，D.Walz, S.74）顯示，目前德國裁撤中區勤務法院，只剩下北區與南區法院。

相對於一般行政訴訟的三級三審,部隊勤務法院(庭)針對勤務訴願所做的裁判,即為終局裁判,沒有再提起上訴之機會(本法第十八條二項)。但如果部隊勤務法院認為系爭案件具有重大的意義,獲得更高一級法院法官的法律意見,解釋法條以釋疑義時(即法官造法),以及想獲得判決的統一性,求得法律安定性時,可以依職權將案件移送至聯邦行政法院審理。但這是例外的救濟,而非常態性,且是勤務法院依職權,而非依當事人聲請所產生的救濟程序。德國軍人訴願法之所以對勤務訴願賦予如此較少的救濟程序,是基於此種訴願所針對的違法行為並不會侵犯軍人太多及太大之權益,才會有一審終結之規定也[16]。

此外,如果訴願(再訴願)的決定層次是極高之階級時,本法另有規定。例如第二十一條一項規定,對於符合本法第十七條之要件者,本可訴請部隊勤務法院救濟,但如果訴願係針對部長之決定時,此時即無再訴願之管道;若再訴願係由部長決定時,再訴願隸屬在國防部之部隊勤務法院來審理,即不免喪失由客觀且獨立第三者裁判之原則,故本條款規定,於此情形由聯邦行政法院審理,而不必由部隊勤務法院裁決。同樣的,對於三軍及衛勤監督官(Inspekteur,相當於總司令)所為的再訴願決定,因為再訴願決定者乃最高階之軍人,故亦由聯邦行政法院來審查其決定之合法性。若訴願人不服三軍及衛勤監督官針對訴願所做之決定而非再訴願之決定,可和國防部長提起再訴願,爾後再向聯邦行政法院提起救濟,此是本法二十二條之規定,惟此條文也規定對「副國軍總監」(Stellvertreter des Generalinspekteurs)之再訴願亦可向聯邦行政法院提起救濟。有待澄清者,乃是德國國軍總監在指揮方面,其實並非三軍及衛勤監督官之長官,僅是軍事行政之長官。三軍及衛勤監督

---

[16] 見註[13]。

官之長官（軍紀長官）是部長，故總監僅是部長之幕僚長，在訴願及懲戒方面並無任何權限。至於副總監可以經部長授權決定訴願事宜，故可擬三軍及衛勤監督官之決定也[17]。

聯邦行政法院因此在勤務訴願方面，只能扮演「例外」的角色。聯邦行政法院得設數個「軍事勤務庭」（Wehrdiestsenat），專門審理訴願及懲戒事件。審判庭由三位法官及二位軍人榮譽法官組成之，由法官之一人擔任審判長。本法院之訴訟準用行政訴訟之規定，但懲戒法另有規定者，依其規定（懲戒法第七十三條以下）。目前聯邦行政法院分別在柏林及慕尼黑市各設有一個軍事勤務庭[18]。

(二)懲戒訴願

由軍人訴願法準用軍人懲戒法所設立的部隊勤務法院及聯邦行政法院設立軍事勤務庭可知，懲戒的救濟實占重要的地位。懲戒訴願顧名思義即知是針對懲戒措施而來。和前述勤務訴願不同，勤務訴願可能針對同僚違反義務之侵害權益之行為，懲戒訴願則只針對軍紀長官所施之懲戒措施。

本法雖未明言亦適用在軍人的懲戒訴願方面，但依本法第一條所採行的概括訴願許可主義，可知當軍人認為其所受到之懲戒措施

---

[17] Schwenck/Weidinger, a.a.O.S., 39；關係德國國軍總監之職責，參見陳新民，憲法「統帥權」之研究，刊載本書第一章，第一頁以下。

[18] Deutscher Bundeswehr-Kalender, a.a.O., S.6。德國以部隊勤務法院和聯邦行政法院設有軍事勤務庭，並規定軍人陪審法官之制度審理軍人訴願事宜，和德國規定公務員懲戒之法院救濟制度相同。依德國聯邦公務員懲戒法（Bundesdisziplinarordnung，一九五二年十一月公布）第四十一條規定設立懲戒法院，包括聯邦懲戒法院。每庭由一位法官，二位陪審法官組成，該二位陪審法官係由公務員選任；擔任上訴審的法院則是聯邦行政法院，設有懲戒庭，由三名法官，二名陪審法官組成，陪審法官亦係由公務員（該法第五十條及五十五條）中挑選出。

係違法時，即可依本法提起訴願。軍人懲戒法第三十八條便規定軍人對懲戒措施不服，可以依訴願法之規定提起訴願（但另有十點的特別規定）。

德國軍人懲戒法規定，唯有連長至國防部長才擁有懲戒權。對於違反職務之軍人，各級軍紀長官可以科以何種程度的懲戒措施？依懲戒法規定可以施以軍人的懲戒，分成「單純懲戒措施」(einfache Disziplinarmassnahme)以及「法院判決之懲戒措施」（gerichtliche Disziplinarmassnahme）。前者是各級軍紀長官可以科予之處置，後者則操於法院之手。

單純懲戒措施包括五種，計有：警告、嚴重警告、罰鍰、禁足及關禁閉。警告是一種正式的責備行為，且是以書面為之；嚴重警告也是一種正式的責備，但和一般警告不同之處，在於嚴重警告是向整個部隊公布該警告；罰鍰是處罰一個月以下薪俸之罰鍰，剩餘役期不足一個月者，以剩下服役之日期薪俸計算；禁足分成一般禁足及嚴重禁足。前者是未獲特別許可，不得出營區。後者是限定某些時間內不得到營區公眾場所（如福利社、餐廳）及接受探親及朋友、同僚拜訪。禁足由一天至三週不等；關禁閉是剝奪行動自由之處分，由三天起至三週為止。其中，關禁閉和禁足可以併科，對曠職超過一天以上的軍人所施之懲戒，則可併科禁足與罰鍰，或併科關禁閉與罰鍰。除此之外，一種違規行為僅能科一種懲罰。

軍紀長官以其階級不同，各有大小不同的懲罰權限。例如最基層的連長（或相當之長官）可以給所屬士官及士兵科以警告、嚴重警告、罰鍰、七日以下的禁足或關禁閉。對軍官只能科以警告；營長（或相當之長官）對士官及士兵可以科全度的單純懲戒措施及法定額度內之懲戒。對所屬軍官可施以除了關禁閉以外所有法定額度內的單純懲戒措施。聯邦國防部長及團長、旅長（或相當之長官）以上之軍官可以對所屬軍官施以任何程度及法定額度內的單純懲戒

措施（懲戒法第二十四條）。前述相當於連長、營長等職位的長官，由國防部長以命令界定之。目前德國國防部頒有「軍官懲戒權命令」（Erlass ueber die Disziplinargewalt von Offizier）極詳盡的指明德軍內所有單位長官的權限，一目暸然[19]。

　　法院得科處之懲戒措施共有六種，即減俸（Gehaltskuerzung）、停止升遷（Befoerderungsverbot）、降階、免職、刪減退伍金、解除退伍權益。減俸乃處軍人減少月俸百分之五至百分之二十。期間至少為六個月，最多不能超過五年；停止升遷是在一年至四年內不能晉升及提敘，亦不能占升遷之缺；降階是對違規者予以降一階或若干階，至其目前階等最低為止。對職業士官最多只能降至下士為止。並且最快在三年之後才可以晉階，除非有特殊情形，法院才可以判決提前在二年之後晉階；免職是撤銷軍人的身分，使軍人喪失一切薪俸、官階、升遷及福利之權利。軍人經免職後，如仍有服兵役之義務時，則應補服役期；刪減退伍金及解除退伍權益則是對退伍軍人所為之懲戒措施。除減俸和停止升遷能夠併科外，其餘只能以一個行為科予一個懲戒處分。減俸、停止升遷及免職之措施唯有針對職業軍人及限期役之軍人方可以科處，對義務役軍人則不得為之。另外，除了上述六項措施外，法院亦得科處較輕罰則的單純懲戒措施（懲戒法第五十四條）。

　　軍人受到單純懲戒措施後，可提起「懲戒訴願」。提起訴願之期間為二週，和勤務訴願一樣。懲戒訴願原則上依據訴願法之規定，只有少許的例外。懲戒訴願應向上級軍紀長官提出，但懲戒訴願的長官是作成懲戒措施的上一級軍紀長官。懲戒訴願決定，特別適用「不利益禁止原則」，使得訴願決定不會比原懲戒之罰度來得更強烈，這也是勤務訴願所無（軍人懲戒法第三十八條四款）。收到訴願

---

[19] Schwenck/Weidinger, a.a. O.,7-1.

決定後，如有不服，應在二週內向部隊勤務法院提起再訴願。部隊勤務法院所作之再訴願決定，即為終局裁判，不能提起上訴（同條六款）。如果軍人遭受的懲戒是關禁閉，則不必向更上一級的軍紀長官提起訴願，而是必須逕向向部隊勤務法院提起訴願。法院做出訴願決定後，即為終局判決（第三款）。但是如果關禁閉之措施係由國防部長、或是前述訴願法（第二十二條）所規定之最高階軍人（副總監、三軍及衛勤監督官）所科予時，訴願就必須逕向聯邦行政法院提起，而非向部隊勤務法院提出之（第三款）。這是專指國防部長及最高軍事首長所為關禁閉之處分而言，至於關禁閉以外之其他單純懲戒措施——如禁足、罰鍰，則依訴願法之規定（第二十一條一項與第二十二條）處理。易言之，對於部長其他單純懲戒處分，便和關禁閉一樣，直接請求聯邦行政法院之救濟；監督官等之為關禁閉以外之懲戒處分，便可以向部隊勤務法院提起再訴願，並為終局裁判（軍人懲戒法第三十八條六款），是因為勤務法院擁有對再訴願的終審權[20]。

　　由上述可知，對於軍人關禁閉的訴願，都交由法院——部隊勤務法院、或聯邦行政法院審理，故可顯示出德國法例對這種剝奪軍人人身自由措施所為法律救濟的重視。不寧唯是，德國軍人懲戒法對科處關禁閉之程序，亦極為慎重。依該法第三十六條之規定，關禁閉之措施原則上必須先經過所轄部隊勤務法庭——在緊急時，則由最鄰近之部隊勤務法庭——之法官認為合法及妥適後，才可以生效及執行。唯有在特殊情形，如為了維持軍事紀律及恐怕逃亡等原因而有必要時，方可聲請法官為假執行，先行關禁閉，以及在公海上航行之軍艦，艦長在為維持軍紀，且無法官可裁決時，可暫時關違規軍人禁閉，直至軍艦到岸為止。為關禁閉的長官對法院否決或

---

[20] K. Schachtschneider, Wehrrecht, 7. Aufl., 1985, S.251.

更改關禁閉之決定不服時，可在收到判決一週內聲請法院再議，法院此次所作之決議即為終局裁判，不能再提起不服。因為關禁閉之措施和禁足可以併科（懲戒法第十八條二項），故在獲法院許可關禁閉前，大都同時科以禁足之懲戒，使得違規軍人之行動能受到暫時性的拘束。部隊勤務法院之法官在審查關禁閉措施的合法性問題，如有認為涉及重大法律疑義及欲獲得法院共同的見解，達到法律安定性之原則時，亦可適用軍人訴願法第十八條四項之規定，將本案移請聯邦行政法院審理（懲戒法第三十六條六項）。由德國軍人懲戒法對於關禁閉之措施讓法官參與措施的形成的規定可知，關禁閉之權限已非完全由軍紀長官所掌握，其自主性已喪失。這也可以表現出德國對軍人人身自由保障之慎重！

軍人有嚴重的失職行為，可被軍紀長官移送勤務法院為更嚴重之懲戒。國防部在各個部隊勤務法院設立「軍事風紀官」（Wehrdisziplinaranwalt）及在聯邦行政法院設一位「聯邦軍事風紀長」（Bundeswehrdisziplinaranwalt），代表軍方對違規軍人懲戒的追訴事宜。此風紀官係類似檢察官之地位，其資格也必須符合德國法官法之要件（軍人懲戒法第七十四條）。對於部隊勤務法院之判決如有不服，可以向聯邦行政法院提起上訴（第一〇九條及第一一〇條）。這是因為這些屬於「法院科處之懲戒」是較重之處罰，故應給予更妥善的救濟管道。

由於「法院科處之懲戒」之審理較為嚴格，且其程序係依軍人懲戒法之規定，故德國一般所稱的懲戒訴願即只是指針對單純懲戒措施之訴願而已！

(三) 行政訴願

這是專指軍人遭到軍事機關及其長官，以立於行政機關的地位所為之侵害，而可以循行政救濟之訴願而言。按軍人既然是公民，

同時職業軍人及限期役軍人也具有公務員之身分，故有些權益可能遭到侵害，例如涉及公務員身分之爭議——任命、免職、退休、升遷，以及薪俸、福利等等，都應該依軍人法第五十九條之規定，循行政救濟之管道。故依本法第一條規定軍人提起訴願的要件之一是認為軍人遭到上級長官「或國防單位」錯誤的對待，後者即屬於行政權力之侵害也。本法第二十三條對行政訴願有特別規定。在行訴訟程序中，所謂的「異議」程序(Widerspruch)，是人民向原處分機關提起異議，若原處分機關及上級機關仍維持原處分時，人民才可向行政法院提起救濟。故異議為行政訴訟之先行程序（行政法院法第六十八條至第八十條）。軍人提出之行政訴願，其性質即係此異議程序，本法第二十三條一項及二項規定，軍人若提出訴願時，即履行訴訟之先行程序。行政訴願應向原處分機關提出，由上一級的國防機關決定之（第九條一項二句）。最高一級的國防機關是國防部長，但本法（第二十三條四項）規定若部長對行政訴願有決定權時，可以公告授權給其他機關，包括原處分機關，以加速訴願之進行。德國國防部長於一九七三年九月二十七日便公布移轉訴願裁決權之命令（ZDv14/3C202），原處分機關可以裁決原屬於部長之訴願，部長只保留對個案有再決定權（即撤回授權）和對某些特定案件——如身分爭議及對國防部之侵權要求損害賠償等等——未移轉裁決權而已。

訴願因此由處分機關之上級機關裁決，若原處分機關的更上一級機關是國防部長時，依上述授權令，則由原處分機關決定之。對於訴願不服時，不能提起再訴願（本法第二十三條三項），而可以向地區行政法院起訴。這種行政訴願有完整三級三審的法律救濟之可能性。

三、訴願的效果

德國軍人訴願制度乃為保障軍人有依法提出救濟其權益之管道。本法特別在第二條明定「不遷怒」原則，任何人不能因提起訴願而遭到任何不利益之處置。甚至因為訴願不合法定程序，或是以無理由而遭駁回時，亦同樣的受到保護[21]。長官如果濫用權限對訴願人採取報復手段，是違反軍刑法的可罰行為。例如軍刑法第三十條處罰長官濫權傷害部屬身體及健康者，處五年以下徒刑；第三十一條處罰長官惡意對待部屬、加重職務及縱容其他軍人為上述行為，皆處五年以下徒刑等等。當然，受到不利對待的軍人仍得因此提起訴願，也就是「連環」的訴願下去。

軍人必須是光明正大的提出訴願。軍人法第十三條同時要求軍人對勤務負有「真實報告」之義務。故如果軍人以捏造事實，造謠生事，以及誹謗、侮辱作為訴願之手段時，即屬違反義務，可依軍刑法相當的規定予以處罰[22]。

訴願提出後，基本上並無遲延原措施之效力。軍人仍應執行上級之命令（在命令係明顯違反刑事法、秩序法及侵犯人類尊嚴時例外）。有訴願決定權之機關（長官）亦可停止原措施之執行（本法第三條）。同樣的，原處分機關也必須自我審查——甚至在撤回訴願及訴願因不合法定程序而遭駁回時，各級長官仍有改進缺失之義務，在此情形，也可以命令原措施停止執行。

然而，在懲戒處分方面，懲戒法有特別的規定。依該法第三十

---

[21] 「舊令」（第五條）已有此原則之規定。在立法技巧上，舊令和本法都是明文保障「未成功」提出之訴願人，不能遭受不利之待遇，未言及「成功」提出之訴願，蓋是一種「舉輕以明重」之規定方式也！

[22] 德國國防部長曾在一個命令（ZDv 14/3C218）中強調這個責任。

八條一項規定，懲戒處分在被懲戒人公告其處分，立即提出訴願時，亦即在懲戒執行前已提出訴願時，就可以享有延遲效力。但在再訴願及針對關禁閉的執行便無延遲之效力。因為關禁閉之決定必須透過勤務法院法官之批准，才生效力，在此之前，既然假執行已經法官認可，自無延遲執行之必要。

訴願案件已提到部隊勤務法院後，審判長認為有必要時，可以命令停止執行（本法第十七條六項），在行政訴願之情形亦然，行政法院可以下令停止原處分之執行（第二十三條六項）。

四、訴願的調解溝通

畢竟訴願是以「內部檢討」為目的，所以能以和解方式收場，不失為一個和緩的處理方式。德國早在一九二一年的軍人訴願令及一九三六年的「舊令」中，就已有訴願的調解制度，但是，只限於軍官的訴願才有調解（人）之制度，至於士官及士兵的訴願即無調解之制度。本法第四條承襲調解制度，但擴充適用對象及於一切軍人（士官及士兵）。訴願人在提出訴願前，認為所受的冤屈有和解的可能時，可以向訴願所提出的長官要求指派一位他個人所信任的同僚擔任調解人，負責調解工作。

本法特別指出「調解擔任強制原則」，除訴願人及訴願對造的直接上級長官與信託代表外，任何為訴願人所信任及與本案無關的軍人，皆有擔任調解人之義務。並且，最遲在一週內被指定之。被指定者，除非有重大理由方可拒絕擔任。惟本法並未明言何者才是重大理由，依德國之通說，個人不能因為不願惹麻煩、對本案沒興趣、自認沒有獲得訴願人之信任、沒有時間等等，而拒絕擔任調解人。惟必須附理由敘明其確有重大事由，例如自己涉及本案、重要職務在身且不能分身等等，獲得許可後才免除擔任之義務。由這個

「強制原則」可知，一個軍人擔任其他同僚訴願時的調解工作，亦係其「法定義務」，俾促成軍中的和諧。調解人員有忠於委託、親自向各關係人調查、瞭解事實，及致力達成和解之義務。同時，對於訴願人而言，獲得同僚擔任調解人亦係其「法定權利」，故若被其指定之同僚不願意，或無「重大理由」而拒絕協助擔任調解人時，亦屬侵害其權利，可提起訴願！因此，調解強制主義仍是以保護訴願人之權益為出發點。軍人擔任調解工作，也是履行法定職務，與出操參加訓練等一樣，故為了執行調解工作，可要求免予參加日常的勤務，其範圍及限度則由上級軍紀長官裁決[23]。

另外附屬於調解制度的是一種「溝通」（Aussprache）制度。如果訴願人在調解前及進行中，要求和對造進行溝通時，對造不能拒絕，而是必須給訴願人可以表達其看法之機會。溝通規定（第四條五項）即產生雙方一個「對話」的機會，也是希望由「對話」來促成和增加和解之機會。

調解及溝通的進行，並不使訴願進行期間中斷。依本法第六條一項，訴願最遲在知悉訴願事由二週內提出之，調解人最遲應在一週內指定，所以調解人必須在一週內促成雙方和解，否則訴願人即必須提出訴願。故依本法之規定，調解人最少也有一週的調解時間，最多擁有可接近二週之久的時間也。

第三節　結　論

「不平則鳴」，是人類對周遭及切身遭遇所做的反應，也是極正常的現象。在講究實事求是的國防領域內，軍人如果遭到不合法的

---

[23] Schwenck/Weidinger, a.a.O., S.13.

侵害，產生冤屈怨懟，最好的解決方法，便是讓軍人有一吐為快的途徑，該更有經驗及應對部隊更有「求好心切」的長官，重新檢討對部屬所採措施妥當與否。假如吾人承認軍中也是一個社會，自然不免產生「社會問題」。人非聖賢，當然各級長官和同僚之行為，即會造成違法失職之危險。作為一個法治國家及重視人權時代的軍人，國家期待軍人服從合法的命令，也要求軍人依合法的命令執行職務。所以，軍人對於自己受到不公平及不合法的對待，就應賦予申訴的權利。

德國雖然在第二次世界大戰前，軍人訴願制度已有相當規模，但最上軌道的還是現行的軍人訴願制度。由本文前面的討論可知，德國軍人訴願法雖僅有二十四個條文，實為一個複雜的制度。就以訴願分成勤務訴願、懲戒訴願及行政訴願，各有不同的訴願範圍、程序及救濟管道，對於一般軍人，特別是服義務役的士兵及士官，要清楚的瞭解如何訴願，並非易事。當然，要求軍人訴願法能夠再簡化，只以「單一訴願」方式來統一各個訴願的呼聲，也時有所聞。不過，鑑於軍人與軍隊之間可能產生的摩擦及權益受損，不僅在種類上有所差別（如涉及身分的人事處分，到執勤之命令），在程度上也可有不同差距（大到關禁閉，小至雞毛蒜皮的口角風波），故分由性質，專業不同的法院來審查、救濟，恐怕有其價值。所以德國訴願制度即使複雜，但在追求「訴願目的」的實益方面，卻不無其道理。況且，接受訴願之機關及法院，對非屬其管轄之訴願負有「移送義務」，至少也彌補訴願制度複雜之缺點。

回頭看看我國的制度，憲法第十六條明文保障人民享有訴願權。軍人當然亦包括在這個訴願權保障的主體範圍之內。但是在適用上便顯出其狹隘性，此可由訴願的標的上反應得知。我國對軍人訴願目前尚未以專門的軍人訴願法規範，軍人訴願的準據法就仍適用一般訴願的訴願法。依訴願法第一條，必須限定在「行政處分」

之侵害，才可以提起訴願。軍人遭受來自長官或同僚之侵害，多半不符合構成要件極為嚴格的「行政處分」之前提。儘管大法官會議在近幾年來努力提升保障公務員（請注意這些解釋應包括武職公務員在內）之權益，特別是在民國八十一年六月十二日公布的釋字第二九八號解釋，就公務員可以提起訴願及行政救濟的範圍解釋及於「足以改變公務員身分，或對於公務員有重大影響之懲戒處分」後，軍人可以提起之救濟範圍仍然十分狹小。吾人如果試著參照德國軍人訴願法第一條的立法例，即可知道來自行政處分之訴願，僅係三種訴願形式之一，更何況該國行政爭訟並不以針對行政處分為對象，且及於一切憲法爭議以外之公法爭議也。所以目前我國利用訴願法來提供軍人補救不法之侵害，實嫌不足。

倒是我國目前軍中的申訴制度之「申訴範圍」方面，頗和德國軍人訴願法之規定相似。以現行「國軍軍紀維護實施規定」第七節官兵申訴制度所規定的申訴範圍係：(1)官兵個人合法權益受到侵害；(2)官兵個人受到不當處分或冤屈不平事件；(3)官兵家屬應享受優待受到侵害等三大項（其中最值得重視的是第二項），可以向各級監察部門提出申訴。和德國不同的，此時的申訴並不是形成下命長官及監督長官對自律性質的「再檢討」，而是變成監督單位（如政三）的「他律」。在官官相護，或面子、連帶責任……層層因素的考量下，申訴的效果易打折扣。我國的國軍申訴制度也未形成法定的救濟程序，而申訴的進行也未形成法院救濟的先行程序，使得法院的最後裁決無法和先行的申訴制度連線。任何對不法事件的控訴，如果不能由公正的第三者，特別是法院作為最後的仲裁時，其控訴便不易有「水落石出」之結果。

此外，如果吾人暸解德國軍人之訴願，除依本法提出外，亦可以向隸屬於國會的國防監察員提出申訴（如前述，每年約有七、八千件），也可以向國會陳情，使得軍中不法事件不至於「不出營門之

外」。當然，軍人如在陳情、申訴或訴願中，以捏造事實、傳聞、謠言等方法造成侵害同僚名譽、洩密等後果時，自然不免刑責。但只要調查屬實，課予為上述行為之軍人應有之刑責，就可以填補軍人因濫用揭發不法冤屈事件之權利所可能造成的弊端！我國目前的「官兵申訴規定」是「嚴禁向軍事單位以外之機關（人員），提出申訴，並不得印製（複製）資料到處散布」，一出一入之間，中德兩制相差實大！儘管現行國軍申訴制度存有制度上的瑕疵，但在不少地方仍有相當不錯的規定，例如：不得以任何方式妨害或阻止申訴；得再申訴；迅速審理申訴；上級單位視查時，應接受官兵申訴；住院傷患官兵及檢束禁閉（悔過）之官士兵，除監察單位隨時訪問接受申訴外，上級單位視察時應給予申訴機會；學校及訓練單位對新進入員應於教育預備週時，實施申訴教育並作測驗；各級單位主管應經常利用集會、督考等時機，向官兵宣導申訴制度各項規定及作法；每季第一週定為「申訴制度宣導週」；各級主管應重視申訴，爭取向心；冒名及匿名申訴不予受理；不實及誹謗之申訴應負責任以及對申訴案不予處理或處理不公，從嚴議處……，都是合乎時代潮流的規定，比起德國制度，亦遑不相讓！

因此，為了促使軍中變成一個崇法守紀，「除惡務盡」的社會，使現在仍在服役的軍人樂於繼續且快樂的生活在此軍中大家庭，即連已退伍的軍人也會懷念軍中的制度、風氣及各級長官的操守、人格及領導的話，那吾人就應該勇於檢討現行法令，一新訴願法令及懲戒（罰）法令，讓軍人勇於糾舉不法，使得有朝一日，軍隊不可能有被包庇的不法、不負責的黑函不流傳、每個軍人成為真正的「勇士」——不僅勇於犧牲生命保衛國家而已，也勇於對抗蹂躪軍人尊嚴的不法命令。正如同德國當代傑出的軍事學家，曾官拜中將的伊斯曼（C-G. v. Ilsemann）所說的：軍中訴願制度可以作為化解軍隊官兵之間不滿、猜疑的「活瓣」，可以增加部隊的向心力。訴

願制度要能獲得成功，一定需要在領導統御的基礎上：每個軍人要有能夠獨立思考的能力，以及「道德勇氣」（Zivilcourage），才能使軍人勇敢的為軍隊的法治化付出貢獻[24]。

相對的，如瞭解伊斯曼中將所說的，軍人要有道德勇氣提出訴願，吾人也認為各級長官對訴願制度之優點及必要性，有「無保留」贊同的共識，恐怕還更重要！各級長官也應該瞭解職務所需的法規制度不可。就增加高級軍官的法律素養而言，德國國防部為每位編階（准將）師長以上的軍官，配有（聘請）一名法律顧問，以提供法律意見。目前共聘有一○三位律師之多，相信在近百位法律人才的佐弼之下，各級司令官的決定當然會具有較堅實的法律基礎矣[25]。

走筆至此，吾人不禁回想到喧騰一時的尹清楓上校命案。尹上校生前極在意一封告到總統府的黑函，為了追查黑函，造成尹上校的喪命。由本文的討論可知，不論依德國制度，甚至我國現行的申訴制度，對不負責任的匿名申訴本即不應處理，何況黑函？尹上校的黑函不僅未被當成廢紙，反而交給海軍總部「處理」，難怪乎尹上校會特別如鯁在喉了。尹上校的命案，也可以讓我們增加建立一個有效且光明正大之軍人訴願制度的共識吧！

（本文原刊載：《法律評論》第六十卷第五、六期合刊，民國八十三年六月）

---

[24] C-G. v. Ilsemann, a.a.O., S.172.
[25] D. Walz, a.a.O., S.75.

附錄一　德國軍人訴願法

一九五六年十二月二十三日公布
一九七二年九月十一日最後一次修正公布

第一條：訴願權

一、當軍人認為其遭受上級長官或國防單位錯誤的對待，或受到袍澤違反義務之侵害時，得提起訴願。

二、軍人提出申請之事件，未於一個月獲得答覆時，亦得提起訴願。

三、對於長官職務上之評判，不得提起訴願。

四、不得集體提起訴願。基本法第十七條訴願權利之規定應予限制之。

第二條：不利益之禁止

任何人不能因未依法定方式或未在法定期限內提起訴願，以及提起訴願卻遭「無理由」駁回，而受到職務上之處置以及其他的不利益。

第三條：訴願之效力

一、訴願無延遲原處分執行之效力。特別是訴願所針對的命令，不因訴願的提起而停止執行。軍人法第十一條之規定（服從義務）仍應適用。

二、有訴願決定權之機關得於訴願決定前停止命令或措施之執行，並得為其他權宜性之處置。

第四條：調解與溝通

一、訴願人於提出訴願前，如認為其個人所受之損害有和解之望時，得向調解人請求調解。

二、調解人最快於知悉訴願人得提出訴願事由隔夜起，最遲在一

週內，應即被選任之。

三、訴願人可選擇一位他個人所信任及與本案無關的軍人作為調解人。該軍人唯有在有重要理由之情形方能拒絕擔任調解人。訴願人的直接上級長官及訴願所針對的人（對造），訴願人或對造之信託代表，皆不能出任調解人。

四、調解人應親自、負責任的向關係人探究事實，並致力於達成和解。

五、如果訴願人請求在調解前或進行中與對造進行溝通時，對造應該給訴願人可以說明看法之機會。

六、訴願期間之進行不因調解或溝通而中斷。

第五條：訴願之提出

一、訴願應向訴願人所屬上級軍紀長官提出之。若另有管轄權之機關管轄時，訴願亦得對之提出。

二、在聯邦軍醫院的住院軍人亦可向軍醫院的最高軍醫主管提出訴願。關禁閉或在服刑的軍人亦可向該機構的軍事主管提出訴願。

三、上級軍紀長官或前項所稱之機構因本身無管轄權而無法就訴願案件為決定時，應立即移送有管轄權之機關。

第六條：訴願之期間與形式

一、訴願於訴願人知悉得訴願事由後，隔夜至兩週內提出。

二、訴願得以言詞或書面提出。以言詞提出時，應由一個記錄人記錄，記錄人、訴願人應於記錄上簽名。記錄人應訴願人之要求，應交付記錄複本予訴願人。

第七條：期間之遲延

一、訴願人因軍事勤務、天災或其他不可避免之事故的阻礙，不能於期間內提出訴願時，在原因消滅後三日內仍得提出之。

二、當一個法律救濟的教示並未給予或給予係不正確之教示時，

視為不可避免的事故。

第八條：訴願的撤回

一、訴願得於任何時間以書面表示撤回。撤回應向上級軍紀長官有訴願決定權之機關提出之。訴願因撤回而消滅。

二、長官在職務監督的範圍內改進缺失的義務，不受影響。

第九條：訴願決定之管轄權

一、對訴願決定之標的能為人事評判之軍紀長官，為訴願決定之長官。對聯邦國防機關所為之訴願由更高一級的機關為之。

二、聯邦國防部長就涉及部隊勤務事件所提起之訴願，得由次長代為決定，或是再授權次長以下之機關行使之。涉及軍事行政事務性質之訴願由聯邦國防部長作為最高主管官署。

三、當訴願之對造（本法第四條三項三句所指）的隸屬關係異動時，訴願的管轄權即隨之移轉至該對造的新任長官。

四、對管轄權有疑義時，應由上一級的共同長官裁決之。

第十條：訴願決定之準備

一、有訴願決定權之長官應透過言詞或書面審理程序明瞭事實，並得委託一名軍官調查事實。如果訴願係輕微之案件，且證人是士兵及士官長以下的士官時，該長官得委託類似單位之士官長或一名士官詢問證人。該言詞調查的內容應製作簡短的筆錄。

二、訴願若涉及專業性質，當更高一級的專業機關本身無管轄權時，應徵求其對訴願之意見。

三、涉及軍隊內部勤務管理、福利、就業輔導或執勤外的生活管理等問題時，訴願應徵詢信託代表之意見；涉及個人受辱之訴願，亦應徵詢訴願人及對造人之信託代表之意見。

第十一條：在外地部隊中所為之訴願

一、訴願人在外派部隊單位、在船艦上或處於類似的狀況下，有

權受理訴願的長官不在，亦無法以一般郵寄方式提出訴願時，即有下列情形之適用：

1. 當障礙一經排除後，訴願人即得提起訴願。而訴願應在障礙排除後四天內提出之。

2. 訴願亦得向在場最高階級的軍官提出。關於此種訴願之決定依本法第十條之規定處理（準備程序），並於障礙排除後立即將記錄移送有管轄權之機關，其可依本法第三條二項採取必要措施。

第十二條：訴願決定

一、訴願決定應以書面為之。訴願決定應附理由。訴願決定書應交給訴願人，訴願人應立下收據；或依（一九五二年七月三日公布）行政送達法之規定為送達，並通知（本法第四條三項三句）對造。於訴願遭駁回時，應在訴願決定書內告知訴願人可提起法律救濟及提起救濟之機關與期間。

二、當訴願的決定涉及另一個問題的判斷，而此問題另有其他程序應為裁判且意義重大時，可在不構成太大的遲延情況下，本訴願決定可以暫時停止至其他程序完成為止，方作決定。訴願程序之停止應通知訴願人。訴願只要不因其他程序的結束而完成審查時，則應繼續進行之。

三、訴願未能於法定之期間向有管轄權之機關提出者，即可準此而為駁回之決定。然仍須對訴願事件調查及在必要時考慮加以補救。

第十三條：訴願決定的內容

一、訴願如有理由時，應為訴願成立之決定，並採取救濟之措施，對不合法及不當之命令和措施，應撤銷或變更之。若命令已經執行或已完成，則應宣告此命令溯及的失效。在可能的情形下，應廢止不法的殘餘措施，並且對被不法拒絕的要

求及申請加以批准。依本法第一條二項所提之訴願即應為決定。

二、訴願決定若涉及失職情事，應依軍人懲戒法之規定加以處理。是否對對造已施以懲戒處分，應通知訴願人。

三、訴願若無理由，應予以駁回。

第十四條：訴願調查之範圍

訴願所為之調查應該特別注重是否有監督不周以及在職務範圍內有無其他的缺失。

第十五條：訴願程序中職務關係的終止

訴願人在提出訴願後其職務關係的終止，並不影響訴願程序的進行。

第十六條：再訴願

一、訴願人可於訴願決定書公布後（本法第十二條）兩週內提出再訴願。

二、當訴願提出後一個月內未為決定時，亦可提出再訴願。

三、再訴願之決定，由更高一級之軍紀長官管轄。

四、再訴願準用關於訴願之規定。

第十七條：聲請部隊勤務法院之裁判

一、再訴願依舊無結果時，訴願若主張其依軍人法第一章第二節所保障之權利（第二十四條、二十五條、三十條及三十一條除外）受到侵害或上級長官違反其義務為理由時，訴願人可聲請部隊勤務法院為裁判。訴願人提出再訴願後一個月內未獲決定書時，亦得聲請之。

二、部隊勤務法院之訴訟取代軍人法第五十九條規之行政訴訟程序。

三、只有因職務上之作為或不作為違法時，方得聲請部隊勤務法院為裁判。當訴願人遭到逾越權限或濫用職權之侵害時，即

構成違法。

四、聲請應於駁回訴願的決定書公布後二星期內或再訴願管轄機
關在第一項二句的期間屆滿後，再向訴願決定長官以書面提
出或提出言詞筆錄並說明理由。如在上述期間內，聲請已向
直接軍紀長官提出或依本法第五條二項及第十一條 b 項所稱的
長官提出時，依然屬於在期間內提出聲請。再訴願決定之長
官收到聲請書後，應將聲請書連同個人對本案的意見，移送
部隊勤務法院。部隊勤務法院有權要求訴願人所屬之部隊或
職務單位對訴願人之聲請提供意見。

五、自再訴願提出一年後，即不得向部隊勤務法院提起訴訟。本
法第七條之規定準用之。

六、聲請並無遲延之效力。部隊勤務法院的審判長得於急迫情形
下以命令產生遲延效力。當有管轄權之軍紀長官拒絕依本法
第三條二項之規定為停止執行命令時，審判長亦得在收到聲
請人之聲請書前，以命令停止命令之執行。

第十八條：部隊勤務法院之程序

一、部隊勤務法院的審判庭組織係依訴願人的階級而定。

二、部隊勤務法院依職權調查事實。法院得依軍人懲戒法之程序
調查證據。法院原則上不行言詞辯論程序而為裁判，但法院
認有必要時，亦得進行言詞辯論。為證據調查時，法院可依
訴願人之聲請就證據調查之結果通知訴願人，並指定三天以
上的期間，來向法院查閱卷宗及闡述意見。部隊勤務法院之
裁判為終局判決。裁判須附理由。

三、部隊勤務法院認為訴願案應由行政法院或社會法院管轄時，
可裁定移送擁有該管轄權之法院。移送之裁定有拘束力。

四、部隊勤務法院對案件認為有解釋法律疑義（法官造法）及獲
得裁判一致安定性之必要時，得因此重大法律問題之案件移

送聯邦行政法院裁判。聯邦行政法院設軍事庭，其裁判係由三位法官及兩位榮譽職法官所組成。在判決前，法院應給予聯邦軍事檢察官提出對訴願案的意見。聯邦行政法院對本案的判決對部隊勤務法院有拘束力。

第十九條：裁判的內容

一、部隊勤務法院若認為訴願案所針對的命令或措施為違法者，應予撤銷。若命令已執行或已達成時，應宣告無效。法院若認為聲請之拒絕或一個不作為措施係違法時，法院應科予被告有許可其聲請或遵照法院的法律觀點而有其他積極作為的義務。

二、訴願人遭瀆職行為侵害時，法院應宣告被告有依軍人懲戒法之程序進行處理之義務。

第二十條：必要的支出與費用

一、訴願人若已合法向部隊勤務法院提出聲請，所產生的必要支出由聯邦支付。但訴願人因可歸責自己而遲延所生之債務不包括在內。

二、法院認為訴願人之聲請顯然不合法或顯無理由時，可令其負擔聲請之費用。訴願人可歸責自己而遲延所生之債務亦同。

三、訴願聲請裁判之標的消滅時，依其情形適用前兩項之規定。

四、軍人懲戒法第一二九條一項、二項第一至五款、第一三二條八項及第一三四條準用之。

第二十一條：聯邦國防部長的決定

一、訴願人對聯邦國防部長之決定或措施，以及訴願或再訴願之決定不服時，可直接聲請聯邦行政法院為裁判。

二、聲請聯邦行政法院為裁判及其程序準用本法第十七至第二十條之規定。以聯邦行政法院取代部隊勤務法院為裁判時，依本法第二十條四款之規定；亦可援用軍人懲戒法第一三四條

之規定。

三、聯邦國防部長可委由代理人向聯邦行政法院提出其意見，聯邦國防部長亦可委託其他人代為行使此權限。除前述情形外，在聯邦行政法院的審理程序中，以聯邦軍事檢察官代理聯邦國防部長。

第二十二條：監督官之決定

對於副國軍總監，三軍種（陸、海、空軍）之監督官以及勤監督官所為之決定，提起再訴願準用本法第二十一條第一項、第二項及第三項第二句之規定。

第二十三條：行政法院的先行程序

一、基於軍事勤務關係而可以提起行政訴訟時，其訴願程序視為行政訴訟之先行程序。

二、於此情況，訴願可以向原決定之機關提起。如果該機關認為訴願有理由，應為補救措施。否則即應將其移送有決定權限之機關。

三、再訴願不得提起。

四、聯邦國防部長若對於訴願案件有決定之權限時，得將決定權限移轉給原決定機關或是其他機關。此項移轉應公告之。

五、對聯邦國防部長之決定不服者，僅於部長對訴願重新決定時才得提起。

六、有權裁判之法院得依訴願人之聲請，在提出聲請裁判前命令產生遲延效力，如在裁判前措施已經執行時，法院亦得命令停止執行。

七、本法第十八條第三項準用之。

第二十四條：生效日

本法於公布日起生效。

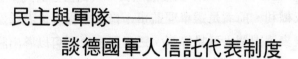

民主與軍隊——

談德國軍人信託代表制度

第一節　前言——軍隊如何「民主化」？

乍聽之下，吾人馬上會認為民主和軍隊是風馬牛不相及的事務。民主是講究團體的成員可以擁有對團體事務、運作及決策有「參與」之權利。例如小至社團成員，大到國家國民，都有各種樣式的民主權利。前者是選舉理監事、修改章程；後者透過選舉選出民意代表表達出個人意見等等。透過民主原則可以導出設立各種成員「參與」之制度。而軍隊，素來即是靠階級服從行使力量的一個團體。除非是一個指揮建制被打破的軍隊——例如起義或叛變的軍隊，才會有讓低官階，甚至所有部隊軍人參與軍隊行動或人事之決定。因為軍隊主要任務是作戰，而作戰必須依靠指揮人員的經驗、訓練，此「指揮才幹」，往往非其他資淺的低階軍人所能勝任——此即清末名將胡林翼所說的「兵易募而將難求」（見《曾胡治兵語錄》）；再則戰場上瞬息萬變，指揮官常須當機立斷，此時「一人決策」的必要性不可或缺，故無法行凝聚民意的民主決策模式，這是軍事及戰事的特性使然；最後，是軍隊力量的顯現問題。軍隊的戰鬥力量唯有靠團結，才可能有「一擊千鈞」的實力，摧毀敵對力量。因此必須嚴明紀律與服從，才能眾志成城，個人的民主意志就應受到壓抑。

不過，倘若吾人視軍隊為一個國家組織和社會制度，軍隊如果處於一個實行民主政治體制的國家，且盛行民主風度、理念的社會之中，是否仍應完全摒棄任何「民主」因子於軍隊和軍營生活之中？倘若如此，以採義務制為主的國家，每年源源由「民主」的外界進入「毫無民主觀念」的軍中服役，能否在短期內適應軍中生活，並且衷心誠服的接受這種體制之拘束，而願意執干戈護衛之，

即使犧牲生命亦在所不惜？答案恐怕就不一定了！

因此，如何將民主的理念儘量和軍隊的體制與任務需求相配合，就必須在「制度」上突破。在談及此制度的突破和建立之前，有兩點可事先獲得澄清：

第一，是民主風度的問題。民主風度不是一個靠制度來建立之行為準則。民主風度是社會每個成員在身所處的社會中，日夜薰陶所產生的一種為人處事之行為準則。在民主社會中，應該在各個生活層面中實現此民主風度，甚至家庭中家長對子女亦應講求此民主風度；文職政府及民營機構迄今幾乎已經普遍被認為長官應有民主風度，聽取部屬之異議。剩下的便是軍隊了。倘若軍人是一個民主時代的軍人，那麼軍人固應該聽取其他「非軍人」之意見——如輿論、國會及學術界等等，同時也應該聽取部屬的意見。因此，軍人——特別是各級軍官——應該普遍及習慣性的培養出民主風度和素養，這是建立軍隊民主制度所不可或缺的前提。

第二，軍隊民主理念不包括「選舉領導人」在內。易言之，民主制度的極致之一，乃是選舉團體的領導人，如選理事主席、總統及省、縣、市長等等。軍隊是一個有階級的組織，依階級指揮，而非依軍隊成員之意志，選擇指揮官。當然，其他國家可能有試行此制度。例如德國在第二次大戰時，曾在東戰線的納粹黨軍（Waffen-SS）成立一個「實驗營」（番號似乎是第五○○營）。這個營全是志願役軍人（且多是刑事犯）組成，並且，各級長官係由下屬選出，例如班兵選班長；班長選排長，排長選連長，連長選出副營長、營長及參謀長（主任）。這個實驗營雖然戰績甚佳，但是其構想並不能被德國軍方接受，故此「實驗營」制度即曇花一現。

因此，民主制度如何在軍中成形，軍隊民主制度除了選舉各級指揮官（長官）的人事問題外，尚包括了參與軍隊勤務、管理之決定、軍人民意代表等等制度，究竟有那些制度可引入軍隊的體系

內？這點，世界上最進步的立法，可舉德國軍隊目前所推行的軍中信託代表制度。本文即以德國制度為著眼點，使吾人知道德國如何使民主理念和現實的軍隊本質相互結合。

德國目前所實施的軍中民主制度是在一九五六年公布軍人法後，建立「軍人信託代表」（Vertrauensmann）制度，並且於次年（一九五七年七月二十六日）通過「信託代表選舉法」，作為選舉信託代表之準據法。顧名思義，這個法是規範信託代表選舉事宜，不能凸顯軍人參與軍隊事務之特性，故修法之議一直不斷，直至一九九〇年十月通過「軍人參與法」（Soldatenbeteiligungsgesetz）後，爭議才過一段落。由於本法是一個嶄新立法，作者手邊所得相關的著作，只有一本由W. Stauf所著的註釋書（Kommentar, Nomos Verlag, 1991）。本文在介紹本法時，多參考本註釋書，因此不一一指明出處了。

第二節　德國軍人參與權利法制之探究

一、德國軍人參與法之歷史淵源

在一九九一年一月十六日公布德國軍人參與法以前，已有軍人參與的制度出現，關於此，可分兩個階段來討論。奠立德國軍人參與權首先產生的觀念是在一九一八年第一次世界大戰結束時，那時各地曾出現過左翼的「軍人（士兵）委員會」組織。一九一八年十一月十一日德國帝國軍隊正式解體，同年的十二月十四日有一位Maerker少將公布第一號命令，Maerker將軍是一個由志願役軍人組成之「國土防衛軍」（Landjaegerkorp）的指揮官。在本命令中規定每個

連隊都要選出一位軍人的信託代表，因此 Maerker 少將以後被稱為「信託代表人制度之父」。他認為德國的軍隊都應普遍成立信託代表人的制度，這信託代表人要當作長官與部屬間的一個「紐帶」（Bindeglied）的關係，也就是發揮承上啟下的功用。信託代表人應該要支持長官維持軍隊的紀律，並傳達士兵的期望、抱怨的聲音給各級長官。這個由 Maerker 少將在一九一八年十二月十四日發布的命令所成立的制度，明顯可知，這是在威瑪憲法公布前的一個制度。一九一九年八月制定的威瑪憲法明白規定，各行業的人民都有自由組織職業工會的權利，這當然包括公務員和軍人在內。所以在一九二一年三月二十三日第一次公布的德國「國防法」第九條就規定各司令部及各連隊要選出信託人的制度。而在此國防法制定的前一年，即一九二〇年六月三日，當時的威瑪共和國總統愛勃特（F. Ebert），公布「陸軍和海軍庭」臨時令，規定在國防部下分設陸軍庭和海軍庭，作為陸軍和海軍總司令的諮詢單位。而各庭的成員（委員）都應由軍人所選出者擔任。陸軍和海軍庭於一九二〇年六月八日成立。以陸軍庭為例，在陸軍庭內設置一「大委員會」和其他「軍人委員會」。其中「軍官委員會」由十四位軍官組成；「軍醫委員會」由五位醫官組成；「獸醫官委員會」由三位獸醫官組成；「兵工與工兵委員會」由三位兵工或工兵的軍官組成；另有一個「士官委員會」和「士兵委員會」。各庭的組織在一九二一年三月二十三日的國防法第十條規定其法律地位。在一九二〇年整個德國陸軍裡面，「大委員會」裡有三十六位成員。此外還成立了一個全軍的「信託代表大會」，總共有六十九位成員，其中有十四位軍官、十三位士官、二十九位士兵，還有其他的行政官、軍醫等。在「大委員會」中，共有十四位軍官、七位士官、十位士兵及其他兩位文職職員、一位衛勤官、一位獸醫官、一位兵工；在這個委員會中，士兵人數沒有超過整個總代表的半數，但加上士官即可超過半數。但是

這些制度是在威瑪時代德國國防部長Gesseler的意志下所貫徹建立的。而當時號稱威瑪「國防軍之父」的賽克特將軍，卻非常反對這種制度，他認為軍隊若有這種信託代表制度將使得德國軍隊的精神摧毀殆盡。當時國防部長是趁賽克特不在柏林之時，迅速地建立信託代表的制度。同時，一九二一年公布的國防法第十條也同時規定，關於陸軍庭及海軍庭的組織及職權應另以法律定之。但立法工作遲遲無法進行。所以終威瑪共和之世，軍人的信託代表制度功能不彰，其雖存在，但形同虛設，國防法雖規定信託代表與陸軍庭、海軍庭之組織，且在一九二〇年產生很多的信託代表，但在往後未能發生任何的影響力。一九三三年希特勒當政後，在同年的七月二十日取消信託代表的制度，同時也將陸軍庭和海軍庭的組織裁撤。因此，在德國威瑪時代曇花一現的軍人代表制度即告崩潰。（參閱：H. Rohde, Soldatische Beteilgungsrecht in der Deutschen Militaergeschichte, in: P. Klein（Hrsg.）Mitbestimmung in den Streitkraefte, 1991, S.9.）

西德政府在一九五六年建軍後，又重新引進此制度。一九五六年三月十九日公布的軍人法第三十五條以下，規定了軍隊中應成立信託代表的制度。德國制定條款之前，有許多政黨認為這是德國「軍事傳統」之一，乃著眼於威瑪時代已有此信託代表的制度，所以要將此制度重新引進德國軍事法中；但亦有一些人反對此種看法，反對者認為是信託代表乃起源於威瑪共和成立前的「軍人委員會」，那時這種委員會其實與「勞工委員會」都是屬於共產黨的組織，所以否認這是德國軍事的傳統。但是鑒於德國希望重頭開始建立一個全新理念之軍隊，所以朝野認為軍隊中應該要有讓士兵和長官「雙向溝通」的機會，才確定要成立此信託代表的制度。在此，我們就先根據德國軍人法三十五條來看其規定：

第三十五條：信託代表

一、士官及士兵在每個：(1)連隊；(2)軍艦之部門；(3)旅以上之參謀處；(4)學校；(5)任何主管擁有懲戒權之單位；(6)訓練處；(7)新兵訓練中心；等皆可選舉一名信託代表及二位副代表。

二、在單位及旅以上參謀處及學校內，進行訓練及新兵訓練之軍官、士官及士兵應獨立的選出非屬於訓練處之一名信託代表及二名副代表。

三、信託代表應負起全責的促使長官與部屬的合作無間，並使互信的袍澤情感得以維繫。信託代表有權對所屬團體的軍紀長官，就有關部隊勤務、照顧、職業福利及執勤外之共同生活等問題，提出建議。長官應該聆聽該項建議，並且討論。倘若信託代表之建議超過其所選出之團體之範圍，軍紀長官應該附加自己的意見，將該項建議送呈更上一級之長官。該上級長官不贊同，或部分不贊同該建議時，應通知信託代表其決定，並告知理由。

四、軍紀長官應支持信託代表，使其任務得以達成。若有涉及信託代表在執行勤務之時間內，若任務所需，且不至於影響其勤務時，應該給予其有可處理任務之談話、作業之時間。

五、營長或相當於營長職位的軍紀長官，至少每四個月應該就信託代表任務範圍之共同利益事項，召集一次各級軍紀長官與信託代表的會議。

六、選舉信託代表是以秘密與直接選舉之方式為之。關於選舉權人、被選舉權人，選舉程序，信託代表之任期及職務之中止，另以法律定之。

第三十五條 a：軍人代表

一、在前第三十五條第一項及第二項所指之職位與機構外之軍人，得依聯邦公職人員代表法之規定，選舉代表。

二、軍人代表係與公務員、公務僱員及公務勞工同日，但不同選
舉程序來選舉之。軍人代表的人數，係由軍人總數的比例，
比照公務員、公務僱員及公務勞工所推派代表的比例，產生
之，並至少應符合聯邦公職人員代表法第十七條三、五項一
款所規定之代表人數。軍人的數目若少於任何一類的公務
員、公務僱員及公務勞工，則其軍人代表人數不得超過該類
公職人員之代表人數。軍人代表總數不得逾三十一人。

三、軍人得視為聯邦公職人員代表法第五條所規定之其他類別之
公務員。同法第三十八條之規定準用之。倘僅屬軍人適用之
事務，軍人代表即擁有相同於軍人信託代表之權限。在軍人
的懲戒及訴願事件、軍官、士官與士兵之信託代表，乃代表
軍官、士官與士兵之階級，行使其職權，並且以階級的參加
投票的人數比例多寡決定席次，在多次的選舉時，以曾得到
的最高票數來計算。倘相當的代表欠缺時，信託代表的權
限，由依聯邦公職人員代法第三十一條規定所選出來的軍人
主席團成員行使之。

四、依本條一項之規定，國軍之職位及機構內的公務員、公職僱
員及公務勞工無法組成代表會時，軍人得依本法第三十五條
之規定，選舉信託代表。

五、聯邦國防部長以行政命令規定，那些軍事機關應設立地區的
代表會。

第三十五條b：依前二條規定實行權利與義務的意外保障

軍人在行使依第三十五條及第三十五條a所定之權利或義務時，
遭到意外致健康受損時，如依軍人撫卹法所規定可構成勤務意外或
傷害時，準用相關之規定。

第三十五條 c ：軍人得準用聯邦公務員法第九十四條之規定，參與職務法之形成。

　　因此，德國在公布軍人法之後，因兩種法律之通過而建立此制度：第一，是一九五七年七月二十六日公布的「軍人信託人選舉法」；第二，係為第三十五條規定單位外的職業軍官可援用公職人員代表選舉法來選出信託代表。不過此二法皆因陋就簡，而修改的決議則拖延甚久，直至一九九一年一月十六日正式的公布了軍人參與法，把軍人法第三十五條（及a至c）之精神融入該法之中，並刪除該條文，且同時廢止了信託人選舉法。同年二月八日公布了「軍人信託代表選舉施行細則」，作為實施參與權之子法。

二、軍人參與法的內容

　　軍人參與法（以下簡稱「本法」）共有四十個條文，其主要內容可分以下幾點來予探討：

（一）選舉權人

　　本法第二條規定任何在陸、空軍連隊，海軍水兵隊，軍事學校、各級參謀處之軍人，均可以直接及秘密投票之方式選舉出一位信託代表及二位副信託代表。上述具有信託代表選舉權之軍人，不只是義務役之軍人，也包括了職業軍人。但依本法第五條規定，不在上述單位內服役的職業軍人及限期役軍人則仍依一般公務員所適用之「公職人員代表選舉法」之規定，選舉代表，除非該法沒有包括該軍人選舉資格時，才適用本法。

　　另外，依一九九一年二月八日公布的信託代表選舉施行細則（以下簡稱「細則」）第一條對選舉權人之規定作了更詳盡之規定，明白指出在各部隊連隊、軍艦各部門、各級參謀部門之軍人及軍事

院校的學生，應分成士官及士兵兩個選舉群，各選出一位信託代表，二位副代表。除了不在連隊的職業及限期役軍人依本法第五條係準用公職人員代表選舉法外，其餘在旅級以上參謀部、海軍艇級船隻以中隊為單位、軍艦級則以每艘為單位、軍校以校及訓練班為單位等，各組成一個選舉區，選出一個代表（二個副代表，下同）。

對於被借調到他單位服務之軍人，如果借調期間超過三個月，其選舉權移往借調服務單位；如果低於三個月，則仍在原單位選舉信託代表（本法一條二項）。

對於不得擁有選舉權者，本法第一條特別規定各級司令官（營長以上），以及常務法定代理人（如副師長），以及參謀長（師參謀長以上），不得擁有選舉權，這是因為這些軍人都是軍隊決策權人。並且，連隊的士官長及相同職位者，亦不得擁有選舉權。因為德國各連隊的士官長（Kompaniefeldwebel）都是久任斯職。連上各級長官經常會調動，唯有士官長不會輕易調離連隊，作為連隊存在的象徵，所以認為士官長不宜介入此信託代表之職務。故本法本條文特別排除士官長之選舉權利。至於正在申請退役轉服社會役之軍人，被法院宣告褫奪選舉權者，以及過去一年中曾被部隊勤務法院宣告撤銷信託代表職務者，亦不得擁有選舉權。

（二）信託代表之職權與任務

信託代表的任務——如該制度在一九一八年首創時所表明的——是構築存於長官和部屬間的「溝通的樞紐帶」。本法第十八條規定信託代表應該負責的促使長官和部屬之間的合作及相互的信賴。代表應該和軍紀長官為了軍人的利益及達成軍隊之任務而共同合作。長官在軍人入伍後，即時告知關於信託代表制度之職務、權利與義務；長官在信託代表人、副代表人選出後，應即時告知職務的

內容而使其知悉。信託代表、副代表如係首次當選者，應參加旅級或相當層級單位所舉辦的研討會，以瞭解本身的職權。而營長及相同層級單位的長官最少每三個月應召集所屬各級長官及信託代表就共同利益事件及屬於信託代表職責之事項，舉行談話會（第十九條）。除了第十八條原則性的規定外，本法對於信託代表擔負的職權與任務，計分三種，即聽聞權（Anhoerung）、建議權、參決權，可再略述如下：

■ 聽聞權

此權利不僅是一個事件知悉之權利，也不像英美法中舉行聽證會般的「聽證」（hearing），而是一種事先告知事件內容，且在長官作成決定前可以發表意見之權利，也就是所謂的「被徵詢意見權」。本法第二十條規定，在信託代表擁有聽聞權之案件，長官在做成決定之前，應該及時的通知信託代表，並給予發表意見之機會，並且要將代表的意見列在檔案之中。本法規定賦予信託代表聽聞權之案件，共有九種情形：

1. 人事事件：直屬上級軍紀長官（連長以上），在做出下列人事處分前，經當事人聲請，應讓信託代表聽聞之：(1)調職，但調往一般訓練及既定訓練課程不在此限；(2)超過三個月以上的借調；(3)限期役軍人或職業軍人申請身分變更之申請；(4)調往其他單位；(5)深造決定；(6)法定（軍人法及兵役法）長官得裁量決定暫時之停職處分（如役男因身體不堪繼續服役申請停役時）；(7)超過法定（軍人法第四十四條二項及第四十五條二項）之限齡規定，許可繼續服役之決定；(8)申請許可兼職，特別休假及年資身分變更者等，共有八項（本法第二十三條一項）。

2. 升遷決定：直屬上級軍紀長官要給予士兵升遷決定。

3. 勤務事項：信託代表對選出單位的勤務事項的形成，有聽聞權，上級長官應通知之。所謂的「勤務事項」（Dienstbetrieb）係指部隊行事曆與計畫所定之勤務、內務，並且包括訓練、警戒（崗哨）及戰備勤務等等。但是，關於訓練的目標及內容（政治教育例外），以及部隊出動勤務之問題，不在此限。易言之，在軍營內有關部隊的作息等例常性工作，信託代表得提出意見，但涉及部隊出動勤務（Einsatz），例如作戰、演習、防衛警戒等，則不再屬於可提出聽聞權之勤務事項了（本法二十二條一、二項）。

4. 個人免執勤之申請：軍人向長官申請個別的免執勤，可聲請要求信託代表聽聞之（本法第二十二條三項）。

5. 進行勤務時間外舉行的團體活動：部隊在勤務時間外，如有舉行其他團體活動，例如演說、展覽、說明會、就業介紹等，屬於長官（如司令官、營區）主辦——且多半是自由參加——者，在如何進行該項活動（純執行部分）之問題。

6. 懲戒事件：軍紀長官要對所屬軍人處以任何懲戒處分前，應該就欲處分之人員名單、違規事實以及準備懲戒之內容，通知信託代表並徵詢意見。要移送軍人至懲戒法院前，亦同。在信託代表進行聽聞前，應該告知被擬懲戒軍人所為違規之全部事實（第二十七條）。

7. 書面嘉獎：對任何軍人，如果有模範的行為足為其他軍人之楷模時，依軍人懲戒法第三條之規定，可頒以書面嘉獎。此嘉獎可由連文書或日常命令，以及國防部公報等公告之，被嘉獎人可有最高十四日的特別休假。對給予及撤銷頒給這個書面嘉獎之事件（第二十八條二、三項）。

8. 勛、獎章的頒給事宜：當一個軍人被核定頒給獎章、榮譽章及勛章前之事件，信託代表有聽聞權（第二十九條）。

9.訴願事件：軍人如果以部隊勤務事項、福利、職業輔導以及勤務時間外團體生活所產生的理由，依軍人訴願法之規定，提起訴願時，該單位所屬的信託代表即有聽聞之權利；同樣的，如果訴願人以個人所受的冤屈為由提起訴願時，訴願人及對造（被訴願對象）之信託代表亦擁有聽聞權，但是，如果是涉及個人人事問題之訴願時，則依當事人聲請後，信託代表才有聽聞權（第三十條）。

■ 建議權

如果信託代表對某事件擁有建議權時，長官在做出決定前，必須先和信託代表商量，聽取建議。如果兩人的意見無法協調一致時，信託代表可以向更上一級的長官陳述其看法。更上一級的長官作出的決定，即為確定。對於信託代表擁有建議權事項之命令或措施，更上一級的長官在作出最終決定前，應暫時停止原命令或措施之執行，但是，有勤務上的考量時，則不在此限。如果信託代表的建議超過了其所選出的單位範圍之外，亦即非原處分長官之職限所及，則該長官應將本建議連同長官本身之見解，移送更上一級長官裁決。任何對信託代表之建議有不同見解，或部分不同見解的決定，都應附理由說明，是為「附理由之強制」（第二十一條）。

本法規定信託代表擁有建議權的事項，計有下列四種：

1.勤務事件的決定：這是信託代表同時擁有聽聞及建議權的項目。對於勤務事件的形成，信託代表固然擁有聽聞之權利，但更進一步的也擁有建議之權。可向長官建議如何具體的規劃、執行的權利。故有了這個建議權後，前述的聽聞權即可被吸收入此建議權內（第二十四條一項二句）。

2.單位放假及不執勤之事件：對於以連隊為單位之人員，或是低於連隊之小組織（如班、排）之軍人不必擔任勤務工作，或是

每週安排免執勤日的事件（第二十四條三項）。

3. 職業輔導事項：軍紀長官對軍人所為任何有關職業輔導的措施，特別是對於：規劃或執行有關保持職業聯繫方面獲得有關職業訓練、進修及就業輔導之書刊、執勤時間外參加有關的職業進修課程，以及參觀民間的工、商企業及事實等一切有關事業進修之事項（第二十六條）。

4. 嘉獎事件：對於軍人有值得嘉獎、表揚之行為（第二十八條一項）。

■ 參決權

這是軍人參與權中效力最大的一種權利，依本法規定，信託代表擁有參決權時，則信託代表擁有參與作成決定之權利。主管長官應該及時通知信託代表，一起商量。如果彼此意見無法協同時，長官應將本案移送更上一級長官。如果此時該更上一級之長官意見仍和信託代表不合時，則應該移送「協調委員會」處理。此「協調委員會」（Schlichtungsausschuss）是由所屬轄區的部隊勤務法院法官召集之，並為主席。委員會之成員包括原處分長官、更上一級長官、信託代表及一名副代表，共有五名，採多數決。由長官二名，信託代表二名的相同票數可知，關鍵一票操在法官手中。即可顯出法律專業者判斷的重要性。

本法賦予信託代表擁有參決權的事項，僅有在第二十五條規定有關「福利事項」一項而已，易言之，長官應該任命信託代表為特別為履行軍人法第三十一條之任務之委員會的委員。依軍人法第三十一條規定，聯邦應該對於職業軍人及服限期役軍人及其家庭之福利，負起照顧之責任，即使是退役後亦然。對於服義務役之軍人，在服役期間亦同。故對於所有關於軍人福利的措施，信託代表應有參與決定之權；同時關於軍區及軍營任何提供軍人福利設施的管理規則，甚至部隊共同基金（共同存款）之使用，信託代表都有參決

權。關於提供軍人福利的設施，例如休閒設備、運動設施、圖書館、軍人旅館、福利社、交誼廳……，都包括在內。

三、信託代表的保障

為了保障信託代表能夠盡心盡力為維繫軍人權益及促進軍隊內部團結，而無後顧之憂，除在執行職務時應給予公假外（第十九條五項），本法也給予其他保障，例如最重要是「不利及有利處分禁止」之規定，其情形如下：

本法第十四條規定，不得對信託代表行使職權加以妨礙及為有利、不利的待遇。對信託代表及副代表所給予獎懲措施，應由更上一級的長官為之。換言之，其直屬長官無獎懲的權力。如信託代表是在更上一級的長官所主掌範圍內所選出者，則對信託代表人之獎懲應由再更上一級的長官為之。本法第十五條規定，對於信託代表的調職規定，信託代表於擔任其職務期間內，不能違反其意志而將其調職或借調至其他單位超過三個月以上的期間。但調至國外者，不在此限。若勤務上有不得不調動的理由存在時，上述「調動禁止」原則不適用之。此外對信託代表身分的保障，本法第八條也規定，信託代表於執行職務發生意外時，準用軍人執行勤務之撫卹規定。而信託代表的任期是一年，於其任期屆滿至新代表選出前，可在二個月期間內延長任期。如信託代表發現行使職權受到妨礙或不利益時，可依訴願法之規定提起訴願。其他軍人認為信託代表或副代表行使職權違反規定時，也可對信託代表提起訴願，此訴願則由更上一級的長官決定之。

同樣的，對於信託代表的人事考評，亦是由更上一級的軍紀長官裁決，此項權限不能轉移到下一級直屬長官之上（第七條）。

四、各級信託代表的組織

由於編制不同，不同階級及單位的軍人即會產生不少的信託代表。由於信託代表是由基層為單位（例如連隊）選出，並未在更上一級的單位（例如營、旅、師）另外選舉上一級之信託代表。因此，為共同利益而即有必要組成代表組織。依「本法」第一條二項規定：軍人係透過信託代表、信託代表小組及其主席或代表會，參與軍隊事務。由此可知軍人的信託代表制度，可以透過代表個人，也可透過信託代表小組（Gremien der Vertrauenspersonen）（及主席）和代表會。茲再敘述之：

（一）信託代表小組

係指由(1)一個營（或類似單位）裡各連隊之信託代表；(2)後勤支援單位的連隊信託代表；(3)堡壘（基地）或駐地區之連隊（單位）的信託代表，所組成之。部隊如果被調到其他地區擔任支援性任務，則其信託代表應加入當地區後勤支援單位信託代表所組成的代表小組。每個小組都應該推選一個主席（第四條）。

關於信託代表小組的職責，「本法」第三十二條有進一步的規定。準此，信託代表小組係代表營裡軍人的利益，和營長、後勤支援單位、堡壘基地與駐地指揮官交涉溝通。小組行使職權之對象，乃是代表選區軍人行使「本法」第二十四條至第二十六條所規定之職權。按該些條文是規定信託代表擁有建議權之事項（勤務事項、放假不執勤等第二十四條一至三項之規定；職業輔導第二十六條之規定）；參決權（第二十五條之福利事項）及聽聞權（第二十四條四項之個人申請免執勤事項；第二十五條四項之執行勤務時間外舉行之共同活動）等。因為，長官為上述事項之決定時，個別的信託

代表仍有個別、單獨行使聽聞、參決與建議之權利，但是既然該長官決定會牽涉許多軍人之權益，故即可賦予信託代表小組以組織的力量行使此權利！

此外，「本法」第三十二條二項另外賦予小組一個聽聞權利：每季（每三個月）小組選區部隊的例常性訓練和勤務的計畫書，亦即以營部為單位的預定訓練事項及勤務計畫，應該讓小組成員有事先聽聞之權利。這是專以小組為對象，而非信託代表個人之權利。

小組主席是由信託代表投票選出，並且選出二位副主席（分第一副主席及第二副主席）。主席及副主席之選舉應該分別舉行，以最高票者當選。同票數時，依抽籤方式決定之。主席及二位副主席必須分屬不同層級（如士官、士兵）的軍人選出之。主席的任期和一般信託代表一樣，皆為期一年。主席的職責是主持小組會議，執行小組決議，並且作為和營長、基地指揮官、後勤單位首長等的交涉、對話之對象（第三十三條）。

信託代表小組每三個月召開一次會議。如經營長、基地指揮官等要求，或有三分之一以上代表要求時，亦應召開臨時會。開會時間基本上應在日常執勤時間內召開，但開會時間的決定也要考慮有無影響部隊的勤務。各級軍紀長官應該事先知悉開會的通知，但是，不必以獲得許可為必要。易言之，開會時間的決定，是操在主席手中，而非部隊長手中。以營級或駐地區為單位召開小組會議時，倘若事情涉及到其他軍人之權益，而該些軍人另依本法五條推選「軍人代表」時，則可邀請這些軍人代表與會。小組會議之決議採投票方式，以過半數為通過，相等票數視為否決。只要有過半數以上的信託代表出席，即可為有效的會議決議（第三十四條）。

（二）信託代表總會

「本法」第三十五條規定聯邦國防部應該成立一個信託代表總會

（Gesamtenvertrauenspersonausschuss），共有三十五個委員。凡是三個軍種（陸、海、空軍）及衛勤軍人，全國軍事行政部門及各種層級軍人之信託代表都應該有適當人數的代表參加之。聯邦國防部內的「軍人代表總會」（Hauptpersonalrat）之軍人代表亦可參加此信託代表總會。

本總會每三個月召開一次會議，但經國防部長或三分之一以上委員請求，亦可召開臨時會。本總會的職權只有聽聞權一種，即是聽取國防部長對於有關軍人權益的人事、福利及組織方面的基本決策方面之報告。易言之，總會及委員並沒有進一步的建議權和參決權。如果只涉及三個軍種（不包括衛勤）之事務時，則只有屬於該軍種的委員可聽取該軍種監督官的報告。本條文同時授權國防部長就此總會的選舉、組織、任務及委員的法律地位，以命令訂之。德國國防部在一九九一年七月公布此命令。

（三）軍人代表會

本法第三十六條規定，在未能推選信託代表之單位內服務的軍人（本法第五條之規定，即在部隊、學校以外單位服務之職業及限期役軍人），得依聯邦公職人員代表法之規定，和軍中的文職人員（文職公務員、雇員、勞工等）一起，但以分開的選舉程序選出國軍公職人員代表（稱為軍人代表）。代表人數不得超過三十一人。這是對於在同一單位內服務的軍人和文職人員相同對待，使軍人和文職同事一樣可以推選「民意代表」。茲先簡介德國公職代表制度如後：

依一九七四年三月十五日公布的聯邦公職人員代表法（第五條）之規定，任何公職機構只要有五位以上具有選舉權之人員，而其中至少有三位是被選舉資格者（被選舉資格是指在本單位服務至少六個月；在公職單位服務已滿一年以上者而言，同法第十四條規定），就應該組成「人事委員會」（Personalrat）。人事委員會之代表委員人

數，視投票權人數而定，例如有投票權人五人至二十人者，選一名代表；二十一人至五十人，選三名代表；五十一人至一五○人，選五名代表等等，最多以三十一名代表為限（第十六條）。如果同一個委員會中有不同類群的投票人（如公務員、勞工、雇員）則應該視人員比例選出代表。但法定保障至少有五十名投票權類群者，至少應有一名代表；二百名以下者，應有二名代表……，超過三千名選民者，應有六名代表，以保障弱勢投票權類群（同法第十七條）。每個機構所具有公職身分且有選舉權者組成個一公職代表會（Personalversammlung），相當於社團的會員代表會。而人事委員會即相當董事會。公職代表會以人事委員會之主席為主席，每半年人事委員會應向公職代表會報告其半年前之作為。人事委員會經機構首長或四分之一委員以上請求時，亦得召開臨時會。代表會中可以討論一切關於工作、勤務之問題。如工資、薪俸、福利、保險等；同時可做成決議或授權給予人事委員會指示（同法第五十一條）。

人事委員會可以接受會員的申訴，同時對於福利、工作保護及人事問題，享有三種參與程度不同的權利：

■ 完全的參與權

完全的參與權是長官決定前，必須先獲得人事委員會的同意；如人事委員會不同意，則案件應移到更上一層機構之首長與人事委員會決定。如果首長之裁定又不獲該人事委員會同意，則必須移到機構所屬最高官署（即部）的一個獨立仲裁會，以及一位經雙方同意中立的主席人選。屬於人事委員會可以完全享有參與權（其中又可分為屬於職工或公務員而略有不同）的事項約有：任命（聘用）、指派較高或較低職等工作、超過三個月以上的借調、每日工作時間的開始與結束等。

■ 部分的參與權

針對公務員的任命、升遷、調職等應獲得人事委員會同意。如果人事委員會不同意時，亦依前述擁有完全參與權之程序，一直移送至最高官署的仲裁委員會。然而不同的是，仲裁委員會所作的決議沒有拘束力，只能移給最高官署「參考」而已。易言之，算是一個「建議」。

■ 單純的參與權

這是相當於軍人信託代表的「聽聞權」，對於機構內部準備制定規範內務、福利、人事規章，以及對於公務員進行懲戒程序時，對於勞工的解聘等等。人事委員會僅僅具有聽聞的權利而沒有積極的參與權利（同法第六十九條以下）。

德國國防部各單位所屬的軍人，即可依本法第三十六條之規定，選舉軍人代表、組成人事委員會。另外，各基層單位的人事委員會可以推選代表、參加中級的「地區人事委員會」（Be-zirkspersonalrat）。依軍人法第三十五條a五項，國防部長得以命令規定，那些德國軍事機關應成立「地區人事委員會」。依德國國防部長一九七六年一月二十二日公布的命令中，指定九個軍事機關成立這種「地區人事委員會」，即北軍區司令部、南軍區司令部、史勒維希·霍斯坦（Schleswig-Holstein）地區司令部、空軍後勤司令部、海軍後勤司令部、陸軍（行政署）、海軍（行政署）、空軍（行政）署及衛勤（行政）署等。各地區人事委員會再推選代表參加全國性且設在國防部裡的「代表總會」（Hauptpersonalrat）。最高的總會及地區人事委員會之代表會，都是三十一名（同法第五十三條參照第十六條）。

在「本法」實施前（一九九一年一月），全德國有三萬名軍人在選舉軍人代表可以之機構（共有四七〇個），選出一五四九名軍人代

表；八十一名地區人事委員會代表及五名國防部代表總會之代表。

「本法」對軍人代表之規定，係依本法第三十六條之規定，而第三十六條之條文，則完全自軍人法三十五條a二項與三項一、二句移植而來，而關於軍人代表之職權，依本法第三十七條之規定，亦完全與軍人法三十五條a三項二句以下之條文相同——至於本法第五條規定適用聯邦公職人員選舉法之軍人的規定，則全部援自軍人法三十五條a第一項之規定——，既然軍人法第三十五條及三十五條a之條文及制度已移至本法，故本法草案在一九九〇年十月三十日經眾議院通過後，軍人法相關條文（第三十五條及a至c）即在同年十二月六日刪除。

軍人代表的身分保障和信託代表類似。只不過，若軍人代表因執行職務致遭到不利益之對待時，則比照其他公職人員代表可向行政法院提起救濟。而信託代表透過此不利益措施之對待，則依訴願法之規定提起訴願。是救濟方式之不同也。

第三節　結　論

德國在第二次大戰結束十年之後才建立的新軍，是採納一位被稱為「建軍理念之父」——包狄辛所倡導之「穿著軍服的公民」理念。依此理念，軍人實和國家其他公民一樣，可以享受國家保障的人權制度，並且可負責的履行國家所賦予的保國衛民之義務。加上輔以重新建立之「領導統御」之制度，上下長官和部屬之間應該是和諧的、協力與互助式的關係，而非傳統僵硬、絕對服從和盲目信仰式的關係。所以「穿著軍服的公民」理念所要求的，必是成熟的、有責任感的軍人。軍人既然擁有如此的「民主品質」之操守時，正是軍隊民主制度建立的必要時刻。

由德國軍人參與法所建立的制度，吾人可知，彼邦在建立本制度前事先已經極仔細的考量。如前文所述，本法規定軍人參與軍隊事務之權利只有三種：聽聞權、建議權及參決權。其中包括事項最多的是聽聞權，次而建議權，最少的才是參決權。由這些賦予軍人代表行使的權利可知：(1)這些權利完全不包括戰鬥訓練、任務分派等傳統屬於指揮長官之權限。易言之，對於戰技訓練、戰備行動之全權仍操在階級高的長官手中；(2)軍人參與權利是透過信託代表為之，而不是個人的直接要求，或是聚眾、串聯的要求，所以不至於造成部隊內部騷動及氣氛之緊張；(3)聽聞制度的優點，是讓軍人信託代表可以事先知道長官措施之考慮，並且此聽聞制度保障下級的聲音讓決定之長官知悉，以供參考。這是為初步取得長官決策「正當性」之效果所創設之制度。同時，當長官之看法亦獲得信託代表之同感時，信託代表更可作為說服當事人接受之協調人；(4)不論是聽聞權、建議權或參決權所包括之範圍，似乎都有「剝奪」長官之傳統權限。然而，如果吾人由「替長官分憂解勞」的角度而言，這個制度正可以作為「清理」長官「瑣務」之良方。易言之，軍隊最主要的功能是保持戰力，來對付入侵者。長官及其幕僚應該把全副精力放在戰略與戰術的研究和關心之上。至於軍隊生活和管理等等形同流水帳式的庶務，何妨由部屬自行決議和解決？此前提亦是肯定部屬的成熟度、責任感及才幹也！如果各級長官上至作戰指揮，下至部隊伙食採買、內務管理都要費神的話，那麼其結果不是流於形式，就會養成獨斷獨行之作風。適當的「分工」有助於領導長官「更專業化」；(5)由保障軍人人權的角度來觀察，透過軍人信託代表之「中介」，可以減少軍人許多的猜疑和怨懟，而後者，依德國之制度，可以透過向國防監察員申訴及依軍人訴願法提出訴願之方式，取得救濟。但是，這種事後的補救不如事先的溝通為佳。特別是本法賦予軍人信託代表擁有參決權之事項，都是涉及「福利」之事

項。這是國家照顧軍人福祉之美意，不能讓長官獨自的決定而侵害，故本法特別讓信託代表可以參決，爾後，可由部隊懲戒法院法官主持的協調委員會仲裁。由此可以看出國家對保障軍人福利之重視。而吾人更不可忘記，唯有給予軍人最好、最周詳的福利，才更可以鼓勵軍人的報國之心。

當然，德國這個民主原則和軍隊階級制度、任務需求相妥協後而制定的法制，不能讓要求民主的人士們滿足。特別是德國最大的軍人職業協會——德國軍人協會（Deutsche Bundeswehr-Verband，該協會目前擁有二十六萬個會員，其中有十九萬個現役軍人），就極不滿意本法，認為本法在質及量方面都不符合民主要求。一位軍人代表（B. Gertz）在一九九一年發表的〈一位軍人代表眼中的軍隊參決權〉（Mitbestimmung in Streitkraeften aus der Sicht der Soldatenvertretung, in: P. Klein（Hrsg.），a.a.O., S.63.）論文中即表達德國軍人協會之看法。該協會希望所有職業軍人及限期役軍人完全納入同文職公務員一樣的「公職人員代表法」規範下，選舉軍人代表（目前只有三萬名軍人屬於此種類別來選舉軍人代表），因為如本文前所簡介可知，公職代表擁有對公職機關人事、紀律、內部規章等等較多種類且效力較大的參決權——特別是擁有完全參與權部分——之制度。另外，對於義務役軍人在部隊中，必須依選舉信託代表行使民主權利，該協會也認為軍人無須利用這種「中介協調人」，而應可直接透過組成「連委員會」（Kompanierat）的組織討論連隊之事務；此外，也認為無論信託代表小組或信託代表總會都已完全變為「諮詢機構」，毫無職權可言，所以無法有效的形成決策與監督之影響力……云云。都可以看出對本法制度的不滿（a.a.O., S.67.）。

不過，本法之制定也可以看出德國努力建立軍隊民主化下所存在的不得已之苦衷——即是不欲削弱各級長官在涉及戰備、出勤和戰術指揮方面之權限。至於本法施行以後之成效如何，是否廣泛為

各級部隊長官及部屬所接納？德國前國防部長 G. Schwartz在一篇亦於一九九一年發表的論文〈國防部長眼中的軍隊參與問題〉一文（ P. Klein, a.a.O., S.53 ）指出，經最近意見調查，百分之九十的義務役及限期役軍人（占全國軍人人數八成以上）認為極希望參與軍隊事務的決定；而只有百分之四十五認為很滿意當時之參與制度。本法施行以後效果會否改變，仍有待觀察。

德國軍人要求擁有參與（及參決）之權利，當然是受到德國在工商企業界早在五〇年代實行了「參決權」（一九五一年所通過的礦業參決權法以及一九六七年公布的企業參決權法），以及公職人員在一九七四年因公職人員代表法的公布，而擁有相當廣泛的參與權利，才會把民主社會和必然應有的參與及參決權，產生引入軍隊之強烈必要。至於在工商業界及公職範圍完全沒有實施參與權利的我國，社會各界，甚至軍人本身恐怕對軍隊參決權利的需求感也就沒有德國社會視為當然及體認。

最後，吾人必須認為，德國這種制度足以留供吾人參考的，應推選信託代表的制度。如同小學、國中、高中及大專教育過程中都有自由選舉班長的制度，來作為溝通老師、學校和學生的管道，且國人早已習慣此制度。如果國軍能夠實施這種制度，先試行建立一個「民選班長」作為連隊中長官和部屬一個「中介管道」，並且採擷德國法制中有關聽聞權、建議權及參決權之事項列入班長的「聽聞權」之中，作為踏出軍隊「民主化」的第一步，相信可以取代目前行於軍中，但功能不彰的「榮團會」。也有助於軍中的團結及互諒之袍澤愛！問題是，我國何時會踏出此關鍵性的——相形德國制度的——「一小步」？

（本文原刊載：《植根雜誌》，第十卷第五、六期，民國八十三年五、六月）

建議參考資料

截至目前德國已出版有關軍人參與法之專論約有下列數本：

1.Wolfgang Stauf, Soldatenbeteiligungsgesetz, 1991.

2.Butz/Wolf, Soldatenbeteiligungsgesetz, 1992.

3.Gronimus/Wassmer, Die Beteiligungsrecht der Vertrauens- personen in der Bundeswehr, 1992.

4.Gronimus/Wassmer, Die Beteiligungsrecht der Personalver tretungen, 1992.

5.Gertz/Kreuels, Wahl der Soldatenvertreter zu den Personalver tretungen, 1992.

第七章

泛論軍隊的「政治中立」

第一節　前　言

　　我國憲法第一三八條規定：「全國陸海空軍須超出個人、地域及黨派關係以外，效忠國家、愛護人民。」及第一三九條規定：「任何黨派及個人不得以武裝之力量為政爭之工具。」這二個條文係把軍隊的「政治中立性」予以明確地規定，也是「軍隊國家化」之寫照。這兩條憲法有關軍隊「屬性」規定，雖然是一個崇高的憲法理念，但是規範在國家和平時或許有可能，一旦國家的內部秩序無法確保此一理念的實施，或在朝與在野至少有一方不願接受這種理念時，使用武力之政爭，及軍隊之私有化的情形，便會出現。因此，這是憲法裡最有形成「具文」可能的條款。由我國憲法頒布後，國、共兩黨在大江南北的討伐征戰橫亙數年可知，一紙憲法的效力實在是抵不過獲得政權的誘惑力了。不過，究竟在一個民主國家中，由國民——公民——所組成之軍隊，如何藉著保持政治中立，以達到軍隊國家化的理想？軍隊如何拒絕與政治掛勾？都值得吾人加以討論。

第二節　理想的軍隊政治中立論——軍隊「政治絕緣」的可能

　　主張軍隊政治中立的主要考量在於軍隊乃是一個手握著殺戮工具的團體，把軍隊本應用於抵抗外侮的組織，使用到國內權力的鬥爭，是違反軍隊存在的本質。為避免軍隊涉入政爭，把戰爭形成政

爭的一種形式，並非國家之福。因此如果能夠切斷軍隊與現實政治的一切瓜葛，那麼軍隊即可能獨立於政爭之漩渦之外。這是軍人政治中立化之理想。雖然在許多涉及軍人品格與職務之需要性而言，軍人具有異於政治人物之特徵：例如，軍人在軍隊的團體之中，應該崇尚真誠、義務與倫理之觀念；軍人的勤務是高危險性的工作，常常以犧牲生命為履行其職責之寫照，故軍人更必須保持這種慷慨赴義的精神，因此其價值觀與人際關係都比較「單純」、「恆定」與「直線進行」。易言之，軍人應是講求「真君子」的人品，作為其人格的表率。但是，政治——尤其是黨派政治——是為了追求權力與黨私利益，並且往往為了迎合選民與利益團體之需要而有所作為。因此在多元社會裡，政治所追求與反映的乃是多變的政治考慮；政治人物因之必須識時務、講利害。所以軍隊與這些充滿權勢與利害競逐的政治的團體與人物，在性格上是不能相提並論。而且，軍人往往以其率真個性，易淪為機詐政客所利用之工具。此外，民主政治的政黨多元化也代表政黨之間利益衝突，而政黨的主要存在目的是參與國家政權的角逐，來反映與表達民意。因此，政黨間利益衝突之情況，黨同伐異之激烈程度，自然是不可避免的事。在民主國家講求多黨競爭，在國會裡期待的是朝野間尖銳對話，所以，政治現象即是多元的現象，與意識形態之分歧。而在軍隊裡，上述多元化、歧見、爭權與尖銳的對話等等都有損於軍隊的團結力。如果能夠排除政黨的抗爭與政黨所代表的意識形態之爭排除於軍營之外，當然是追求軍隊政治中立化的理想方法。關於此點，德國的例子有頗多值得我們參考之處。在以驍勇著稱的普魯士陸軍時代，對於軍隊中立之努力是不遺餘力。早在一八五〇年的普魯士憲法（第三十八條及三十九條）已剝奪了軍人的集會和結社權利。而在威瑪共和國成立後，一九二一年公布的「國防法」（Wehrgesetz）第三十六條及納粹黨當政後的一九三五年修改該法（新國防法）第二十六條，

也規定軍人不能參與政治活動，同時沒有投票權。另外，在一九一九年前的德意志帝國所樹立的統帥權體制，利用軍政與軍令的二元主義，讓軍隊脫離國會監督的範圍之外，可以憑藉統帥權體系而有行動之自由。但是儘管有如此縝密制度之保障，但是普魯士軍隊仍無法擺脫與政治之關聯，尤其為了使國會能夠協助軍隊軍力維繫與軍備擴充，政黨——特別是執政黨——對軍方之態度友善與否，已成為軍隊興衰榮枯的關鍵。軍隊戰略擬訂，特別是與他國訂有攻守同盟之協約時，軍人便與政治家、外交家有著休戚與共的關係。軍人，特別是將領，不能不瞭解國內外政治，因為兩國戰爭並不是全靠戰場上的殺伐結果，來作為輸贏之判斷。因此，德國兵學大師克勞塞維茲在其《戰爭論》第一篇第三章第七十一節有一句名言：

「凡指揮一個戰爭或戰役，而欲獲得光榮的勝利，尤須具有高遠的政治卓見，乃能使戰爭的遂行與政治一致，使將帥同時兼為政治家」。

話雖如此，要軍人同時為政治家的確不是一個容易達成的目標。但是負責戰略擬訂的高階軍人必須具有政治觀及國際觀，卻是能否妥善達成其「職務」的起碼要求。德國偉大的軍人毛奇元帥，在擔任普魯士參謀總長垂三十年，所處的情勢，正是國際間祕密外交最活躍的時代。各國莫不盡全力的進行合縱連橫，成立攻守聯盟；在內，正是民主思潮衝擊君主政體最激昂之時期。掌握虎符的參謀總長，如何在國內獲得足夠預算來維持龐大軍隊之開銷，又能妥善協調官兵之政治立場，使軍隊的戰鬥力增強，則非毛奇總長能夠克服和政府決策人士——特別是與首相俾斯麥之歧見，與朝野黨派維持良好關係，不能達成此目的。在外，又必須瞭解外國（鄰國）的外交情勢，有無與他國締結攻守同盟之協約？一旦開戰時是否有他國之介入？等等屬於外交戰略的諸多問題；以及戰爭進行後國內

能否提供充沛的糧食，以供軍民之用？工業生產能否支持龐大軍事之消耗？……等等屬於經濟，甚至國際貿易之問題。

對於軍人不能免於政治「關切」新的情勢，在上世紀末葉已經明顯的產生了。特別是當戰爭已經進入科技化及整體化時，國家平日必須利用工業力來支持國防建設，在戰時要動用全國資源投入這個涉及國家生存的生死大戰時，戰爭就不再只限於戰場上的遭遇戰及會戰，而及於兩國工業力、經濟等等屬於「資源及動員」的大決戰。國家的軍事戰略淪為國家「整體戰略」的一部分。這種「戰力」概念及範圍的擴充，相形之下，「軍力」的絕對主宰要素即形降低，使得軍隊決策階層不僅不能忽視國內外政治，特別是外交和經濟發展，同時反而要「趁勢」或「借勢」使力，籌謀出最好的軍事政策。也因此軍隊也會和工、商業產生頻繁的交往。有利亦有弊，高階層將領即易和商界掛勾，美國即是最典型的例子。將領們退役後到大企業裡擔任酬庸性質的職位，或是擔任遊說性質之工作。這種利用軍中關係之情形，在我國已逐漸變成輿論注意的焦點。國家既然已經給予退伍將領優渥的退伍金及福利時，則退休軍人便似乎無再為五斗米折腰之必要。在德國之情形，退伍軍人和退休公務員一樣，皆領終身俸。其基於公務員身分所負擔之義務——如保密及不兼職——亦未因退役而消失。所以，德國將領在退休後和財閥勾合之情形即不若奉行資本主義的美國那麼嚴重了。

如何避免軍隊及軍官，特別是高階軍人，捲入政治（和企業）的漩渦，而把軍隊變成一個完全中立的武裝團體，德國在威瑪共和國時代，曾有一個極端的例子。一九一九年成立的威瑪共和國，由於受到凡爾賽協約之限制，只能保有十萬人的國防軍。而且，依照盟國之意見，這些十萬名的國防軍只能是職業軍人所組成，避免德國效法一八〇七年香霍斯特提出「全民兵役制」（即現代各國實施義務兵役制之濫觴），造成德國再度「全民皆兵」之後果。號稱德國威

瑪「國防軍之父」的賽克特將軍於一九二○年至二六年擔任陸軍總司令（Chef der Herresleitung，相當於以往的參謀總長）。他在外有強敵環伺，內有數百萬沮喪、悲憤、不滿及驕悍的復員軍人之情況下，臨危授命來重建德國武力。賽克特將軍把軍隊中立性，發揮得淋漓盡致，使得軍隊變成政治的「絕緣體」。為了造就此十萬名國軍為「種子軍隊」，每位軍人必須精熟戰技和戰術，以便日後「德國復興」之擴軍時刻來到，每人都可以立即勝任更高的職位，所以賽克特矢志將德國威瑪國防軍構建成最精銳的勁旅。軍隊就必須是一個封閉的和專業的團體，和外界絕緣。因此軍隊只效忠國家，也就是只效忠德意志共和國，而不必向執政黨，甚至元首表示效忠。為了維繫當時德國微弱的命脈，使得軍隊得以發揮最大的戰力，軍隊唯有團結與自強，不要讓任何外界勢力，例如教會、工會、政黨以及其他政治社會思潮伸展到軍中。因此賽克特將軍嚴厲禁止軍人參加政黨、參與政治活動；軍隊裡不討論任何政治議題，甚至軍官們也不必與政治中人相互酬酢，來保持軍隊的「純質性」。如前所述，一九二一年的國防法，規定軍人無選舉權，因而軍人不必去關心國家的選舉。在賽克特的努力使軍隊與政治「絕緣」的時期裡，也發生幾件考驗軍隊政治中立、國家化與對國家忠誠之問題。一九二○年德國柏林發生「卡普政變」（Kapp-Putsch），由退伍軍人組成的偏激團體——「自由軍團」（Freikorp）——在柏林推翻民選政府，推舉卡普博士出任元首。而賽克特將軍認為政變不免是政治鬥爭的方式之一，這種內在動亂應由警察平定，德國軍人不應在德國的土地上和「前德國軍人」袍澤相互屠殺，故陸軍採取袖手旁觀的態度。另外，在一九二三年希特勒在慕尼黑發動「啤酒窖」政變，當時也是靠著警察力量來予平定，軍方處罰了參與政變的少數下級軍官——多半是尉官，並未參與平亂之工作。賽克特這種走火入魔的「軍隊不干政」，雖使德國軍隊在威瑪共和時代內閣頻仍政爭洶濤裡，保持了精

實之戰力，網羅了第一流的人才與技術，但是其對國家面臨叛變時之漠不關心態度，以及依威瑪憲法第四十八條之規定，總統在國內遭逢了動亂時，可以動用軍隊來平亂，但賽克特亦採取不合作之立場，顯示出賽克特對軍人「不干政」的強硬態度。威瑪共和國時代的軍隊，已經形成了「國家中的國家」，軍隊自成一套人生觀、價值判斷標準、行為準則以及人事制度。國家政治不僅不能波及軍隊內部，國家政府內的文人政治人物也就不能指揮軍隊。以現代民主國家「文人領軍」的觀念而言，這種主觀、排他性特強的軍隊，如果僅是謹守本分，那還不至於對國家之安定，有所妨礙。如果形成驕兵與悍將，甚至演變成恃力強索政治、經濟利益時，那麼軍隊無異成為「民主之癌」了。

威瑪共和國的軍隊完全的和政治絕緣，也形成軍人不懂政治，也不屑懂政治。在承平且民主的政府統治時，固不成問題，一旦國家遭逢暴君及非法政府統治時，軍隊「為虎作倀」變成暴政的工具之可能性即容易產生。由賽克特處心積慮訓練出來的十萬精兵，日後全部成為希特勒擴軍及發動二次世界大戰後，為數千萬名軍隊的領導軍官，但卻不能阻止希特勒之野心及避免德國淪為廢墟之浩劫，這是後世，尤其是戰後西德，對威瑪「絕對中立」之國軍所批評最厲之處。

第三節　健康的政軍關係

在民主社會，軍人應享有完全的公民權利，是毋庸置疑之事。軍人也就成為「穿著軍服的公民」。軍人既係國民之一，在並不妨礙軍事任務之前題下，當然擁有選舉與被選舉之權。軍人既然擁有投票權，就不可禁止其接觸有關政治的資訊、聆聽政見、與發表政

性言論。換句話，軍人與一般國民一樣，皆是有政治意識之國民。但是，國家如何把軍隊的團結力之維持與軍人的參與政治活動之間作一均衡之規定，且不傷及軍隊的政治中立，恐怕並不容易。不過，卻有幾個模式可為我們思考之方向。

一、西德的「激進政軍一致」之模式

西德在一九五六年重新建軍之後，便把軍隊之體制作巨幅改變，西德的新軍不僅不排斥國家的政黨政治，反而衷心接納之。依德國創立新軍理念之思想家包狄辛將軍之看法，軍隊裡應反映出社會與政黨之多元化。軍隊裡應該討論政治與進行公民教育，而民主社會裡最重要的「價值多元」與「容忍異見」之精神，也應帶至軍中，尤其是軍中各級長官更應有此民主理念。所以軍隊裡要有人權的觀念、法治的精神及民主的素養，這樣的軍隊——依包狄辛將軍之見——才會忠心的為護衛民主的政體而奮鬥。但是為了使軍隊成為「政治中立」之國家機構，也避免軍隊變成政黨鬥爭的場所，以至於破壞軍隊之團結，德國在一九五六年所公布之軍人法（第十二條）中，也重申軍人應注重袍澤之情感，不可沒有包容他人異見之素養，同時不能向其袍澤為任何政黨之宣傳活動；長官亦不可對下屬為有利或不利於某政黨之言論。因此，以西德這種致力於將政治價值與軍隊價值劃為等號之努力，也就是不排斥政治理念進入軍中，德國普魯士時期軍人所自傲的「軍人不願也不屑瞭解政治」原則大相逕庭，也是背道而馳的大轉變。

西德軍隊與政治密切關聯的另一個現象，是軍政與軍令「一元化」制度之整建後，軍隊的指揮權力移轉至國防部長之上。而極明顯的，國防部長即是政黨政治之產物，已經主掌軍隊之指揮權力及國防行政事項。因之，軍隊與政黨之關係變得更密切。因為政黨之

國防理念，有待國軍未來協助、配合與執行。國軍的願望有待於國會與政黨之支持。在大部分之情形，是執政黨與國軍對抗國會裡活躍的反對黨。在這層意義上，便面臨一新的考驗，即是軍隊如何在涉入政治，而不捲入政爭以致削減軍隊戰力。西德這種激進政軍關係新理念，例如軍隊裡進行政治性的討論課程（目前每週一個小時）卻又要同時維持不為某種黨派意見所左右，自始恐怕陳義過高。這種制度的實施並不容易，早在六〇年代，西德軍隊裡許多幹部——尤其是連級及營級幹部——咸認為在軍隊裡進行公民教育及討論政治，雖然立意至美，但是卻會面臨許多實施上的難題。首先，各個單位都不免會遭遇到師資及教材的困難。因為軍隊各單位——在野戰部隊是連級作單位——進行的政治課程及討論，是以各部隊長（如連長）擔任講員及討論會主持人。西德，尤其是包狄辛將軍當年所主倡此議者，認為軍隊裡不必培養一批專門講授法政的「教員軍人」，避免軍中存有「既定」的法政理念之人員，而希望由平日軍人的長官授課。因為唯有如此方更能加深軍人對國家政治及法治制度之信仰。但是，並非所有部隊領導幹部皆很清楚瞭解國家政治運作及法治內容；此外不少軍官的專長與興趣是軍事，而非政治，所以會視政治課程為苦差事。其次，政治教育因為往往涉及敏感及爭議性，進行這種討論時，部隊官兵們來自社會各階層，出身不同，政治理念恐怕也會是南轅北轍，再加上長官幹部是否真能容忍政治異見亦成問題？更何況討論政治議題時，長官對於極偏激之言論——如推翻政府，攻訐民主憲體——亦有制止之義務，議論者且有觸犯軍刑法之虞，故討論政治議題，顯然易使會議充滿火藥味，也使不少軍官認為是徒增部隊人員歧見與情感裂痕，不如少談為妙！我們必須承認，這種顧忌並非無的放矢，在必須重視高度服從精神的軍隊裡討論政治課題，其利弊得失，當可輕易衡量出來。

西德這種把政治理念引入軍隊，讓軍隊亦沾染政治影響力，固

然希望軍隊能夠不必和政治「絕緣」，但其副作用也不少。例如政黨會否把影響力滲入軍隊人事——尤其是高級將官之升遷——之決定上？易言之，某些黨派關係良好的軍官，是否容易受到屬政治人物的國防部長之青睞而官運亨通？另外，政黨之運作往往離不開金錢與利害，軍隊的武器及其他國防支出，會否產生「軍商勾結」之弊害？這些皆可能產生的弊端，就必須靠軍隊及國家嚴格的「法治主義」——如人事法規與升遷制度的公正性——來予以保障不可，也必須輔以完善的司法制度及大眾媒體之監督。所以，沒有在諸多「健康」的附屬法政及社會制度配合的情形下，貿然強化政治及軍事之關係，恐怕會導致軍隊的腐化及喪失軍隊的「內在制度性」。而且，為了有效的維繫軍人，特別是職業軍人的服從上級，服從國會監督，必須強調公務員（武官）負有「政治行為節制」之義務。這是德國軍人法第十七條的明文規定。所以，如果軍人對外有太偏激的行為，或是破壞軍隊形象、攻訐政府之言論，就不免會遭受紀律懲戒處分。近年來最明顯的一例，是海軍少將史美林（Elmar Schmaehling）事件。史美林因為常常撰文反對德國的北約、核武及整軍政策，並在一九八九年出版了一本《不可能的戰爭》（ Der unmoegliche Krieg ）重申其見解，結果在一九九〇年二月遭國防部強迫提早退休。史美林案廣泛的受到朝野之重視，雖然歷經訴訟，結果在同年還是遭聯邦行政法院判決確定。由這個案件可知，即使國防事務可以有許多爭議及意見，但是這些意見不是可以由軍人隨便公開討論，易言之，政治「護身符」並非軍人擁有，而是政客們才享有也。

二、折衷的政軍關係之模式

在上文的討論中，我們可以由德國普魯士時代，經過威瑪共和，和現在的西德建軍的諸多模式裡看出，在第一次世界大戰以前，屬於古典的立憲政治裡，軍人本著軍人不屑或不必瞭解、參與政治之原則下，憑藉著絕對的「統帥權」之制度，使得以往普魯士軍人可以不必受到國會的監督與政黨運作的影響。這種讓軍人可以遠離政治的設計，其實不能符合普魯士當時的軍隊與國家政權間之密切關係。由於「戰爭乃政治之延長」，故由軍事裝備之購置、軍隊人數之擴充、甚至兵役法之制定……在在需要使軍隊的專業見解、國家政治領導人士（內閣政府）之決心與國會的同意等三個要素密切地配合不可。軍隊不但不可能獨立於政治之外，反而會滲入政治因素。軍隊對政客們不能僅是排斥，反而是要加強聯繫、溝通以及獲得政客們的支持與諒解。所以在第一次世界大戰末期（一九一六年）後，儘管軍人和國會一樣都有效忠的對象——國王，但是由於德國普魯士軍隊普遍排斥政客，並自絕於國會之外，使得軍隊與國會之間的關係極為惡化，也使得德國帝國議會在一九一八年曾表決，反對德皇同意副參謀總長魯登道夫上將繼續在位的決定，甚至通過修憲案，限制了德皇的統帥權之行使。所以可知要軍隊在國會的監督範圍下保持「絕緣式」的孤立，並不可行。而在威瑪共和的政軍關係，雖然在遠大的目標上，威瑪共和國軍也和現實政治刻意地絕緣，使國軍能保持實力，以便用於可能的抵禦外侮之用，但是這種過度朝向軍事專業訴求的理念，把軍隊當成一個只知效忠國家的「戰爭機器」，卻造成了一個可怕後果，那便是軍隊變成一支不知甚麼是政黨政治、也不珍惜民主政體的軍隊。所以政權的遞嬗，國家憲政體制的危亡，都和軍隊無關，如此一來國家的軍隊只服從掌

握權力的政府，也不論該政府已經變質成為暴虐之政府。威瑪共和國的國軍，對現實政治保持絕對中立的模式，反而是變成西方學術界討論政軍關係的反面教材，它使得軍隊在國家淪向暴虐統治時，無法興起弔民伐罪之念頭與正當性訴求。軍人護衛國民的天職，也被政治中立的無知所泯滅。美國歷史學家泰勒（Telford Taylor）教授在一九五二年出版，名為《劍與萬字》（*Sword and Swasti-ka*，*Quadrangle Books*, Chicago）一書，把威瑪共和軍人的不干政原則，使得獨夫希特勒方能如虎添翼地遂行獨裁野心之史實有極深刻的描寫，值得一讀。

在平衡西德建立新軍的極高陳義，且富含浪漫氣息的「政軍關係」一致之理念，和另一極端的威瑪共和及普魯士時代之軍人「政治絕緣」論外，吾人想要尋找一個合乎我國國情與民主理念之「政軍」關係，似乎要朝下面幾個方面思考：

■ 軍隊裡應儘量避免進行政治議題的討論

軍隊固然不應形成各個政黨宣揚政見及吸收黨員之場所，部隊裡如果討論現實政治，容易破壞袍澤之情感，並減少部隊團結力。因此，軍隊裡進行政治議題的討論，應儘量避免。但是軍人既係國家公民，則身為國家公民，在實行民主與法治的時代，國民應具備起碼的憲政與法律之常識，軍人亦不可忽視。因此西德軍人法所規定之軍人應接受公民教育，極為可採。準此，日後如果有制定政黨法之擬議時，應明定各政黨雖可以吸收軍人為黨員，但不應設置特種軍人黨部，並不以軍人黨員作為宣傳標的。易言之，只能將軍人黨員視為普通個人之黨員。我國過去因為特殊的國情，軍隊是由黨軍演變而為國軍。因此國民黨在軍隊的影響力無遠弗屆。但既然國家已決定走上健全的政黨政治及憲政之路，因此，各個政黨只能用理念吸引軍人黨員，但不能組織軍人黨員。故各個政黨宜有此「自

制」之認識。立法院在去年（八十二年）十二月十四日通過增訂人民團體組織法第五十條之一，禁止在軍隊裡成立黨部，可說是踏出了關鍵性的一步。

■ 軍隊裡宜進行深入的法治教育

由於軍隊已是國家行政權力之一支，軍隊已不是國家「法外之力」，故軍隊所作所為都必須依法而行。特別是當軍隊、軍人和其他人民打交道時，由小至每日膳食之採買，大至演習行軍之傷人毀物，都會與人民發生法律關係。加上軍人一旦和外國作戰，一定會牽涉到國際法（如日內瓦公約）之問題。所以，軍隊裡應該進行深入之法治教育，使軍人知道自己職責所在。目前我國軍中進行的法治教育集中在「軍刑法」教育——所謂的「軍紀教育」，這種教育當然不可偏廢，但也不能只局限教導此種知識而已！軍法人員也多因為承辦軍刑法及審判法，只對此領域專精，也失之過偏。另外，為了確保各個部隊之法律上權益，政府亦可考慮由各個部隊（如以師或獨立旅為單位）聘請當地之律師為「部隊法律顧問」，平日擔任法律問題之諮詢律師，涉訟時則充任部隊（官兵）之辯論律師，來加強各級軍隊的法治素養。目前德國給每位師長以上的軍官，每人聘一位法律顧問，全德共有一〇三位這種專屬的特種幕僚來輔佐司令官個人，這便是一個值得取法的措施。

■ 國會的監督議題

軍政與軍令一元化後，軍隊視為國家行政權力之一部分。以行政對國會負責之原則，軍隊一切都應該置於國會的監督之下。以往憑藉著「軍令」體系來規避國會監督的理由，應不復存在。但是，如何在防止軍隊「政治化」，以至於把軍隊形成另一個政治角力的場所，以及避免國會議員背後所「伴隨」而來的金權與商業勢力侵入軍隊，破壞軍隊之純質性及腐蝕軍紀，國會的監督應該有其限度。

基本上，國會對軍隊的監督應如同國會對其他行政部門，特別是對警察機構之監督。理想之方式，是國會對國防政策——包括戰略、武器採購，軍事預算、軍紀問題、軍事組織等，皆有置喙之餘地。但是，對於「人事」問題，應該不能干涉。因為如果國會對軍隊人事升遷、職務調遷問題可以大作文章的話，將容易形成「人事政治化」，造成「政治軍人」之虞。一旦有野心的軍官會和政客勾勾搭搭，軍隊對政治的中立性即遭破壞，後果不堪設想！其次是在戰術性之訓練及戰備問題，則事屬執行及軍事專業領域，亦無須由國會審查。

■ 國防部的文人化及文官化

為了貫徹政黨政治，以及行政權力向立法權力負責之原則，國防部宜相當程度「文人化」及「文官化」。不僅是要求國防部長儘可能（但並不必絕對是）由文人出身者擔任，也要求要有文人的次長來負責國防行政之事務。由於文人出身的國防部長及次長，較能適應國會文化，應付來自「非軍人」層次（國會議員及輿論）對軍隊的批評及疑慮。並且，一旦國防政策或監督國防事務有所缺失，身為政務官的文人部長、次長即可較彈性的去職。此外，國防部裡應該配置相當數量的文官（文職公務員），掌管有關軍事行政之事宜。傳統上以為一切國防事務部應由軍人來處理之觀念，已嫌落伍。國防行政是標準的依法行政。軍人的任命、升遷、撫卹、獎懲都是必須依法辦理，甚至對於違法侵及軍人權益之處分，軍人也有提起訴願及行政訴訟之可能（參見大法官會議釋字第一八七號、二〇一號、二四三號、二六六號、二九八號、三一二號及三二三號解釋）。所以國防部裡應有一批類似其他部會之專業行政官。其他如預算、採購，甚至處理申訴及軍法案件，也無非軍人來擔任不可之理由。所以，國防部裡應以文職（文官）為主，而具有軍事資歷、經驗之

軍人應該居於輔助之地位，以貫徹軍隊的國防「法治化」之要求。依德國為例，一九九三年年底，全德共有三十七萬軍人，但國防部裡即有三萬名文職公務員及六萬名聘僱人員，即可看出德國國防行政的文官化了。

■ 出席國會「備詢」之問題

以往負責軍令體系之軍人，皆不必出席立法院（包括國防委員會）備詢。但是，這個原則卻已逐漸失去效力。立法院近幾年來，已有各軍種的參謀長出席國防委員會應詢。然而立法院可否要求任何一個軍人到會？例如要求某個師長、營長到立法院接受質詢？此如同其他部會之科長或司、處長有無到立法院備詢之義務？本人以為，本著行政向立法負責之精神，一般行政部會之政務官應以政策之擬定以及監督執行政策之結果，向立法院負責。所以應該只有政務官才需向立法院負責，從而才有出席立法院應詢之必要。軍隊雖列入國家行政權力之一環，但軍隊和一般行政機關並不相同，通常並不擁有涉及影響人民權益的公權力。故軍隊的國會監督宜找「代表人」。易言之，由國防部裡決定政策層面之人士來對付國會之質詢。對於參謀總長之地位，以參謀總長一方面係總統（最高統帥）之參謀長，又係國防部長之幕僚長之雙重角色而言，參謀總長自係負責軍事政策之決策人士，屬於政務官。且參謀總長久居軍旅，歷練及軍事專業知識應可服眾，所以出席立法院為國防政策及事務作辯護，並來防護國軍之利益，應該是十分妥適。故我國有必要在將來制定「國防組織法」時明定參謀總長之地位。本文以為參謀總長應定位為國防部次長，作為國防部長之幕僚長及副手，而有出席國會備詢之義務及權利。至於其他階層之軍人，即可不必費神和政治人物去「鬥智」及「鬥嘴」了。

第四節　結　論

　　日本東京大學著名的憲法教授小林直樹曾經作了一個著名的比喻：把軍隊當成「白血球」，「白血球過多症」將使人致命，軍隊亦然。不過，小林教授這句話只說對了一半。軍隊對一個國家——特別是民主國家——會致命與否，並不在於其數量之多寡，而在於其「品質」。如果一個軍隊受到政府之監督，護衛了民主憲政，則軍隊雖多，並不會「反噬」國家。例如在二次世界大戰中的英國，養兵何止上千萬？目前的以色列，也堪稱為「全民皆兵」之民主國家。但是，如果軍隊是由野心之人士（包括政客及軍閥）所操控而為虎作倀時，則雖極少量，反適足以斲害國家之生機。以往主控羅馬帝國政權少量精銳的軍隊（御林軍）不談外，今日猖獗在中南美洲各獨裁國家中，人數並不算多的軍隊，即可知道足以反噬國家生命的軍隊不在於「數量」，而在「質量」，也就是當軍隊本身染有「利癌」——追逐權力和私利之心超過護國衛民之心——時，才是國家民主體制致命之軍隊。德國在上世紀著名的軍事家毛奇元帥曾說過：「和平是一個永不可及的美夢」，道出了國家結構裡軍隊有其不可或缺的「現實性」。如何使我國國軍能「專業化、純質化與非政治化」，恐怕便需要所有關心國家憲政發展人士以無私無我且深謀遠慮的心，一起來貢獻心力了！

　　（本文原刊載：《律師通訊》第一七三期，民國八十三年二月）

第八章

千里馬與韁繩——
論國防組織法的立法

第一節　前　言

　　我國憲法第一百三十七條第二項規定：「國防之組織，以法律定之。」此條文自民國三十五年憲法制定後，遲至今日尚未完成立法，可以稱為是立法者違反憲法委託形成的「立法者懈怠」（Unterlassung des Gesetzgebers）最典型的例子。在朝野黨派與學界人士的督促下，國防部在去年（八十八年）三月已草擬完成一個國防法草案送請行政院審查。但在三月二十五日各報報導了國防部長唐飛的談話，認為國防法草案將參謀總長列為國防部長的幕僚長，陸、海、空等總部直接聽命於部長，使參謀總長喪失實權，成為「寡頭總長」，無法指揮軍隊，此種設計極為不妥，已將國防法草案撤回國防部重新審議；四月中旬由報載知悉國防部再度考慮設立聯合參謀指揮部，由參謀總長擔任實質指揮國軍之責，國防法將循此方向修正。今年九月國防部終於完成國防法及國防部組織法修正草案，並經行政院審查完畢，並於十一月送請立法院審議。此二個草案關涉我國國防體制「任、督二脈」的流暢與否，重要非凡。今年（八十九年）一月十五日立法院通過此兩法，並授權行政院在三年內實施之。本文即願以憲法的眼光，來對此國防基本大法略抒淺見，並大膽提出不同的看法。

第二節　國防組織法的憲法期待

　　我國憲法第一百三十七條第二項有關國防組織法的規定，是憲法基本國策章「國防」節內最少受到重視的一環。比起其他「國防

憲法」的條款，例如軍隊國家化、軍人不介入政爭、軍人不兼文官等，都是針對我國自民國肇建後，軍閥內鬥造成國家殘敗所下的針砭，都具有極光明正大的立論，顯示制憲者的高度期待。但對於國防組織應以法律定之的規定，則未有極明顯的類似其他條款的訴求理念，而普被忽視[1]。不只是行憲後學界有此忽視其重要性的現象，即連在制憲前後也有此情形，顯示此條款的出現，未有經過一番深思熟慮的考慮。為了證明此過程，本文大膽的提出三點來佐證。

第一，由我國憲法撰寫人張君勱先生的觀念而論，我國憲政的先驅者張君勱先生畢生以制定一部中華民國憲法為職志，我國現行憲法的架構泰半出自其構想。吾人考察張君勱先生畢生關於所有的憲法論文中，對於國防事件頗有興趣，著墨也甚多，例如民國七年上海召開國是會議後，張君勱先生所著作的《國憲議》[2]一書，篇六論及軍人與大總統選舉；篇八討論軍制，將國防問題提升到憲法層次，是我國憲政文獻史上一個重要的里程碑，但在本書中只提及中國應該採行德國普魯士的義務兵制而非瑞士民兵模式，對於國防組織應如何以法律定之的見解並未提及。另外在我國憲法制定後，民國三十五年八月十五日張君勱所撰寫的《中華民國憲法十講》，對我國憲法的內容作了甚多的討論，但對國防組織法並未提及，尤其是張君勱提到總統統率三軍時[3]，並未加上一句以國防組織法來規範總統的統帥權，可見我國憲法的主稿人並未重視國防組織法的價值。

第二，在關於憲法草案中，亦未有類似的規定，五五憲草及政治協商會議之憲草修改原則（民國三十五年一月）第十一項之規

---

[1] 例如憲法學前輩任卓宣在其大作《中國憲法問題》，帕米爾書店，民國四十三年，就未提及此問題（第六十五頁）；劉慶瑞權威的憲法教科書《中華民國憲法要義》，民國七十二年修訂十二版，第二四七頁亦同樣隻字未提。

[2] 台灣商務印書館，民國五十九年二月重印，第五十頁及六十四頁。

[3] 商務印書館台一版，民國六十年，第六十八頁。

定，與現行憲法第十三章第一節「國防」頗為相近，但卻少掉了制定國防組織法的規定，所以我國制憲時提出於國大的第一讀版本，亦無此規定。

第三，制憲國民大會在民國三十五年之一讀會時，負責基本國策的第七審查委員會審查中，才加入了國防組織法的規定[4]，至於此由何人所提出，及有無對此法的功能進行討論，依制憲的文獻，例如第一屆國民大會實錄，並未有隻字片語提及，因此到底制憲者之意，此國防組織法是否僅僅為國軍軍事機構的組織條例，即純粹的組織法（Organisationsgesetz）？抑或是包含了所謂廣義的「軍事憲法」，即包括整個國防任務、國軍角色及軍人地位的國防組織法（Wehrverfassung）？及採更廣義的國防法（Wehrgesetz）？就無明確的指示。故在我國制定國防組織法時，就必須先澄清立法的方向問題。

第三節　國防組織法的立法例比較

將國防組織明白的納入法律來規範的例子，並不太多。我國憲法在制定本條款時，並未提到任何國家的立法例來作說明，可見當時是我國憲法的創見。現在以法律來規定國防組織，或名為國防組織法或國防法的國家並不多，茲舉德國、法國、奧地利及大陸的相關法律來作說明。

---

[4] 參見國民大會實錄，國民大會秘書處編印，民國三十五年十二月，第四九一頁。

一、德國國防組織法的立法例

德國在憲法中規定應該制定國防法的例子起源甚早，早在一八四九年的憲法草案第十二條即規定要制定「國防組織法」（Gesetz ueber Wehrverfassung）來確定國家軍力的多寡及軍隊的編制，第十六條且規定這個法律應該以聯邦法（帝國法），而非邦法來規定之。在一九一九年德國公布的威瑪憲法第六條第四款亦將國防組織法列為聯邦的專屬事項，第七十九條規定國防組織為中央立法，且應規範國防的任務。因此德國早期的見解，乃將憲法規範國防的事務皆通稱為國防組織，因此其概念係採廣義解，舉凡國防之任務、軍人之地位、任務與屬性，皆包括在內[5]。

德國在威瑪憲法時代前後制定了兩個國防法。第一個是一九二一年三月二十三日所通過的「帝國國防法」（Reichswehrgesetz）[6]，本法共有四十八條之多，包括範圍甚廣，例如：

1. 軍隊的編制：本法第二條規定，威瑪共和國陸軍（包括文職人員），總額為十萬人，其中包括軍官四千名、軍醫官三百名及獸醫軍官二百名。而第五條則規定帝國海軍不得超過一萬五千人，其中十分之一為軍官。

2. 關於軍隊的編組：本法對於陸、海軍的建制予以列舉性的規定，例如第三條規定陸軍的編制，如成立兩個軍團司令部，下轄七個步兵師、三個騎兵師，總編制為二十一個步兵團，二十一個訓練營，十八個騎兵團等等。第六條規定海軍各有六艘戰

---

[5] 參閱拙著，〈法治國家的軍隊——兼論德國軍人法〉，刊載本書第二章；及《中民國憲法釋論》，民國八十八年十月三版，第七八二頁以下。

[6] RGB, 1921, 329.

鬥艦與重巡洋艦，以及各十二艘的驅逐艦與魚雷艇。

3. 國防指揮體系，規定國防部長向三軍統帥總統負責，陸、海軍各設總司令。

4. 規定中央與地方軍事行政權限的劃分。

5. 規範國軍的權利與義務。這是德國國防法的重頭戲，共有二十三條條文（第十八條至第四十條），舉凡軍人的服從義務、政黨中立、退休、兼職、婚姻等，皆包括在內。另外還有甚多的過渡條款，將德國許多現行法中與本法牴觸的法條加以慎密的處理。

這個被稱為「老國防法」明顯的是一種概括的國防綜合法，既包括了國軍的組織、員額，也提及了軍人的權利，就「法律保留」的立場，本法將許多以往未有法律規定的事項（如政黨中立），或是枝枝節節的散在各法律中有關軍人權益的規定，集中在一個專門的國防法中，倒不失是國防法制的一個良好典範。

隨著納粹政權在一九三三年一月三十日登場後，撕碎了凡爾賽協定，大幅度的擴軍後，對於嚴格的國防法認為綁手綁腳，遂於一九三五年五月二十四日通過了一個新的國防法（Wehrgesetz），將老國防法徹底的改頭換面，本法有三十八個條文，但多半採取概括性的規定，其特色如下：廢止老法對於兵員總額的規定，同時對軍隊的編制組建也完全取消，例如第二條規定德國國軍包括陸、海、空三軍及軍校學生，不再詳列國軍的編制數量。本法對於領導體系也規定統帥為元首希特勒，由國防部長向元首負責部隊的指揮，因此部隊的領導結構無須設立總司令不可，可彈性由部長來決定。除此之外，本法的目的主要除了恢復服兵役外，更確定了全民服役的概念，三十五歲以前人民有服兵役的義務，三十五至四十五歲應服民防役（Landwehr，第十一條）。本法規範甚多服兵役的基礎規定，以

及軍人的基本權利與義務，但就精細程度而言，此部分比老法省略的甚多，且授權部長裁決。然其中亦頗有甚為前進的規定，例如第二十六條的軍隊中立化即為一例。本條文規定軍人不得從事政治活動，國社黨員及其相關團體之成員在服役期間不得參與政黨活動；軍人不得參與選舉；軍人參加國軍內外的社團須得長官的同意；對於軍人文職人員上述的禁令，得由國防部長認有國防必要時免除之[7]。在納粹一黨專政時代，竟然會讓納粹黨退出軍隊之外，可見本法至少在此點上值得大書特書[8]。德國納粹的新軍人法實施一直到二次世界大戰結束時為止，這個法律的格局及規範嚴謹性皆不及老法，且重在對軍人權利的規範，因此可以劃歸為屬於軍人的權利義務法，此種立法例也影響了日後德國制定軍人法的規定。

　　不過，德國現行基本法並未有類似以往要求制定國防法之規定。基本法第八十七條a一項僅規定，有關國軍人數及其組織應以預算案來確定之。第八十七條a則規定國防行政的任務（人事及物資供應等），並未直接規定國防法的立法問題。直至一九五六年三月十九日德國公布了軍人法，才在第六十六條明定：國防組織，尤其是國軍最高機構及國防部之組織，另以法律定之，才在立法層次確定立法之必要。不過遲至今日，本「國防組織法」仍未立法[9]。考其理由

---

[7]O. Semler, Wehrrecht, 1935, S.22.

[8] 納粹黨之所以為此立法，乃是為了拉攏軍隊支持納粹黨，由於希特勒認為唯有靠著高度內聚力及優秀的普魯士軍官團，方能依其所願的建立一個強大的軍隊，才會用此個「示好」的條文，使得納粹黨不會「伸手」到軍中。但至於屬於黨軍的「禁衛隊」（SS）就不在此限。關於這段歷史可參照Telford Taylor 的經典之作：*Sword & Swastika──Generals and Nazis in the Third Reich,* Quadrangle Books (Chicago), 1969, p.85.

[9] 德國國會曾經二度（一九五六年四月二十六日及一九六五年六月十八日）提出本法草案，但都未能完成立法。見 H. Schmidt, Militarische Befehlsgewalt und parlamentarische Kontrolle, in: Festschrift fur Adolf Arndt zum 65. Geburtstag, 1969, S.449.

不外是「彈性」的考量。德國學者刻伐利奇教授所持的見解，可為代表。他認為，國防的目的既在保國衛民，故國防組織應採彈性，不宜將之用法律方式「綁死」。如果靠著預算案的方式能讓國會確實掌控軍隊的編制及其組織，亦是「政治責任」制度的體現，所以無另行制定國防組織法之必要[10]。甚至德國國會也認為英國、美國、法國及瑞士等國家用法律來規定國家國防組織，實際上並不成功[11]。因此，此學說已成為德國學界的通說[12]，這和我國迄今未制定國防組織法的情況頗為類似，但兩國學界的看法卻迥異也。

因此，目前德國三軍部隊的組織（包括各種司令部）皆以命令（組織令）（Organisationserlass）方式組建，例如一九六四年二月七日頒布第一次組織令，第二次則於一九六五年七月二十九日，目前的制度則是一九六六年十一月四日第三次修正公布。上述的組織令，皆沒有公告，所以屬於內部之命令，不過此制度已成為德國軍隊組織之定律[13]，軍人法第六十六條已形同具文。德國這個在軍人法立法時的理想主義，及其終告破滅的過程，可以給吾人一個啟示，即國防組織法不可太過龐雜冗瑣，應以彈性、簡潔為宜。

二、法國的國防組織法

法國在一九五九年一月七日制定一個國防組織法。這個國防組織法是繼法國一九五八年公布第五共和憲法，規定總統為三軍統帥，並主持國防最高會議（第十五條）後，才制定的法律。這是戴

---

[10]H. Quaritsch, Fuhrung und Organisation der Streitkrafte im demokratisch parlamentarischen Staat, VVDStRL 26(1967/68), S.246.

[11]H. Schmidt, a.a.O., S.449.

[12]D. Rauschning, Wehrrecht und Wehrverwaltung, in: v. Munch, Bes. VewR. 6. Aufl., 1982, S.965.

[13]H. Quaritsch, a.a.O., S.225.

高樂總統欲將軍事指揮權抓在手中才制定的法律[14]。因此本法的基本精神即在於如何貫徹總統的統帥權,而非著眼於國防及軍隊組織的建構問題。

法國國防組織法共分三章(總論、國防之總體政策與軍事指揮、部會首長與國防職責),計十六條條文。總論篇六個條文主要規定國家動員及緊急狀態下賦予政府緊急應變的權力,嚴格而言並不單指國防事務的緊急權力;第二章的八個條文是本法的重頭戲,主要是界分總統、總理的國防指揮決策權限,乃屬於上位的落實憲法層次統帥權的細部規定,其中最重要的厥為總統主持國防會議的一連串相關規定——此部分的詳盡規範可供我國國家安全會議法參酌,以便能使總統與總理的權限能清晰劃分;第三章僅有二個條文分別規定各部會如何向總理協助執行國防決策;及國防部負責的事務。由法國國防組織法內容的簡略及重心所在,明顯的凸顯出本法所要規範的並不是有關國家國防武力的總類、架構——例如分幾個軍種及軍隊應有那些編裝及領導層級——而是高度政治性質的、把總統關於決定國防政策的權限如何能順利運行所為的立法,所以在本組織法內毫無一語提及法國國防(三軍部隊)的組織!易言之,稱本法為狹義的國防組織法雖然不適合;但若稱為廣義的國防法,則不論其法律條文的數量,抑或是其規範的內容,皆極有限,除了總論篇提及緊急應變權外,對於軍人權益及義務的規定——此是德國二次國防法的重心——皆未提及。所以亦不能稱為是廣義的國防(組織法)。本文認為,法國的國防組織法實應易名為「國防統帥權行使法」,才能彰顯其專注於統帥權的「用心」及立法之特色[15]。

---

[14] 因此,戴高樂是等國防組織法通過(一九五九年一月七日)之次日(一月八日),才接任總統職位,可見得這位軍人出身之總統對本法的重視。見張台麟,刊於(包宗和主持):《從世界各國國防體制探討我國國防組織》,國防部補助計畫,民國八十五年七月,第一○九頁。

[15] 關於法國國防組織法全文,可參照張台麟,前述文,第一三七頁以下。

三、奧地利的國防法

奧地利也是一個有制定國防法的國家。奧國現行憲法第七十九條規定國軍的任務，其中第二項臚列軍隊的任務，第四項則明白規定，應制定一個「國防法」（Wehrgesetz）來決定國軍應設立那些官署及組織以遂行第二項之任務。同時第八十條規定軍隊的統帥權（總統）及軍隊的指揮權（國防部長），也在第二項規定國防法能規範總統統帥權的內容。所以，奧地利在一九七八年一月三十一日制定的國防法也是一個有憲法法源的「憲法委託」。

奧地利一九七八年制定的國防法共分六章，計六十九個條文：第一章的總論（十四條）包括國軍的任務、軍隊的指揮權歸屬、決策及申訴機構、軍官及士官的任命、官階區分、職務命令及組織。尤其值得注意的是職務命令（第十三條）及關於國軍的組織、裝備、基地及軍隊名稱（第十四條）都明白授權由聯邦政府以命令定之；第二章是規定「兵役」部分，計二十九個條文，顯然是本法的重頭戲；第三章規定軍人的權利與義務，計八個條文；第四章則是罰則，計七個條文；其餘是過渡條款及附則等。

奧地利的國防法也是一種廣義的立法，但對於狹義的「組織」方面也採授權方式來規定之，和德國無異。而本法許多規定——特別是第二章及第三章，在德國都以專門法律來規定，所以，就比較法的價值而論，奧地利國防法立法例的第一章關於軍隊統帥權的落實較有參考價值，也和法國國防組織法的目的極為類似。

四、中共的國防法

依據中共一九八二年十二月四日公布的現行憲法中，並無制定

國防法的規定，僅在第六十七條第十五款規定軍人軍銜立法的權限[16]。但中共為了使其國防建設能納入國家的法制，因此在一九九七年三月十四日通過了中華人民共和國國防法，這是中共政權成立以來第一個國防法，受到大陸極大的重視。本法共分十二章：第一章「總則」，第二章「國家機構的國防職權」，第三章「武裝力量」，第四章「邊防、海防與空防」，第五章「國防科技生產與軍事訂貨」，第六章「國防經費與國防資產」，第七章「國防教育」，第八章「國防動員和戰爭狀態」，第九章「公民、組織的國防義務和權利」，第十章「軍人的義務和權利」，第十一章「對外軍事關係」，第十二章「附則」。本法堪稱規模龐大，既結合了整個國防的建設與軍人的權利義務，也包括了國家整個國防建設方針。然而綜觀該法七十個條文，卻頗多具有政治性的綱領，例如總則編第一條至第九條、第七章的國防教育、第九章公民、組織的國防義務和權利，及第十一章對外軍事關係等，使得規範性的條款為數甚少，所以實際上本法很難產生具體的規範力，例如本應為國防法最核心的軍人權利與義務方面，本法第十章列有專章，卻鮮有足以產生個人「主觀權利」（subjektive Rechte），僅舉一例以明之：第五十九條第一項規定軍人應受全社會的尊重，第二項規定國家採取有效措施保護現役軍人的榮譽、人格尊嚴、對軍人婚姻實施特別保護，及第三項規定現役軍人履行職務之行為受法律保護等，幾乎全是「訓示性規定」，當一個軍人自覺未獲上述之待遇時——例如遭到其他個人及機關之侮辱

---

[16] 但國防法第一條卻規定：根據憲法，制定本法。但並沒有指明是根據憲法何條。依官方解釋，該法是「細化」憲法中有關國防建設及鬥爭的條款，也就是在不牴觸憲法所為的國防立法。由於任何法律都不能違反憲法，故中共國防法實質上並無憲法明確的依據，從而其第一條的「法源」規定即難謂正確也。見圖們／許安標，《國防法知識問答》，紅旗出版社（北京），一九九七，第九頁。

時，卻無法由法院獲得任何的救濟，所以本法的政治意義遠超過其法律意義，本法的立法技巧不免落伍、老式[17]！

第四節　我國國防組織法的立法方式

由上述國防組織法的立法例討論可知，吾人很明顯會面臨究竟我國國防組織法立法應採狹義立法或廣義立法的抉擇問題。先就學術界的見解來討論：

一、學界的見解

學界對於國防組織法應採何種方式立法？如依林紀東教授權威的看法，則採廣義立法，氏認為國防之組織係包括陸海空軍之編組管理、軍事行政機關之組織、軍用物資之經理、兵員之訓練等所有關於國防之制度而言[18]。如此一來，國防組織法的範圍便廣泛至極，可否完全在一個法律內完成？林紀東教授雖未明白解答此問題，但他也提及了國防制度……「惟其內容極為繁雜，且有時常變動必要，不宜由憲法規定，故委由法律定之。各種法律之有關規定，自應依照本條（第一三七條）國防之目的為之，庶與憲法立意相合」[19]。林紀東教授的「複數國防組織法」的見解，無疑贊同國

---

[17] 關於中共的國防組織及其他相關問題，可參見李承訓，《憲政體制下國防組織與軍隊角色之研究》，永然出版社，民國八十二年，第一四九頁以下。

[18] 林紀東，《中華民國憲法逐條釋義》（第四冊），三民書局民國七十年，第二五三頁。類似見解，如陳水逢，《中華民國憲法論》，改訂版，中央文物供應社，民國七十一年，第八四四頁；傅肅良，《中國憲法論》，修訂版，三民書局，民國七十六年，第六三〇頁。

[19] 林紀東，同上註，第二五三頁。

防組織法可以針對各種不同國防事務——例如動員、軍隊訓練、軍人權利等，而為各種立法，不一定要用一個「法典」把一切國防組織包括在內。林教授已預見國防事務的繁雜只用一法無法鉅細靡遺的規定，果然識見不凡。但吾人也要注意林教授是針對「國防制度」，而非本條款的「國防組織」，則前者應是更廣義的「國防法」，而非狹義的「國防組織法」也！

如果僅針對狹義國防組織法來立法，學界幾乎對此無討論。少數討論的見解則採嚴格立法，使得國防組織能獲得嚴格的立法基礎[20]。

二、立法的模式

雖然我國學界普遍持廣義立法之見解，但吾人並必不當然支持此種見解。以下即對狹義立法或廣義立法的妥適性進行討論：

（一）採狹義立法的妥當性

即認定憲法第一百三十七條第二項的字面解釋，亦即將國防組織法的立法方向僅限於國防的「組織」及其組織所不可或缺的相關制度，其中最主要的立法任務為如何將憲法的統帥權加以定位、與落實在軍事與政府的架構之中。採取此狹義的國防組織法方式，雖說其是「組織法」，但實質上並未僅規定國防的組織而已，否則國防組織法即與國防部組織法、參謀本部組織法相混同，從而失去了其立法的必要性。況且依中央法規標準法第五條的規定，政府機構本

---

[20] 依第一屆資深國大代表，也是對憲法較有研究的田桂林所言，憲法第一三七條第二項國防組織立法的目的，乃是因為現代戰爭已進入太空時代，國防組織應如何嚴密組織，自應另以法律規定，以應時代之需求。見氏著，《中華民國憲法衡論》，憲政論壇社出版，民國五十年，第三八九頁。

應以法律規定，國防部及其所轄之其他擁有法定職權的機構如參謀本部，即應以法律定之。從而憲法第一百三十七條第二項之規定即屬多餘。

在此，吾人又必須進一步的探討，所謂「國防的組織」應以法律定之，是否應該對何種為構成國防武力的種類加以明定，以及應否將此構成國防武力的「編制」，予以細部的規範（例如德國一九二一年老國防法對陸、海軍編組的列舉性規定）？關於前者的答案應持肯定說，蓋一國武力應該包括何種軍種（陸軍、海軍、空軍、憲兵），以及在必要時為了國防安全需要可將警察等單位編入，故應用法律方式加以明定；至於後者，則應採否定說為宜，按國家的國防武力內部編組係以達成國防任務為目的，本質上即應保持彈性，而且例如海軍艦艇、空軍軍機等常有失事的可能性，如在法律上加以編制及數目上加以確定，則經常面臨須修法的煩惱。軍隊組織基本上並不行使公權力，既和人民權利無關，故不必類似一般國家機關須在組織法內規定內部組織，所以無須採行德國一九二一年的國防法立法例。至於國家立法者如何控制國軍的規模？此時唯有依靠預算之制度。利用每年編列的預算案便可以類同法律來確定國軍的人數及基本編制，達到民意監督的目的[21]。

（二）採廣義立法？

本方法是將本法的範圍擴張到國防政策、軍人義務與軍事整備等等，最明顯的立法例可舉上述的中共為例。我國國防部所提的國防法已有類似的特性。以立法的角度而言，此立法的規模會趨向龐

---

[21] 例如德國基本法第八十七a條一款規定國軍人數及組織概要應由預算來確定。因此德軍的編制——例如陸軍分三個軍團，包括十二個野戰師；空軍分四個飛行師；海軍包括一個航空師、五個艦隊等（依一九八五年之預算），便是靠預算來確定。見P. Badura, Staatsrecht, 2. Aufl., 1996, G.86.

大，當然不免流於訓示性規定，從而喪失其規範性。此種立法更會在條文中運用「××依法保障」或「依法××」等字樣，易言之，仍需要其他法律來形成此規範的內容，明顯的屬於「多餘的立法」。在涉及軍人權利與義務方面，便會有甚多類似的條款出現。吾人可舉前述中共國防法中甚多的條文及我國國防法草案（第十六條至第十九條），都是這種典型的「贅言立法」。

（三）小結

因此，我國國防組織法應該回歸憲法第一百三十七條之旨意，採取狹義解釋為宜，故其名稱仍應回歸為「國防組織法」，而非如國防部所草擬的「國防法」名稱。

其次，關於本法的立法形式方面，林紀東教授的「複數立法」雖然將國防組織法與國防制度混同，但也點名了國防事務個別立法的重要性，所以國防組織法儘管應採狹義立法，但所牽涉的事務範圍亦復不少。故此種立法既要不失其明確性，又要將細瑣部分拋棄，故本法宜採所謂的「原則性立法」（Rahmenvorschrift）[22]，儘量求其概念明確，無需好高騖遠，形成笨重龐大的綜合法典。本文前已討論到德國軍人法第六十六條規定應制定「國防組織法」的失敗例子，即可給予吾人一個良好的借鏡！

---

[22] 所謂「原則性立法」（Rahmenvorschrift）是指法律對某些事項僅以原則性的規定，至於細部，屬於須填補性（Ausfuellung）的部分，留待其他法律，或以行政命令訂之。這種立法可以兼顧立法的速度，或是立法的品質，也可以調和中央及地方分權的絕對性。例如德國基本法第七十五條即有此規定，可以由中央為原則性立法，再由地方為細節性立法。見H. Schneider, Gesetzgebung, 1982, Rdnr. 166.

第五節 國防法的若干商榷

目前已成為「定稿」國防法（以下簡稱「本法」中有不少改變以往國防體制的新規定，但也有不少仍保留舊有包袱。

一、關於立法的範圍

本法在第一條規定乃依憲法第一三七條制定，卻不提乃依憲法第一百三十七條「第二項」規定之國防之組織以法律定之。顯然是一種「移花接木」的障眼法。按依第二項之立法指示，則本法即應以有關總統之統帥權行使與國防之組織為其標的，尤其後者牽涉我國現制有關參謀總長與國防部長之關係、參謀總長與國會之關係（應否到立法院報告及接受質詢）以及軍政軍令一元化與否之問題，已成近年來朝野爭議的中心。然而本法更及於軍人的權利與義務、國防整備及國防機密之保護等，這種遼闊的範圍已逾越國防組織法的立法格式，而達到國防法之規模，和中共國防法，頗相類似。故本法內容有精簡的必要。

二、總統統帥權的內容與行使問題

誠然我國憲法對於總統統帥權的內容並未言明，學界對總統此項權力視為形式抑或實質也有爭議，但本法必須為此作一判斷，且亦須注意不得逾越憲法之界限[23]。本來國防部在去年（八十八年）

---

[23] 參見拙著，〈憲法「統帥權」之研究──由德國統帥制度演進之反省〉，刊載本書第一章；《中華民國憲法釋論》，第四二五頁以下。

初完成的國防法草案中有為強化總統統帥權而設置「國防會議」之議。這個構想在民國八十六年國民大會修憲時也甚囂塵上，但終恐被外界批評為「總統擴權」而叫停。國防部在九月份提出的草案雖已刪除此議，但為正本清源，吾人應該不畏煩瑣，對此問題徹底瞭解一番。原草案第八條規定，總統行使統帥權之指揮事項應召開國防會議；第九條且規定參加此國防會議的人員名單。此兩條規定明顯地模仿法國第五共和憲法第十五條。按該憲法第十五條規定，總統為三軍統帥並主持國防最高會議及委員會。因此，由法國憲法明文規定總統為行使統帥權得主持及召開國防會議，法國遂於一九五七年一月七日公布國防組織法，並於該法第十條明訂參加此會議及委員會之閣員名單。反觀我國憲法並未有總統召開國防會議以遂行統帥權之明文規定，已與法國制度不同；況憲法增修條文第二條第十項規定，總統決定國家安全有關大政方針，得召開國家安全會議，可知總統召開會議，不論是國防會議抑或國家安全會議，皆須憲法有明文規定方可，此屬於「憲法規範」之層次，非法律層次之本法所能置喙。

此外還有三點理由可作為反對此制度之依據：

1. 國防軍事事件可大可小、可繁可簡，本應由各級軍事首長分層負責，且參謀總長必須赴立法院備詢（大法官釋字第461號），故總統倘若在國防會議作出決定，反賦予立法院攻擊之把柄，對元首權威傷害甚大。

2. 國防法草案如規定軍事會議之職權，既與國安局相衝突，則國安會及國安局組織條例必須再修正，此會令人回想民國八十二年十二月該二法通過的混亂情況，甚至勞動大法官會議解釋（釋字第342號），是否要激起反對黨立委的「往事舊恨」，殊值商量。

3.今日國際情況複雜萬端,尤以我國目前處境為然。一個國家危機即使須採行軍事手段因應,仍必須考量國內財經及外交等狀況,故唯有多部會首長參與的國安會,才能作出最周詳的決議。

目前本法雖已刪除國際會議之構想,卻在第七條及九條引進國家安全會議之制度。特別在第九條規定:總統為決定國家安全有關之國防大政方針,或為因應國防重大緊急情勢,得召開國家安全會議。這二條規定實際都是贅文。按依憲法增修條文第二條四項規定總統可以公開決定涉及國家安全之大政方針的安全會議,國家安全會議組織法第二條及五條也有相關規定,都不限制總統可對涉及國家安全之國防事項,召開國家安全會議。所以本法此條規定或為補代以前草案設置國防會議之不當所出,反而弄巧成拙,不如不訂為妥。

三、關於部長與參謀總長的關係

國防組織法應確定軍隊的領導指揮關係,使其明確化,並且應將困擾我國甚久的參謀總長定位問題及其與國會間之關係作一明確的規範。本法對這些問題規定並不十分清晰:例如第八條的總統既有三軍統帥的地位,行使統帥權指揮軍隊,卻又「責成」國防部長指揮軍隊,第八條後段規定部長「命令」參謀總長指揮執行統帥權[24]。而且第十三條對參謀總長定位為部長之「軍令幕僚長並承部長

---

[24] 本法草案本條原是國防部長直接「承」總統之命指揮軍隊,再「責成」總長指揮軍隊;本法則更改次序,先由總統「責成」部長,再由部長「命令」總長。這種「責成」及「命令」互換的意義為何,是否純為「文字遊戲」?還是有其他特別意義?草案及立法過程都未細細說明,留下徒然的推敲的空間!

命令指揮軍隊，這兩個規定頗為含糊。就「幕僚長」而言，頗似美國三軍參謀首長聯席會議的主席，及德國的「參謀總監」（Generalinspekteur），並不實際指揮軍隊；但又規定總長「受部長命令指揮軍隊」，又頗類似承襲現制之「總統經總長直接下達軍隊之指揮」[25]，只不過易總統為部長而已。但總長是否同現制之總長一樣為強勢總長？以全盤分析第八條至十四條之規定，答案應是肯定與否定各半。「肯定」部分是指總長的職責仍是「軍中第一人」的強勢總長。「否定」是指總長已無總統的「靠山」。先以後者而論：依第八條雖仍重申總統的統帥權，但既明白規定統帥權「直接責成」部長，顯見部長已能直接指揮軍隊。只不過一般情形是部長「命令」總長執行指揮權也。所以國防部長的指揮權並不是「過水」性質的權限而已！此在第十三條更特別規定參謀本部是部長的軍令幕僚機構，又兼三軍聯合作戰指揮機構，總長且承部長命令負責軍令、指揮軍隊，再之說明本法已經完全摒棄老制「架空」部長指揮權的本意。總長必須配合部長的施政理念，不能再「躲進」總統統帥權的「保護傘」之下。 此次國防法通過同時，國防部組織法也同日修正通過。依此法第十三條規定，國防部設副部長兩人。本法通過時有四條附帶決議，其中（三）決議參謀本部組織法及三軍總部組織規則應依「國防組織擬案」修正。此擬案即在國防部長下設三個副手：軍政副部長、軍備副部長及參謀總長。參謀總長顯然即「軍令副部長」[26]另外，就「肯定論」部分，總長既是實際負責三軍聯合作戰指揮機構的參謀本部，所以總長仍是強勢的，擁有指揮實權的「軍中第一人」，不純是軍令幕僚長。所以本法第十三條雖只云參謀本部乃軍令幕僚機構，已誤解該本部並非幕僚，實乃指揮機構之性質，

[25] 國防部參謀本部組織法第九條二項。
[26] 這也和筆者所建議的「軍令次長」模式頗為類似，參閱本書第一章，第五十九頁處。

從而總長應是官署，而非幕僚長之身分，方符合行政法的基本原理！

四、總統、行政院長的相關職權及相互關係的澄清

本法第七條將我國國防體制的架構分成總統、國家安全會議、行政院及國防部等四個。 但這個架構只是「職務分工」的意義。由第八條之規定顯示，總統的統帥權已經「形式化」及「象徵化」，而移由部長負責。但總統得否收回之？答案應為否定。本法已經樹立「軍政軍令一元化」的制度矣！但存在朝野或社會一般人的心態及想法內根深柢固的總統統帥權「專屬」見解，恐仍要加速調整之。以本法在立法過程的一九九九年九月下旬為例，九二一大震災後總統頒布的緊急命令第九條便是規定國軍投入救災的命令。緊急命令之所以特別指定國軍為救災工具，似乎也含有軍隊的指揮必須統帥權行使不可！而此權限並非負有救災任務的行政院所擁有。本法公布後，上述的思想即應修正。

在行政院方面，本法第十條規定行政院制定國防政策、統合整體國力，督導所屬各機關辦理國防有關事務。可知國防部亦應配合行政院所制定之政策，是為「內閣一體」的原則。惟在第八條的指揮軍隊規定，直接越過行政院長一層，而由國防部長負全責，則正如同警政由內政部長負責一樣[27]。但以行政院長作為國家最高行政機關之首長，即便國防部長負直接軍隊之責，但解釋上國軍仍是行政權力之一環，亦適用「行政一條鞭」之原則，故行政院長還必須

---

[27] 這是以警政署棣屬內政部來作比喻。但依我國憲法中央及地方分權的體制，警政係地方、而非中央事務，所以嚴格而論，警政是省的權限，故內政部並非警政的最高主管機關。

是國軍的長官，只是本法所未明文承認而已！

五、關於本法今後修正之幾點建議

本法雖已公布，且三年內才會實施（本法第十五條），但仍有一些地方值得再商榷，茲依個人淺見提出如下建議：

（一）內容應大幅度地刪減

集中規定只限於有關國防的組織與指揮關係即可，條文寧少勿多，其中憲法已規定之條文，如第二、五、六條一項、九、二十四、三十三條，或其他法律已規定或應規定之條文，如第三章，軍人之權利與義務，第四章有關動員、演習、軍事徵用及民防的「國防整備」第五章「全民防衛」及第六章的「國防報告」等，皆應刪除之。

（二）建立緊急狀況的移權制度

鑑於我國憲法明定總統有頒布緊急命令，以應付國家危急狀態之權力，而戰爭即為其特例。故總統於國家瀕臨戰事或為遂行戰爭，以緊急命令實行統帥權力亦為合憲。職是之故，本法可規定，總統於有戰爭威脅或戰事時，得直接指揮軍隊，亦為我國憲法制度所許可，亦是師法德國憲法第一一五條b的體系，惟本法第九條只提及總統可公開國家安全會議而已，未提及戰時移權制度。

（三）關於中、下級各級軍事組織

關於中、下級各級軍事組織本法並未規定，所以各軍事機關的成立未能有法律依據。憲法增修條文第三條第三項規定，國家機關之職權、設立程序及總員額，得以法律為準則性之規定。而行政院

有關單位（如研考會）所擬之法案，皆排除國防組織與員額，故本法可仿效德國威瑪共和一九二一年三月二十三日公布之國防法第二及五條之成例，對三軍部隊的基本編制及人數加以規定（例如，規定現階段承平時日官兵人數的最高上限），以避免日後朝野黨派產生應否另定軍事機關及人員法的爭議。其人數應以「精實案」目標之四十萬人為上限[28]。

第六節　試擬一份國防組織法草案

本文討論了國防組織法的立法原則，筆者也不揣淺陋的擬具一份符合我國統帥以貫徹軍政、軍令一元化所合適的國防組織法，也許可提供讀者們另一個思考的方向。本節區分為草案總說明，及草案條文與說明併列表。

一、國防組織法草案總說明

國防之目的在於保國衛民，因此，國家之生存與人民生命財產之保障，咸賴國家設置軍隊維持戰力有以致之。以現代民主國家的政府組織與權限分工而言，軍隊屬於國家權力的一環，且列入國家國防行政的範疇內。基於民主政治與民意政治的理念，軍隊應超出黨派之外，以避免成為政爭之工具，已是民主國家憲法中之普遍規

---

[28] 不過，本條文是具有訓示規定，主要是提供國會審查預算的指標，故一旦國軍人數超過此數目，亦不致造成違法的後果！德國基本法第八十七條a規定的由預算來行使國會對軍隊編制及人數的控制，也是這種政治意義，而非法律意義的控制，參見 v. Munch / Kunig (Hrsg.), Grundgesetz Kommentar, Bd. 3, 3. Aufl., 1996, Rdnr. 11 zum Art. 87a.

定，我國憲法第一百三十八條亦有明確之規定。此外，國軍既然是國家的軍隊，除由國民所組成外，亦以全民所納之稅捐購置裝備與維持戰力，故國防亦不能免除國會與民意之監督。我國憲法第一百三十七條第二項明定，國防之組織應以法律定之，即是期盼以國會通過之法律來建構國軍的架構體系，進而釐清軍隊統帥權與指揮權的分野，以及向國會負責的範疇。

國防組織法係憲法明白委託立法者應立法之項目，於憲法學上稱為「憲法委託」(Verfassungsauftrag)，故立法者負有權衡全盤憲法意旨與時代潮流之義務，使融入於法案之內。國防組織法即應本此立場，將現行制度不合理之處，例如：軍政、軍令二元化，致使軍令體系不受國會之監督，參謀總長藉著統帥權體系規避國會之監督即為顯例；國防部部長與參謀總長之間的模糊關係，致使國防部部長成為弱勢部長等，加以變革，使本草案不致新瓶裝舊酒，因循故制，妨礙國軍體制的健全發展[29]。

我國憲法雖明定立法院應制定國防組織法，但遲至民國四十一、四十三年行政院才兩度函送國防組織法草案於立法院，然鑑於當時台海關係的緊張，立法院皆未完成審議程序，民國六十年行政院撤回上述兩草案後，即未再制定該草案，現我國雖已解除戒嚴，終止動員戡亂，然在中共仍不放棄以武力犯台的前提下，我國仍不可一日忽視國防整備的重要性。最近國防部進行該草案的研擬過程中，仍難避免以往軍政、軍令二元化之窠臼，故為使國防組織體系能健全起見，爰斟酌憲法對本立法要求的目的，以及參酌國外，特別是德國、美國與法國類似的立法例，試擬另一種構想之法案，可

---

[29] 德國聯邦憲法法院也曾指明（BVerfGE 28, 47），國防立法是一種「憲法委託」，立法者應該將憲法的精神反應到國防立法之中。參見拙作：〈「憲法委託」的概念〉，刊載：《憲法基本權利之基本理論》（上冊），民國八十五年四版，第一頁以下。

和「官方版」相比較。

國防組織法採原則性立法，集中規定建構我國上層的國防組織與指揮體系，以求權限範疇之單純，避免法律體系之雜亂，計三章十一條，其內容如下：

1. 明定國防的任務與國軍的組成。（本草案第二、三條）
2. 明定國軍保持政治中立與政黨退出軍隊。（本草案第十條）
3. 明定總統為國軍最高統帥，以及其於戰爭和緊急事故時的指揮權。（本草案第五條）
4. 明定國防部部長對國軍擁有平時指揮權。（本草案第五條）
5. 明定國防部設參謀總本部與各級機關之權限、國軍總員額之規定。（本草案第六條）
6. 明定國防部部長不得為現役軍人及不得回役。（本草案第七條）
7. 明定參謀總長的職權，向國會報告、備詢之義務。（本草案第八條）
8. 明定國防部應建立文官體制以遂行依法行政。（本草案第九條）

二、作者試擬之國防組織法草案與說明併列表

國防組織法草案與說明併列表請參見表 8-1。

表8-1　國防組織法草案與說明併列表

國防組織法草案		
條　　　文		說　　　明
第一章　基本原則		
第一條	本法依中華民國憲法第一百三十七條第二項規定制定之。	揭示本法立法之法源依據（立法例向來無須援引憲法第一百零七條之立法權限）。
第二條	中華民國之國防以確保國家主權、領土完整，達成保衛國家安全、國民生命財產之保障，維護世界和平為目的。	揭示國防之任務與目的，以符合憲法第一百三十七條第一項之規定。
第三條	中華民國國防任務，由陸海空軍、憲兵及其他國防部所屬部隊組成之國軍達成之。國家為因應戰爭或其他緊急事故，得由國防部報請行政院核定，將內政部與各級政府所轄之警察與海岸巡防總署之人員，併入國軍體系。	一、第一項仿效德國一九二一年國防法第一條第一項第一句及一九三五年德國新國防法第二條之規定。 二、明示國軍的組成以及在國家瀕臨戰爭或緊急事故時，能將具有武器裝備的內政部各保安警察總隊與其他警察機關（各級政府，例如省政府，北、高兩院轄市政府，皆有保安警察大隊），以及海岸巡防總署人員，編入國軍體系，以加強整體戰力。 三、上述國防部以外之武裝機構與人員併入國軍，應以法律明定，以符合權限劃分原則，並應由共同上級機關行政院為核准機構。

（續）表8-1　國防組織法草案與說明併列表

國防組織法草案	
條　　　　　文	說　　　　　明
第四條　國軍應效忠國家，愛護人民，保持政治中立。 政黨不得在國軍各級機關、部隊設立及發展組織。軍人不得參與任何政黨活動或為政黨宣傳。	一、第一項係貫徹憲法第一百三十八條對國家化之精神。 二、第二項第一句係具體落實軍隊脫離政黨，且類似德國一九二一年國防法第三十六條、一九三五年新國防法第二十六條第一項之規定。第二句之軍人不得為任何政黨宣傳，在德國一九七五年軍人法第十五條亦有類似之規定。
第二章　國軍統帥權及指揮權	
第五條　總統為國軍最高統帥。 國軍之平時最高指揮權，由國防部部長行之。 總統於國家瀕臨戰爭或其他緊急事故，有頒布緊急命令之必要時，得擁有指揮國軍之權。	一、明定總統為三軍統帥，但由國防部部長行使實質之指揮權，以貫徹軍政、軍令一元化。 二、同時規範統帥權與指揮權之立法例，同見德國一九二一年國防法第八條第二項與一九三五年國防法第三條。 三、鑑於依增修條文，總統可行使緊急權力以應付國家緊急危難，且此緊急危難尤以戰爭為甚，故總統於此時，得藉緊急命令以行使指揮權，是為「移權制度」。此亦為德國基本法第一百一十五條 b 之規定（由國防部部長移轉至總理）[30]。

---

[30] 關於本問題，拙作〈憲法「統帥權」之研究──由德國統帥制度演進之反省〉，已有極深入的討論，請參照本書第一章。

（續）表8-1　國防組織法草案與說明併列表

國防組織法草案	
條　　　文	說　　　明
第六條　國防部下設參謀本部；參謀本部下設陸軍、海軍、空軍、聯合勤務總司令部、軍管區司令部、憲兵司令部及其他軍事機關、部隊。 國防部之組織以法律定之，其所屬之參謀本部及其他軍事機關、部隊之組織，由國防部以規程或編制裝備表定之。 國軍應視任務需要調節人力結構，平時總員額以不超過四十萬人為原則。	一、明定國防部所轄軍事機關之種類及其設立依據，並明示參謀本部繼續存在的法源依據。 二、規定國防部所屬各軍事機構，包括參謀本部及各總司令部等，得以彈性之命令方式組成之，以因應國防需要。 三、落實憲法增修條文第三條第三項，國家應立法規定國家機關總員額之規定，國防組織法內宜訂定國軍最高員額數，由國家於三軍內自行調配兵種人員。此亦為德國一九二一年國防法第二及五條之立法例。
第七條　現役軍人不得擔任國防部部長，備役軍人曾任國防部部長者，不得回役[31]。	一、貫徹文人領軍之理念。按部長為特任官，不宜使用屬於事務官的類似「國防部部長為文官職」之用語。 二、為揭櫫平等原則，不宜仿效美國一九四七年國家安全法所定，軍人須退伍十年後方能擔任國防部部長之規定。
第八條　參謀總長為參謀本部之首長，承國防部部長之命，指揮國軍各總司令部、司令部、機關與部隊。 各級軍人，除參謀總長外，並無就職權所及範圍，向立法院及委員會報告及備詢之義務。	一、明定參謀總長須承國防部部長之命指揮國軍，此亦符合我國目前之制度。 二、明定參謀總長有向立法院報告及備詢之義務，以順應時代潮流，並落實民主政治之責任政治。 三、解除參謀總長以外各級軍人向國會報告及備詢之義務，使軍隊受現實政治最少之衝擊。

（續）表8-1　國防組織法草案與說明併列表

國防組織法草案	
條　　　文	說　　　明
第九條　國防部為國防行政之所需，得委託考試院舉辦國防特考，以建立文官體制。 國防部各軍事機關、部隊內之文官，應受各該機關、部隊主管之指揮監督。	一、明示國軍文官化的法源依據。按軍隊內文官與文職人員之比例提高，已是各先進國家之寫照，例如美國軍隊中文職（文官）之比例達百分之四十二，日本則為百分之十一。我國含聘僱人員在內僅達百分之三點五，文職人員比例顯然過低[32]。 二、揭示國防特考，以作為招募國防行政人才的法源依據。按國防組織的「官僚化」（Buerokratisierung）已是不可避免的趨勢，故國防部本身應該「文官化」也是時代之大勢所趨[33]。 三、明定國軍文官亦受軍事長官之指揮監督，以鞏固國軍各級指揮權之完整。
第三章　附　則	

---

[31] 參見韓毓傑，〈論國防法制之現代化——從司法院大法官會議釋字第二五〇號解釋談起〉，第二屆國防管理學術暨實務研討會論文集，國防管理學院編印，民國八十三年，第三九一頁以下。

[32] 例如德國1987年德軍人數為六十六萬人，其中軍職為四十九萬人，文職（含聘僱）為十七萬人，其中公務員（含文官及教授）有三萬名，合計文職人員近三成。Jahresbericht der Bundesrepublik Deutschland , 1987, S.382.

[33] 參見 H. E. Radbruch, Buerokratisierung der Verteidigung?, in: Poggeler / Wien (Hrgb.), Soldaten der Demokratie, 1973, S.315 ff.

（續）表8-1　國防組織法草案與說明併列表

國防組織法草案	
條　　　文	說　　　明
第十條　國防部參謀本部組織法於本法生效後廢止之。 陸海空軍軍官士官任官條例第十三條規定改為：上將之任職、調職及免職，由行政院呈報總統核定之。	一、參謀本部依本草案日後得以命令方式規定之，毋需再以法律定之，故應廢止。 二、參謀本部組織法已有與本草案相悖之規定，例如第九條總統行使統帥權之規定，即可隨本法之廢止而失效。 三、有關參謀本部之組織令，應於本法完成立法前準備妥適，與本法通過時，一併公布。 四、為經濟立法起見，援採「綜合立法」模式，一併廢止參謀本部組織法，與修正陸海空軍軍官士官任官條例第十三條之規定（原條文為上將的任職、調職、免職由總統核定）。 五、現行法律中尚有關於總統統帥權之職權，如陸海空軍勳賞條例第十三至十五條，總統決定勳賞之權限，應對指揮權影響不大，故建議保留；另軍事審判法第一百三十三條總統對國防部高等覆判庭的核定權之問題，按大法官釋字第四三六號解釋，已對國防部設高等覆判庭宣告違憲，理當於最近的有關該法之修正中刪除，可不必在本條中列入。 六、國防部組織法當隨本草案進行修正，亦不在此列入。
第十一條　本法自公布日施行。	

第七節　結　論

　　十九世紀末一位著名的德國軍事改革家羅倫斯・馮・史坦
（Lorenz von Stein）曾說過一句話：「一個活生生的戰爭是對一個國
防體制永恆的挑戰」[34]。我國制憲時將國防武力納入法律的規範之
中，雖然並未經過與會代表周延的討論，也非出於國民黨的版本及
政黨協商的決議，故是一個「插槍走火」的結果。但是吾人若從時
代性的大格局來審視我國憲法的國防規定，表現在憲法十三章基本
國策第一節「國防」中，舉凡要求政爭不應利用武力、軍人應愛國
愛民，都是在剛經歷艱苦的八年抗戰、國軍傷亡逾千萬人以上，以
及中共正在與國軍武力對抗的時代中完成此些條款，故制憲代表欲
將國防以往純粹是「武力」的反應，扭轉到由法來規定，不得不令
人體會到制憲者的苦心。然而國防力量的現實性以及法律的僵硬
性，使得我國行憲以後的執政者並未鍾情於制定本法，才會演變至
今日。本法沿革已超過半個世紀以上，我們有理由相信經過了五十
年民意的洗禮與國家法學教育的進步，今日國會應當有能力制定一
部符合時代精神的國防組織法，法學界本於職責所在，亦應樂成此
事。本文認為立法院甫通過的國防法已經將軍隊指揮權納入國防部
長權限之內，及總長明白的成為部長行使指揮權之幕僚長，是貫徹
軍政、軍令一元化的具體表現，值得肯定，但在法規範的完整及體
系的妥善性方面，作存有相當缺點，例如，想將一切涉及國防事務
「一兜攬」的納入本法，皆不無再值得斟酌之處。本文寫作的目的，

---

[34] v. Stein, Die Lehre vom Herrenwesen, 1872; Dazu, M. Erhardt, Die Befehls- und
Kommandogewalt, Begriff, Rechtsnatur und Standort in der Verfassungsordnung
der Bundesrepublik Deutschland, 1969, S. 102.

即希望針對本法的內容提出若干另一種聲音，讓我國的國防法在一個完善的法制架構上來成長與茁壯。本文標題為「千里馬與韁繩」，千里馬如果不能配上韁繩，將無法為人駕馭，從而失去其為主人驅馳戰場、日行千里的機會，形同野馬一匹。但韁繩如果控制太緊，對待千里馬猶如桀驁不馴的劣駑，也將扼殺了此良駒天賦的優點。國防與其規範法制的關係，何嘗不妨比喻為千里馬與韁繩乎？在此，本人希望國防組織法是一個「小而美」的精簡立法，能夠切中國防組織立法的必要性及闡揚其價值，而不是法律規模「量大」，卻組織鬆散的龐大立法。以便這個作為「軍事憲法」的國防組織法能發揮「發酵」作用，促使其他「下游」的國防法律陸續出現，我國國防的真正「現代化」，方能奏功也！

（本文初稿原載：《月旦法學雜誌》，第五十三期，民國八十八年十月）

附錄一　國防法（立法院民國八十九年一月十五日通過）

第一章　總　則

第一條

本法依中華民國憲法第一百三十七條制定之。

本法未規定者，適用其他法律之規定。

第二條

中華民國之國防，以發揮整體國力，建立國防武力，達成保衛國家安全，維護世界和平之目的。

第三條

中華民國之國防，為全民國防，包含國防軍事、全民防衛及與國防有關之政治、經濟、心理、科技等直接、間接有助於達成國防目的之事務。

第四條

中華民國之國防軍事武力，包含陸軍、海軍、空軍組成之軍隊。

作戰時期國防部得因軍事需要，陳請行政院許可，將其他依法成立之武裝團隊，納入作戰序列運用之。

第五條

中華民國陸海空軍，應服膺憲法，效忠國家，愛護人民，克盡職責，以確保國家安全。

第六條

中華民國陸海空軍，應超出個人、地域及黨派關係，依法保持行政中立。

現役軍人，不得為下列行為：

一、擔任政黨、政治團體或公職候選人提供之職務。

二、迫使現役軍人加入政黨、政治團體或參與、協助政黨、政治團體或公職候選人舉辦之活動。

三、於軍事機關內部建立組織以推展黨務、宣傳政見或其他政治性活動。現役軍人違反前項規定者，由國防部依法處理之。

第二章　國防體制及權責

第七條

中華民國之國防體制，其架構如下：

一、總統。

二、國家安全會議。

三、行政院。

四、國防部。

第八條

總統統率全國陸海空軍，為三軍統帥，行使統帥權指揮軍隊，直接責成國防部部長，由部長命令參謀總長指揮執行之。

第九條

總統為決定國家安全有關之國防大政方針，或為因應國防重大緊急情勢，得召開國家安全會議。

第十條

行政院制定國防政策，統合整體國力，督導所屬各機關辦理國防有關事務。

第十一條

國防部主管全國國防事務；應發揮軍政、軍令、軍備專業功能，本於國防之需要，提出國防政策之建議，並制定軍事戰略。

第十二條

國防部部長為文官職，掌理全國國防事務。

第十三條

國防部設參謀本部,為部長之軍令幕僚及三軍聯合作戰指揮機構,置參謀總長一人,承部長之命令負責軍令事項指揮軍隊。

第十四條

軍隊指揮事項如下:

一、軍隊人事管理及勤務。

二、軍事情報之蒐集及研判。

三、作戰序列、作戰計畫之策定及執行。

四、軍隊之部署運用及訓練。

五、軍隊動員整備及執行。

六、軍事準則之制頒及作戰研究發展。

七、獲得人員、裝備及補給品之分配與運用。

八、通信、資訊與電子戰之策劃及執行。

九、政治作戰之執行。

十、戰術及技術督察。

十一、其他有關軍隊指揮事項。

第三章　軍人義務及權利

第十五條

現役軍人應接受嚴格訓練,恪遵軍中法令,嚴守紀律,服從命令,確保軍事機密,達成任務。

第十六條

現役軍人之地位,應受尊重;其待遇、保險、撫卹、福利、獎懲及其他權利,以法律定之。

第十七條

陸海空軍軍官、士官之教育、任官、服役、任職、考績,以法律定之。

第十八條

現役軍人及其家屬、後備軍人之優待及應有有之權益，以法律保障之。

第十九條

軍人權利遭受違法或不當侵害時，依法救濟之。

第四章　國防整備

第二十條

國防部秉持全般戰略構想及國防軍事政策之長期規劃，並依兵力整建目標及施政計畫，審慎編列預算。

第二十一條

國防兵力應以確保國家安全之需要而定，並依兵役法令獲得之。

為維持後備力量，平時得依法召集後備軍人，施以教育訓練。

第二十二條

行政院所屬各機關應依國防政策，結合民間力量，發展國防科技工業，獲得武器裝備，以自製為優先，向外採購時，應落實技術轉移，達成獨立自主之國防建設。

國防部得與國內、外之公、私法人團體合作或相互委託，實施國防科技工業相關之研發、產製、維修及銷售。

國防部為發展國防科技工業及配合促進相關產業發展，得將所屬研發、生產、維修機構及其使用之財產設施，委託民間經營。

前二項有關合作或委託研發、產製、維修、銷售及經營管理辦法另定之。

第二十三條

行政院為因應國防安全需要，得核准構建緊急性或機密性國防工程或設施，各級政府機關應配合辦理。

前項國防設施如影響人民生活者，立法院得經院會決議，要求行

政院飭令國防部改善或改變；如因而致人民權益損失者，應依法補償之。

第五章　全民防衛

第二十四條

總統為因應國防需要，得依憲法發布緊急命令，規定動員事項，實施全國動員或局部動員。

第二十五條

行政院平時得依法指定相關主管機關規定物資儲備存量、擬訂動員準備計畫，並舉行演習；演習時得徵購、徵用人民之財物及操作該財物之人員；徵用並應給予相當之補償。

前項動員準備、物質儲備、演習、徵購、徵用及補償事宜，以法律定之。

第二十六條

行政院為辦理動員及動員準備事項，應指定機關綜理之。

第二十七條

行政院及所屬各機關於戰事發生或將發生時，為因應國防上緊急之需要，得依法徵購、徵用物資、設施或民力。

第二十八條

行政院為落實全民國防，保護人民生命、財產之安全，平時防災救護，戰時有效支援軍事任務，得依法成立民防組織，實施民防訓練及演習。

第二十九條

中央及地方政府各機關應推廣國民之國防教育，增進國防知識及防衛國家之意識，並對國防所需人力、物力、財力及其他相關資源，依職權積極策劃辦理。

第六章　國防報告

第三十條

國防部應根據國家目標、國際一般情勢、軍事情勢、國防政策、
國軍兵力整建、戰備整備、國防資源與運用、全民國防等，定期
提出國防報告書。但國防政策有重大改變時，應適時提出之。

第三十一條

國防部應定期向立法院提出軍事政策、建軍備戰及軍備整備等報
告書。

第七章　附　則

第三十二條

國防機密應依法保護之。

國防機密應劃分等級；其等級之劃分及解密之時限，以法律定
之。

從事及參與國防安全事務之人員，應經安全調查。

前項調查內容及程序之辦法，由國防部定之。

第三十三條

中華民國本獨立自主、相互尊重之原則，與友好國家締結軍事合
作關係之條約或協定，共同維護世界和平。

第三十四條

友好國家派遣在中華民國領域內之軍隊或軍人，其權利義務及相
關事宜，應以條約或協定定之。

外國人得經國防部及內政部之許可，於中華民國軍隊服勤。

第三十五條

本法施行日期，由行政院於本法公布後三年內定之。

附帶決議：

一、國家安全會議組織法應於本法通過後半年內，提出修正草案增列研究單位及其他相關事項，送本院審議。

二、伴隨組織精實、人力精簡，國防部應同步調整軍人之待遇、福利。

三、國防部應依本法成立「國軍官兵權益保障委員會」。

（本文初稿發表於民國八十八年五月十二日由國防管理學院主辦的第七屆「國防管理學術及實務研討會」。經修正後刊載於月旦《法學雜誌》第五十三期，民國八十八年十月，民國八十九年一月再依新通過之國防法增補而成）

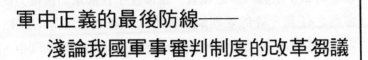

第九章

軍中正義的最後防線——
淺論我國軍事審判制度的改革芻議

本文是為蔡新毅先生所著《法治國家與軍事審判》
一書所做的序文。

蔡新毅著：《法治國家與軍事審判》，臺北永然
出版社出版，民國八十三年六月。

「司法是正義的最後一道防線」，這句廣為人熟悉的格言能否適用到軍人與軍法之上？易言之，此句話可否更易為「司法是軍中正義的最後一道防線」或是「軍事司法是正義的最後一道防線」？前者是將司法（國家普通司法程序）作為維護軍中正義之工具；後者是國家除了普通司法制度外，另外設置專門的軍事審判體系，而此體系亦能擔負起保障正義——不論是社會一般的正義或是涉及軍人權益的軍中正義——之職責。這涉及了對國家司法權力範圍、軍事審判之任務、統帥權理論以及軍人人權理念等等的認知。概括言之，就是如何把軍事審判權在法治國家的理念與制度中，加以定位的問題。

檢討我國目前適用的軍事審判制度，由不論軍法官能否完全保有獨立性？二級二審的審判程序是否能充分保障軍人訴訟權益？到軍事法院（庭）應否脫離國防部納入司法院下的國家各級法院行列之內？……之擬議，都會不可避免的觸及了影響與塑造現行制度的「根基理論」——即軍事審判是基於統帥權，來整飭軍隊紀律，鞏固領導權威之手段。軍事審判一旦形成軍隊領導階層之領導統御的工具，那麼能否再發揮維護公平正義與軍人人權之作用，自然會令人懷疑了！

然而，要突破這個在西方國家——特別是我國軍制和統帥權理論所源自之德國——曾經盛行數百年的理論，自非易事。在甫回歸憲政常態，且早已習於把軍法人員列入司令官幕僚的我國，社會乃至於軍事決策者能否接納一個符合時代潮流，同時又不至於減損國軍戰力的軍事審判制度改革方案，就有賴於學術界提供一個翔實、深入之比較制度的研究報告，作為改革立論之本。這種類型的比較報告，其撰寫者必須具有紮實的法學訓練、司法或軍法裁判之實務經驗、良好的外文水準，以及最重要的，是具有一顆追求正義的熱心。要符合這個要求，從而寫出一份極有說服力的著作，自然不

易。不過，我們卻沒失望。台大法學碩士蔡新毅這本呈現在讀者面前的《法治國家與軍事審判》，正是一本分析入裡，且參酌大量中、德文軍刑法法令、文獻後，所撰寫之佳作。本書中對於德國軍事審判制度之演變有極詳盡的介紹，對於我國現行制度的反省及改革方向，和批判統帥權作為軍事審判權附麗之源，都提供了甚為有力之理論依據。

新毅君畢業於台大法律研究所，指導教授為法學謹嚴之許宗力博士，服役軍中時曾擔任軍法人員，現在台灣板橋地方法院，擔任學習司法官。新毅君在撰寫本書時，曾在中研院我的研究室擔任助理。由經常的討論和交談中，我不僅由他的見解和反應，獲得不少寫作的靈感和思考的素材，也發現他對於軍隊人權及正義的護衛及改革的殷盼，有著極大的關懷。以其個人學養的能力，和期望軍事司法「更上一樓」的「精誠之心」，本書當可使面臨改革困境的「理念盤根錯節」，為之「金石一開」了！

提到這裡，我們不得不強調新觀念「共識和認知」之重要。我國「軍事文化傳統」及「軍法觀念遺產」之一，便是「威嚇主義」及「目的論取向」。「威嚇主義」講求「治兵要嚴」。春秋戰國時代的法家不說，即在上世紀中葉，號稱是「中興儒家」的湘軍胡林翼也在《曾胡治兵語錄》〈嚴明篇〉中出現過下面的一句話：「自來帶兵之員，未有不專殺立威者。如魏絳戮僕，穰苴斬莊賈，孫武致法於美人，彭越之誅後至者，皆是也」。這表明了我國歷來對帶兵者以「肅殺」為治兵之本，以嚴刑峻罰作為對部屬「獎進懲退」之方法。「目的論取向」是要求部屬達到一個既定的目標，否則即課以制裁。古代不少章回小說（例如《三國演義》）中有所謂的「立軍令狀」，便是這種以特定的「目的」──如不能克一城或保守一地──便加以「軍法從事」，卻不問軍人有無已竭盡其力，或是另因其他不能歸責於己之事由，而不能達成任務。套一句現代法學術語，「目的論

取向」是排除「有責性」原則。不論是「威嚇主義」或是「目的論取向」，都是明顯的違反現代法治國家刑事及正義理念，也應該早已列入淘汰之林了！但要摒棄這兩個理論絕非易事，特別是迷信「威嚇主義」者甚眾，中外皆然。本書中（第八十一頁、八十二頁、一〇七頁及第一〇八頁）中曾提供一項資訊：令人驚訝的，德國在第一次世界大戰四年之中，其軍事法庭只判一五〇件死刑。相形之下，民主國家的英國則判處三千零八人、法國判處二千人死刑。可見得連民主國家如英、法國，皆不免「威嚇主義」流毒。至於在第二次大戰中，德國軍事法庭共判處三萬三千件死刑，其較第一次世界大戰多達二百餘倍，更可以看出納粹極權政府濫用軍事裁判權力，及盲目信仰「威嚇主義」的嚴重性了。當然，兩次世界大戰裡德國軍人的表現和紀律，戰史上都給予極高的評價。但是，如果以軍刑法及審判的結果來看，第一次世界大戰時德國軍人的英勇，特別是最後在西戰線進行艱辛的壕溝戰時之表現，並未因每年僅有三十餘件的死刑，而稍遜於英、法軍人及二次大戰時的德軍。對德國軍事紀律直到最後一刻仍毫無蕩然之情形，連德國的死對頭——法國福煦元帥也給予高度的評價！由德國二次大戰的「實證分析」可以給迷信「威嚇主義」者一個活生生的反證。

關於重新調整我國軍事審判體系之看法，我頗同意新毅君的建議！同時我也願意提供兩種改革方案以抒淺見：

一、混合式制度

這是撤除目前隸屬在各師級（及獨立旅）司令部之軍事法庭，而在每二、三個縣成立一個地區軍事法院（庭）。這種改革可以將軍法官由目前隸屬部隊司令官之狀態解脫，從而較能保障其獨立性。轄區內所有涉及軍事犯罪之案件——不分軍種、階級——皆由地區

軍事法院審判。同時，為了保障軍人訴訟權利（憲法第十六條），應採三級三審制。故地區軍事法院之上，應成立「中級（省級）軍事法院」，作為上訴審之法院。在最後審則為中央軍事法庭。本中央軍事法庭宜設在最高法院刑庭內，易言之，最高法院刑事庭內特設一個「軍事庭」專司軍事審判之最終審。採行這種「混合式」軍法院制度之優點是符合許多實施軍事法院制度之民主國家之先例，例如美國、英國、比利時及韓國等，甚至在和西德國統一前的東德，皆行此制（本書第三四九頁及三五〇頁）。同時，保留了一、二審的軍事法院（庭）體系，也符合國內部分人士認為依憲法第九條規定（人民除現役軍人外，不受軍事審判），憲法已承認設立軍事法院（庭）之合憲性。

二、統一式制度

乃著眼於憲法第七十七條國家司法權力集中於司法院手中之旨意。軍刑案件亦屬國家刑事高權力發動和規範之對象，自應由司法權所屬之法院管轄之，如同軍人之懲戒亦應由司法院為之（司法院大法官會議釋字第二六二號解釋令）。軍人犯罪，在實體法上或容有另行制定特別法之必要（如軍刑法），但程序上無需另行創設一套特別的軍事審判法。所以，各級普通法院內可以以刑庭，或增設一個「軍事庭」來承審軍刑案件，例如「治安法庭」。以目前我國法官之法律素養已可充分掌握軍刑法律之解釋及適用也。採行這個「統一式制度」是民主國家之主流，如德、日、瑞士、奧地利、瑞典……，不勝其數。

上述兩種改革方案，我個人是傾向「統一式」方案。唯有把軍刑案件完全交到平常性質的普通法院手中，才能真正的保障軍人的權益及確保軍中正義。至於軍人犯罪的偵查起訴，則由軍事檢察官

為之。軍事檢察官應該屬於一般之檢察官。以前東德軍人犯罪係由軍事檢察官偵查起訴。全國最高軍事檢察官是「軍事檢察總長」（Militaeroberstaatsanwalt），由副最高檢察長充任，隸屬於司法部。軍事檢察總長下轄各個軍種之檢察長，檢察長下再管轄各單位（營級以上）之檢察官。連共產國家的東德都能採行這種開明和獨立的軍事檢察體系，就更值得吾人反省。當然，東德這種軍事檢察制度也有值得借鏡之處。

在距今整整一百年前的一八九四年十二月，法國發生了一起「德雷福斯案」。法國猶裔上尉德雷福斯(Alfred Dreyfus)被軍事法院冤枉判處無期徒刑。由於軍事法庭蠻橫、違反證據法則的裁判，引起著名作家左拉發表了膾炙人口的〈我控訴〉一文。左拉雖然因發表此文而遭到保守派人士之凌辱、法院判刑（誹謗軍隊罪）、流亡英國等等加諸在個人及家庭上的痛苦，但最後還是使得德雷福斯上尉恢復清白，左拉也因此不只在文學，也在人道主義史和軍法史上，留下不朽的地位。然而，倘若我們再以法國遲至一九八八年才將獨立於普通司法權外的軍事法院撤廢，改將軍事審判權交到最高法院以下各級法院手中，也會令人興起改革「何其不易」之嘆也！

去年年底爆發的海軍上校尹清楓命案，曾經引起輿論好一陣子對檢討我國現行軍事審判制度的重視。但隨著新聞熱潮的消退，類似的改革呼籲又沉寂下來。其印證了我國國民性「三分鐘熱度」的嘲諷。對時代的進步而言，這是令人扼腕的「民族病」。新毅君此書出版的時刻，雖未「應時」，但卻是「逢時」——逢軍事審判制度要「振衰起弊」之時，我祝賀新毅君的傑出研究成果，也期待讀者們的共鳴！再援引一句左拉為德雷福斯上尉的呼號：「真理在邁進，無人能阻擋！」作為序言的結尾。

（本文原刊載：《司法週刊》第六七六期，民國八十三年六月八日）

後　記

　　司法院大法官會議終於在民國八十六年十月三日公布釋字第四三六號解釋。依此號解釋之意旨，憲法第九條「人民除現役軍人外，不受軍事審判」並未賦予軍事審判機關對軍人犯罪有專屬之審判權，只是法律因國家安全及軍事需要所為的特別程序之規定而已。同時明確宣示軍事審判仍是國家司法權之一，因此，在平時經終審軍事審判機關宣告有期徒刑以上之案件，應許被告直接向普通法院以判決違背法令為由請求救濟。同時現行軍事審判法第十一條（國防部為最高軍事審判機關），第一百三十三條第一項（判決由該管軍事審判機關長官之核定後，宣示或送達），第三項（上級長官的判決交覆議權）以及第一百五十八條（軍法主官決定軍事審判官的人選權）等皆違憲二年後即失效。另外，現行軍事審判法未能貫徹審檢分立以及保障軍法官的身分，本號解釋已要求一併檢討改進。釋字第四三六號解釋無疑是對我國軍事審判制度邁向法治國家的一個里程碑。其雖很遺憾，未能明白將現行軍事審判制度徹底的納入司法院體系，而承認現行制度的合憲性，當是一個折衷之計。準此，吾人當特別注意，本號解釋宣示軍事審判於確定判決後，應可以判決違背法令為由向普通法院請求救濟，易言之，最高法院可在法令合致性與否來監督軍事審判，同時只要宣告有期徒刑以上的案件，皆可聲請最高法院救濟之。行政院正研擬的軍事審判法修正草案，曾一度將上述有期徒刑的門檻列為十年，明顯的已違反大法官此號解釋。如此一來，大法官會議的苦心詣旨，又遭到漠視了，幸而行政院最後提列立法院的版本刪除了此十年的門檻，立法院終於在去年（八十八年）十月一日完成軍事審判法修正案，除將軍事審判法的三審移到最高法院外，也將一、二審級軍法院改採地區制，也就是本文所提到的「混合式」，至少已是邁出令人可「喘一口氣」

的一大步了！。我們期待大法官會議日後再鼓餘勇，多作幾個類似
四三六號的解釋，使軍事審判法真正的發揮維護正義，而非踐踏正
義的制度。

第十章

德國軍事領導統御的思想——
由法制的角度以觀　陳新民／李麒

第一節 前 言

現代化的軍隊，不僅重視裝備武器的改良，尖端科技的發展，更重視人員素質的提升與訓練方式的合理化。換言之，在裝備日趨現代化的今天，軍隊的管理觀念和管理方也需隨之更新，否則就無法妥善管理現代化的軍隊。人員的管理首重領導統御，領導統御有廣義及狹義兩個概念，狹義的領導統御係微觀性質的論究各級長官如何有效以「治術」統領部屬，相當於英文Leadership，與德文的Die Menschenfuehrung，強調軍事長官的修養與行為，多半具有功利取向，藉「治術技巧」領導部屬，使之服從命令，遂行任務；廣義的領導統御乃是宏觀性質的，就國軍內部領導統御的體制、思想、法令依據所為全盤性、整體性考量所形成的「內部秩序」（Innere Fuehrung），軍隊內部狹義的領導統御，必須符合國家的立國理念與法律精神，自不待言，本文主在探討廣義領導統御範疇，同時介紹德國軍隊領導統御概念發展過程及內涵，期能作為國軍制度面、整體性改進的參考。茲將德國軍事領導統御分為傳統普魯士領導統御、威瑪共和及希特勒時代的修正領導統御、民主式領導統御三個階段，並將重點一九九三年新頒之領導統御命令另立專章敘述，以下分別就各論述之。

第二節 傳統普魯士的領導統御——
十九世紀迄第一次世界大戰為止

普魯士領導統御奠基於腓特烈大帝（1712-1786）的開明專制時代，彼時鑒於國內勞動力不足，外籍傭兵成為部隊的主幹，普魯士

的領導統御秉持鐵的紀律與殘酷的刑罰，使部屬對長官僅有畏懼而無尊敬之心，此種以嚴刑峻罰所建構的軍隊，於腓特烈大帝逝世後立即腐化，喪失戰力，遂於一八○六年在耶拿（Jena）與奧爾施泰特（Auerstedt）敗北於法軍。普魯士痛定思痛，力求革新，乃於次年由香霍斯特（Scharnhorst）主持「軍事改革委員會」，全面性檢討普魯士軍制，此委員會受法國大革命思潮影響，於一八○八年制定軍刑令，廢止普軍中著名的「笞刑」，並規定各級長官不得有任何粗暴的行為，亦不可咒罵部屬。藉由香霍斯特的改革，已努力將普魯士粗暴不文明的領導統御惡習加以鏟除。

對於出身貴族的軍官，普軍亦有類似我國古代「刑不上大夫」思想，不以對待士兵的野蠻態度，加諸於貴族軍官。香霍斯特的軍事改革同時允許市民階級擔任軍官，且自一八一四年起，普魯士首創全民義務兵制，此項創舉使普軍由傭兵制轉變為國軍制。更重要的是另一位改革者普魯士國防部長波恩（Hermannvon Boyen,1771-1848）公布的國防法（Wehrgesetz），目的是將國家常備軍作為全國「戰備的學校」，此時期深受法國大革命與民主立憲風潮影響的役男與昔日之傭兵自不可同日而語。故普軍內部的領導統御已因部隊成員不同有所改變。雖然香霍斯特及其他軍事改革者如波恩等，在理念與法制上已有所進步，但積習已深的普軍內部，仍以嚴刑峻罰來駕馭部屬。例如專收罪犯的軍刑連隊（Strafabteilung）中便視酷刑為家常便飯。所以普軍士兵受凌虐而自殺者時有所聞；例如當時普魯士皇太子威廉擔任第三軍團司令官，於瞭解普軍領導統御內情後，於一八二七年三月十九日曾致函國防部長，痛責上述弊端，也因此促使普軍加速廢止上述不人道的措施。[1]

---

[1] 參見M. Messerschmid: Menschfuhrung im preussischen Heer von der Reformzeitbis 1914, in: MGFA (Militaergeschichtliche Forschungsamt): Menschenfuehrung im Heer, 1982, S. 85。

十九世紀中葉後的普軍，不再有違反人道的制度，軍官也不以粗暴方式對待部屬，並且嚴格貫徹軍人絕對服從長官的制度，當時流行一句引自腓烈大帝的明言：「軍官無須講理，只要服從命令。」（Der Offizier hat nicht zu raisonieren, sondern Order zu parieren）。不過在要求部屬絕對服從時，普軍亦強調軍官的榜樣觀（Das Vorbild verstaendnis），軍官必須身先士卒作為士兵的典範，甚至在戰時，軍官必須作為「先烈」（Vorsterben）也成為軍官的「示範義務」。直至第二次世界大戰結束前，德國陸軍的傳統，第一個越過火線發起攻擊的必定是該連連長，因此軍官的以身作則是普軍領導統御的前提。[2]綜合普軍領導統御原則，可歸納為下述重點：

1. 絕對從服與信賴長官的決定。
2. 軍官、士官在平時、戰時均以身作則，作為要求部屬盡忠盡職的示範。
3. 軍隊內部雖無申訴制度，也沒有侵害軍人身體與自由的粗暴懲罰制度。軍官基於「身分尊嚴」（風度），不得以不雅言詞加諸部屬，否則會被移送至「軍官榮譽法庭」，甚至被逐出軍隊。
4. 軍官主要來「自後補軍官團」（Kadettenkorps），同根同源[3]，觀念一致，具有強大精神內聚力，且戰技與戰術之素養深受部屬信賴。

---

[2] 參見M. Messerschmic a.a.O., S. 85。

[3] 十九世紀由於農奴與發展工業，貴族不再享有特權，普魯士為沒落貴族子弟設立「候補軍官團」，將貴族青年由小學開始培養為職業軍人，經由十年與外界隔絕的嚴酷訓練，絕對服從紀律、精練的戰鬥技能，培養為普魯士的軍官。

第三節　「修正普魯士」的領導統御思想
——威瑪與納粹政權時代的領導統御思想

一、威瑪時代

　　第一次世界大戰結束後，德國普魯士作為精神領導中樞的皇帝已為民主政權所推翻。進入威瑪共和時代的威瑪共和軍隊，也由以往效忠皇帝成為「皇軍」的情勢，一變而為超黨派，甚至與國家現實政黨政治毫無瓜葛的國家武力團體。威瑪共和時代的國軍有鑑於德國政爭的頻繁，以及國外敵對勢力的龐大，因此形成一個標準的「封閉式」軍隊。為數十萬的德軍在賽克特將軍的領導下「閉門建軍」，採取與政治隔離的最高方針，其與現實國家政治的疏離感甚至與超過前一個世紀的普魯士軍隊。按彼時透過皇帝與執政黨的影響力，使得普魯士軍隊及其高階將領經常涉入國會與柏林的政壇社交，因此威瑪共和國時代的國軍在德國即成為一個獨立的封閉組織，被人稱為「國中之國」（Staat im Staat）。[4]

　　不過儘管德國威瑪共和國時，德國軍官中貴族的比例仍高達二成至三成左右，將軍中貴族軍官也超過半數，但是隨著國家邁入民主，軍隊內部的領導統御，基本上仍維持普魯士時代的精神。但是也隨著國家民主體制的改變，自賽克特將軍起，也做了相當程度的

---

[4] 關於威瑪共和國軍隊的此種情形，請參閱陳新民著，〈泛論軍隊的「政治中立」〉，刊載於本書第七章。

改變。賽克特將軍特別強調袍澤情感「同胞愛」，來補以往軍隊上下之間的基於威嚴而來的冷漠氣息，因此以加強部隊長官的情感著手，例如軍官參與率隊巡邏，軍官與士兵一同參加運動競賽，使得軍官與士官兵能有更多接觸的機會，以培養感情。這種情形是以往普魯士軍隊未實施者。雖然德國在威瑪共和國當時曾通過立法方式，規定部隊應設立由士兵投票選擇產生的信託代表制度，作為參與長官決定獎懲措施、部隊福利與休假規則的民意代表。但這個制度皆被陽奉陰違，而未發生積極的效力。[5]

威瑪共和國的時間為期甚短（1919-1933），且軍隊僅有十萬人，其中全部為職業軍人，這個時期領導統御精神基本上與普魯士相去不遠，例如要求絕對服從與長官的示範義務，但已有修正幾點如下：

1. 軍官與士官兵的藩籬已告打破，軍官，特別是基層連隊的軍官應儘量與部屬接觸，增加情感。
2. 軍隊設有軍人民意代表，但效果不彰，惟至少已萌芽重視基層軍人意見的思想，此制度已在日後的西德軍隊中實現。

二、納粹時代

一九九三年一月三十日希特勒獲得政權，一九三五年三月重新擴軍與實施義務兵役制度。在此之前，希特勒曾在一九三四年即公開的宣稱：第三帝國的德軍不能夠單純的回復戰前（普魯士）傳統，而必須要有一個全新的軍隊出現，換言之，希特勒將仿效蘇聯

---

[5] 請參閱陳新民，〈民主與軍隊——談德國軍人信託代表制度〉，刊載於本書第六章。

的紅軍模式，建立一支具有國家社會主義信念的軍隊，因此需要一種新的領導統御的理念。這有兩個原因：(1)希特勒是下士伍長而非貴族家庭出身的軍官，因此特別重視士兵的福利。甚至在日後擔任元首時，儘管兵馬倥傯，但是任何涉及士兵的制度──例如士兵的制服與大衣，都要透過他個人的批准；(2)德國的武力除了由威瑪共和時代遺留下來的十萬陸軍外，還有另外新成立的海、空軍與黨軍。除了黨軍不論外，此全新的海、空軍皆招募年輕、朝氣蓬勃且受過納粹主義薰陶的青年所組成。因此是擁有百分之二十九貴族出身的陸軍軍官及所領導的陸軍，必須調整其內部的領導體系。不過，希特勒這種建軍的企圖僅成功一部分。首先就希特勒企圖未能成功一面來看，在一九三四年五月二十五日，興登堡總統公布「德國軍人的義務令」（Die Pflichten der Soldaten）這個義務令與一九二二年二十二日「軍人職務令」（Berufspfichten der Soldaten）的精神一致，在本「令」第二條即規定軍人的榮譽在於無條件為國家與民族獻身，至死不渝。第四條規定：軍隊的基礎在於服從，信賴則為服從的基礎。軍人的軍事指揮乃基於負責思考的智能，及對部屬的照顧。值得注意的是這裡強調長官與部屬之間的「信賴關係」與對部屬的「照顧義務」。一九三五年七月二十日，德國公布軍人誓詞：所有軍人都宣誓無條件服從長官。因此在這方面，希特勒時代的德國軍隊大體上仍維持普魯士時代內部領導統御的原則。

　　但是由前述依希特勒的理念，德國的內部領導統御必須有所更張，表現最明顯的厥為軍人教育方式的改變。例如一九三五年四月六日公布的「軍事教育令」（Erlass Ueber der Erziehungin der Wehrmacht）中所明示的教育原則中，提及軍隊的領導方式誠然無須更改太多，但是應更改者如「折磨」（Schleifen）的方式，是不必要與錯誤的訓練措施──因為「基於心服產生的效力，較為長久」。同時，「通往頭腦的道路，應先通過軍人的心」。新兵的個人榮譽應與

每個長官一樣高，咒罵及其他惡言惡語皆不符合德國軍人的榮譽。德軍各級長官教育的最高方針，在於對於國家付託給他們的青年，給予真正的袍澤之情與最大福利的關照。唯有如此，當戰爭時刻的來臨時，所有軍人才會完成其使命。

德國上述的改革方針，並未只是紙上的冠冕堂皇而已，德軍三番二次的規定長官要負起教育、善待與照顧部屬之責。例如二次世界大戰爆發後的一九三九年十二月八日，即通令全國司令官，應召集全體軍官發布一個最高指令：應注意不能只要求勇敢作戰而已，而必須領先示範照顧部屬，將之列為最高的義務。一九四〇年四月陸軍訓練司令部頒布一個「職業與生活規則」，要求各級長官應該：

1. 在任何狀況下，特別是危機時當以身作則。
2. 不要使用嚴厲的措詞。
3. 發出命令前應使部下清楚瞭解命令的意義，因為人類的理解是人類正確行為的前提。
4. 當完全確認時，發號施令才有意義。
5. 為使訓練產生說服力，應告知其理由。
6. 儘量少批評，批評的權力惟在有證據使現狀能變得更好時，方得存在。
7. 傾聽有經驗者的意見，多聽多想於己有利。
8. 對陌生事物的判斷，應審慎。
9. 當你批評前，應易地而處的設想之。
10. 當你手中掌握寶貴的人命時，特別在戰時，務必持理智與關懷心。
11. 應有「求真」的勇氣。
12. 對自己的言行應該承認，即使證明錯誤亦然。
13. 長官部屬之間應有必要的距離，以應付特別危急事件。

14.由錯誤中學習,而不落井下石,以免喪失了自我的要
求。[6]

　　誠如著名的軍事學家O. Hackl上校所指述的:德軍軍官在第二次
世界大戰中,儘管戰況吃緊,但仍普遍受到士兵們的愛戴。特別是
高階將領們,皆沒有出現類似美國巴頓將軍掌摑士兵的事情發生。
由大量在戰後出版的軍人回憶的文章,充分證明德國軍隊內部在團
隊精神、袍澤情感、長官顧照部屬、以身作則等等的體現。因此,
德國軍隊之領導統御和其殘暴政權、令人髮指的排猶意識形態與作
為,完全不能協調。[7]

第四節　「民主式」的領導統御理念——
德國現階段的領導統御理念與制度

　　德國在第二次世界大戰結束後,一九四九年西德政府成立,但
遲至一九五六年修憲並通過「軍人法」,正式重新建軍。一九五六年
建軍之後,西德為構建一個符合國家民主自由憲政體制,開放與科
技社會的軍隊,因此致力於領導統御的法制化。這種領導統御的體
制,經過五〇年代的純粹理念,至一九七二年公布一個領導統御之
行政命令——即第十號行政命令(ZD/v 10-1),以至一九九三年二月
十日德國國防部長魯爾(Ruhr)公布的最新領導統御理念的發展都
有極新穎的觀念貫徹其中。本文將會特別針對一九七二年的領導統
御命令之內容,以及一九九三年領導統御命令的內容(見本書附
錄),加以分析。

---

[6]O. Hackl, a.a.O., S. 146.
[7]O. Hackl, a.a.O., S. 147.

一、德國現行領導統御理念的發展

「內部領導統御」（Innere Fuehrung）是德國在一九五六年建軍時最重要的理念。為了讓以往德國軍國主義及法西斯時代「絕對服從」思想籠罩下所形成的「軍事文化」，能夠在西德新軍中絕跡，因此早在一九五一年隸屬在西德總理之下的「史維林辦公室」（Dienststelle Schwerin）就開始擬議新軍必須在「道德、精神及政治思想」上，要有突破傳統之必需性。而推廣這種軍隊「內部新秩序」最力者之一乃是包狄辛將軍。這種新的軍隊內部的「領導統御」原則，早在包狄辛一九五一年發表之〈為了和平而戰的軍人〉[8]，認為現代民主國家的軍隊一定要由「有自覺」及「技術嫻熟」的軍人組成。軍人應該衷心的接受上級的指揮。軍隊應該讓每個軍人有最大的「發展個人人格價值」的空間，拋棄以往軍人只是一個機械化組織中的個體，沒有個人意識及思考能力的錯誤想法，而是能自動自發的承擔起軍人職責。為了賦予軍隊新的角色與任務，軍隊的內部領導統御原則之內涵便日趨複雜，它也是一個公法學上所稱的「不確定的法律觀念」。大體上，領導統御可分成「整合性」、「組織性」及「軍人個人」三個層次來予以瞭解。

（一）整合性

所謂「整合性」的角度，是軍隊要朝向和社會「整合」方向努力。軍隊的職責是履行由憲法及法律所確定之保國衛民之任務，故軍隊是一個服膺「政治優越性」，及「以文化統軍」原則之國家「法定組織」，獲得政治及社會的正當性。同時在實踐民主社會的「公開

---

[8]Soldat fuer den Frieden. S. 25

原則」方面，人民有權利知道國家的國防及安全政策，國防政策不再視為黑箱，只是少數人知悉。故對軍隊的組織及內部，亦應為國人所公開。軍隊和民間整合的結果後，軍人的來源，特別是職業軍官之來源，已是來自社會各階層。以往德國之職業軍官八成以上由出身四種家庭子弟（也是最受軍界歡迎的家庭）——軍人、公務員、教員以及中產階級的商人——所壟斷之情形，應該徹底打破，讓軍人來源「多元化」，而導入多元的價值於軍中。軍人並沒有享受社會特權，而是和社會階層融合在一起。

（二）組織性

組織性的觀點，乃認為軍隊之內部組織應該配合社會的高度科技化，軍人成為科技軍人，同時也是受過教育的軍人。所以，以往不讓部屬有個人思考餘地的絕對服從理念，已不符時代所需。關於現代軍人已是科技軍人的看法，在波斯灣戰爭中，已經證明了包狄辛的見解。依臺北時報文化出版社，民國八十三年出版一膾炙人口的《新戰爭論》（第九十六頁）中，作者——名軍事學者艾文·托佛勒及海蒂·托佛勒指出了「第三波」的時代，軍人動用電腦者比動用武器的多。軍人「科技化」已是時代趨勢。包狄辛在四十年前即指出此趨勢，不得不令人驚佩其前瞻眼力！另外，長官和部屬不應只是一方下命，一方單純服從，而是應該採取「協合」之觀念，也就是激發部屬「參與決定」（Mitbestimmung）及「參與負責」（Mitverantwortung）。軍中應有相當程度的民主理念存在。部屬的智慧不應該為盲自信仰長官的智慧所掩蓋。不過，這個涉及領導統御核心的「軍中民主」在實踐上也最困難。軍隊一旦執行任務，往往須憑靠軍官的即時處置，所以，軍人對長官的命令，仍以服從為原則，唯有命令明顯違法，或侵犯人類尊嚴（德國軍人法第十一條規定）時，才有拒絕執行之權利也。

（三）軍人個人

軍人個人之立場，軍隊的內部秩序，也就是領導統御要遵奉軍人乃是「穿著軍服之公民」之原則。不僅長官要服膺國家民主及法治之原則，容忍部屬及同僚有不同之意見及政見，使得軍中也是一個講求人權之社會[9]。由上述對領導統御原則的檢討可知，固然加諸軍隊各級長官一個新的職責，必須以全新的時代精神，來教導部屬成為好的公民及好的軍人，喚起他們的責任感及榮譽心，為保衛國家的民主法治原則及生存權利而執起武器。故軍官們應對部屬為「合時宜的領導」（Zeitmaessige Menschenfuehrung），讓他們知道為什麼而戰，及如何而戰[10]，此是領導統御一個極重要的任務。所以，領導統御變成一個媒介的工具，讓憲法所揭櫫的法治國家原則、尊重人類尊嚴以及各種基本人權之規定，都能透過這個領導統御之制度而在軍營中實踐！但是同時，領導統御也可由軍營中出發，進而使軍隊和社會融合。故內部領導統御之概念應該跳脫其狹義的、傳統的及文字面上的只講求長官部屬的「指揮技巧和指揮與服從之現象」，而是進一步的指軍隊的「內在體質」而言。所以，「內部領導統御」一詞實可譯為「內在體質」為佳。[11]

---

[9]E. Wagemann zur Konkretisierung der Inneren Fuehrung: Puggler/Wein, Soldaten der Demokratie, 1973, S. 67; Zoll/Lippert/Rossler (Hrsg), Bundeswehr und Gesellschaft. 1977, S. 127。

[10]這是德國國軍總監de Maiziere在一九六一年十二月對全軍司令官所做的演講，同時也是一九六五年德國國軍「領導統御學院」(Schule der Bundeswehr fuer Innere Fuehrung) Hartenstein, Der Wehrbeauftragte des Deutschen Bundestages, 1977, S.141。

[11]E. Busch, Der Wehrbeauflragte, 3.Aufl., 1898, S. 79; K-H Dietz, Vergessene Grundlagen der Mencshenfuehrung in den Streitkraften？1991, S. 36。

二、一九七二年的領導統御命令之內容

德國國防部在一九七二年八月十日首度公布一個「領導統御之輔助令」（Hilfen fur die Innere Fuehrung），這個行政命令臚列了二十項原則，提供給領導長官參考，這是德國將行諸二十餘年的領導統御觀念加以成文化的實踐：

1. 毫無保留的尊重軍人擁有天賦之人權。
2. 使你的部屬在負有防衛國家自由、民主的基本秩序時，也在日常執勤時能夠享受此秩序。
3. 使你的部屬能夠自覺及分擔責任的衷心服從你。
4. 使你的部屬對在有任何侵犯自由、權利及人類尊嚴之行為時，能起而護衛之。
5. 訓練你的部屬，使他們既能夠嫻熟戰技也能夠熟習和平之生活。
6. 使你的部屬在軍中能夠充分發揮由平民生活所擁有之才幹，退伍能發揮軍中所長。
7. 使你的部屬能參與計畫之擬訂，而不畏懼與你討論。
8. 使你的部屬儘可能擁有最大的個人休閒時間。
9. 培養你的部屬，使他們思慮、情感與行為能成熟。
10. 培養你的部屬，使他們感覺是和社會一體，並加強他們的政治責任感。
11. 培養你的部屬能盡一切力量來維護國家自由、民主的基本秩序。
12. 訓練你的部屬能夠充分掌握他們的事業。
13. 訓練你的部屬，使他們無須監督及嚴刑峻罰，即可獨立及合作的執行勤務。

14.應該適量的訓練，亦即把「人」以「人」來對待，只要求任務所需之訓練，不可過重，也不可過輕的施以訓練。

15.應該常——特別在出任務時——給予部屬有關資訊；並應給予真實，而非片面的資訊。

16.告訴你的部屬，在討論中，任何觀點皆可提出，以求得正確的結論。

17.告訴你的部屬，他能提出相關的提議，且清楚的有權可提出意見。

18.鼓勵你的部屬發揮才能，不要潑冷水。

19.對部屬的休假行為，給予必要的輔導，且這些輔導措施應視為乃理所當然之事。

20.應有組織的籌劃，使部屬能夠享受有意義的休假，以有助於發展個人的人格，但不要替部屬規劃他們的休假。

　　由一九七二年的規定可知，這種將範圍廣闊的領導統御觀念加以條文化，的確並不容易。但是，此「舊版」的行政命令的特色明顯的只針對各級長官而發。而非針對所有的軍人，來予規定。同時為分門別類的規定也未能有體系上的連貫。用語方面也是使用條文式的規定語法，而非口語式的敘述。這是此舊版之領導統御命令所存在的缺點。[12]

---

[12] 這是德國國防部領導統御學院(Zentrum Innere Fuehrung)院長，Urilch A. Hundt少將所表示的意見。參見U. A. Hundt, D. Buchholtz (Interviewer) Nicht nur Hartebringt die Armee zum Ticken/Beiastungen fuer Truppe, S. 12ff.

第五節　一九九三年領導統御命令的內容

　　德國一九九三年頒布的領導統御命令（以下簡稱現行統御命令），計分十一個章節，一百個條文，約一萬九千餘字[13]，本統御命令與一九七二年舊版領導統御命令主要區別在於係以部長身分對所有軍人——而非對於各級長官所頒布的命令，企圖創建一種客觀的「軍中領導統御秩序」，使所有軍人皆奉行不渝，各級長官更應以此項命令作為其領導統御之準則，茲將其重要內容略述如後：

一、總綱部分

　　本章為總綱，首先闡明軍隊在憲法上的地位，軍隊使命、任務等重要概念，依照法階層理論，下級規範的行政命令不能牴觸上位的規範的憲法，因此本章寓有揭示德國基本法重要理念之用意，同時顯現德國防部對法律之尊重，例如第一〇二條強調家機關負有維持與保護人性尊嚴、尊重由其良知所生的自由，此與德國基本法第一條第一項人類尊嚴不得侵犯；第四條第一項良心自由不可侵犯等規定具有相互呼應的效果，軍隊是國家機關之一，在軍隊內部也必須維持與保護人性尊嚴，因為軍隊之機制不可吞噬個人之內在價值；亦即憲法之整體觀並非將負有兵役義務之人視為軍隊之工具（Mittel），而是視為軍隊之成員（Mitglied）。[14]其餘重點尚有：

[13] 一九九三年領導統御全文，請參照國防部委託中研院陳新民教授之〈國軍管教問題之研究——軍隊領導統御理念之分析〉，八十四年七月八日第六十三頁以下。

[14] 林佳和，〈試論軍人之憲法地位——以德國基本法第十七條a第一項之基本權限為中心〉，《憲法時代》，第十八卷第二期，第四十八頁。

1. 廣義法律保留原則之適用：第一○二條三項規定僅有在基本法、法令的明白許可時，始得限制個人自由。狹義的法律保留原則指國會保留，廣義的法律保留則包括「直接以法律規定」以及「經法律授以命令規定」兩者。由第一○二條三項文義可知限制個人自由須有基本法、法律、行政命令為依據。

2. 軍隊之使命在於維護基本法所保障的基本人權，於此前提下追求自由和平；軍隊之合法性在於基本法賦予國家設置軍隊以為防禦之任務，任何妨害民族和平共存的行為，特別是企圖發動侵略戰爭，皆為違憲與可罰的行為（第一○三條至一○五條）。

3. 為保護德國之國民與國家利益採取「擴張的國防」概念，促進歐洲集體安全制度之發展，因此軍隊之任務為：
   (1)防衛德國及其國民對抗政治的壓迫與外來的危機；
   (2)促進歐洲的整合與軍事上的穩定性；
   (3)保衛德國及其盟邦；
   (4)促進世界和平及遵照聯合國憲章維繫國家安全；
   (5)對於災難的救助與人道行動的支援；
   為達成上述任務，軍隊的組建訓練應以履行下列任務的能力為指導原則：
   (1)防衛盟邦，並應付任何危機；
   (2)預警並評估任何危機之發生；
   (3)除北大西洋公約組織外，有助於其他德國所屬之集體安全體系；
   (4)進行國際軍事行動與合作；
   (5)獲得外界之信賴、合作與聲望；（第一○六、一○七條）

4. 軍政軍令一元化：國防行政的任務為國軍人事管理及提供國軍各種物質之滿足。國軍是由國防行政單位與部隊所組，並統一

在向國會負責的部長之下。國防部長在平時亦有命令與指揮權力，戰時即移轉至聯邦總理之上。（第一〇八條）[15]

5. 比例原則之適用：國民於服役時應貢獻個人力量以保衛自由與維持和平，服役時仍保持其公民權利。軍人的法定義務即為達到軍事勤務所為的必要限制（第一〇九條）。軍人法定義務的要求難以達成軍事勤務為目的，但目的與手段間仍須符合比例原則的要求。[16]因此於第二一三條規定當有數種可能之行為可供選擇時，應依（憲法）比例原則選擇在任務之履行時，對當事人權利損害最輕微者。

6. 開放性與溝通性的處事態度：民主國家中之軍隊應就有關部隊之安全政策進行溝通，接受公民之批評與以開放的態度因應社會之發展，並接受軍隊成員之觀念與政治立場的多元化，並能彼此溝通，但基於軍事勤務之特性，社會發展的事項並非可以不經審慎的評估即當然的引用到軍隊之中；另外軍事勤務之必要考量亦非可作為社會的評判標準（第一一〇條軍隊不再是封閉性的團體亦不能自外於社會）。為了適應現代社會的急遽變遷，適度溝通與開放的態度才能建立軍隊的良好形象，對部隊成員政治立場尊重，此亦為軍隊國家化的必然結果，乃軍隊本質所不可欠缺，對於社會發展的事項經審慎的評估後亦可拒絕於軍中適用。

---

[15] 德國內閣領軍制，請參閱陳新民著，〈憲法「統帥權」之研究〉，收錄於本書第一章。

[16] 關於比例原則，請參閱陳新民《中華民國憲法釋論》，民國八十四年，第一七四頁以下；同作者：《行政法學總論》，民國八十四年第五版，第六十一頁以下。

二、目標與基本原則

（一）基本人權的尊重與領導統御之任務

　　領導統御概念，係依基本法（憲法）價值觀以拘束部隊任務的遂行。領導統御之任務，在於試圖提供協助，以消除軍人作為自由國民之權利與擔任軍人所負擔義務間所產生之衝突。（第二〇一條）基本法的價值觀以人權尊重為核心，部隊長官遂行軍事任務時必須受憲法價值觀的拘束也就是遵循國家體制與尊重部屬人格，另一方面為化解新入伍者對軍中環境之不適應，例如價值觀的改變，由未入伍前的個人本位主義轉向為注重團體榮譽、體諒同僚感受的團體主義，整個銳變過程所產生的心理衝突，是領導統御之任務，亦即要求部隊長官要能體會部屬的感受，給予每一個部屬一個最適當的管教方式，而不是齊頭式的假平等，以免忽視個體間的差異。

（二）領導統御之目的

　　領導統御之目的在於促進軍人與國家、社會之整合，闡釋軍事勤務之特性，培養部隊紀律與團隊精神，使軍人能衷心的履行任務與承擔責任，其前提在於建立一個法治的內部秩序，軍隊的內部秩序能符合法律規定，尊重人性尊嚴，才能提高工作效能，所以德國的軍人應該被期待為「穿著軍服的公民」，亦即：

1.有自由發展人格的機會。
2.能被視為有責任感的公民。
3.隨時準備履行其任務。（第二〇二、二〇三條參照）

（三）領導統御的對象

領導統御的對象包括聯邦國防行政人員及軍人，領導統御原則拘束所有軍人。（第二○四條）

（四）特別權力關係之揚棄

軍人之行為受法律的局束，軍隊行為乃國家行政權的一部分，在內外關係上皆應為合法並且得受法院審查（第二○六條）。軍法規範軍人的權利與義務，其規定適用於所有軍人——不分階級與職務，長官且特別地被課予義務，履行義務時，應再三衡量任務的要求與軍人合法權利間的關係。軍隊內部秩序（Innere Ordnung）唯有為軍事任務所必要時，方可悖離社會的行為準則。（第二○七條）傳統特別權力關係理論剝奪軍人申訴與依法救濟的權利，一方面使軍隊成為「國中之國」形成法治國家的漏洞，另一方面迫使軍人成為二等公民，為改正上述缺失，德國一九五六年十二月公布軍人訴願法，允許軍人認為遭受上級長官或國防單位錯誤（不法）對待，或是同僚袍澤違反法令侵害時，得提起訴願。加上基本法第十七條特別規定軍人的言論、集會、請願及集體訴願等權利，可由法律限制之，所以基本法僅限制軍人不得集體訴願而已。[17] 由此可見傳統特別權力關係理論已被揚棄。其次德國特別制定軍人法以規範軍人之權利與義務，軍人法主要內容為軍人公民權利的保障（第六條）、軍人忠勇衛國的義務（第七條）、服膺及維護自由民主憲政秩序之義務（第八條）、有條件服從（第十一條）等[18]，一九九三年之「領導統御」行政命令於此再一次強調國防部對法（基本法）與法律（軍

---

[17] 陳新民，〈「不平則鳴」——論德國的「軍人訴願」制度〉，請參閱本書第五章。

[18] 陳新民，〈法治國家的軍隊——兼論德國軍人法〉，請參閱本書第二章。

人法）的尊重。

（五）軍隊應遵奉「文人統軍」原則（即政治優勢）

軍隊應遵從國會負責之政治人物的領導，並受到特別設計之國會監督，且依階級而有命令與服從之關係（第二〇五條），文人統治強調軍隊受到國會監督，文人政府應承認軍隊專業化角色上之自主性，而軍人則應服從文人政府的指揮[19]。基本法第六十五a條規定聯邦國防部長對軍隊有命令權與指揮權，一般稱為內閣領軍制，這是和平時期的規定，若係戰時依基本法第一一五b條對軍隊之命令權力與指揮權力隨防衛狀況之宣布移轉至聯邦總理。此為國防狀態時期的總理領軍制度，但無論平時或戰時文人統治則是不變的定理。[20]

（六）國防監察員申訴制度

軍人之權利受侵害時，除一般權利保護，如訴願權外，若認為其基本權利受有侵犯或有輕忽領導統御原則時，有直接向德國國防監察員申訴的權利（第二〇八條）。國民只要具有選舉權，即可被選為監察員，任期五年，連選得連任一次。人選由眾議院黨團，國防委員會及相當黨團人數的議員連署推薦，由眾議院秘密投票選出。國防監察員之任務依基本法第四十五b條之規定在「保障人權以及作為執行國會監督的輔助機構」。國防監察員受國防委員會及眾議院指示時，應對案件進行調查，而監察員接受軍人申訴，在得知有侵害軍人基本權利或內部領導統御原則時亦應進行調查，最主要之目的仍在維護軍人人權。[21]

---

[19] 文官統治請參閱李承訓，〈憲政體制下國防組織與軍隊角色之研究〉，永然出版社，八十一年七月，第二三〇頁。

[20] 陳新民，〈憲法「統帥權」之研究——由德國統帥制度演進之反省〉，請參閱本書第一章。

[21] 陳新民，〈軍人人權與軍隊法治的維護者——論德國「國防監察員」制度〉，請參閱本書第四章。

（七）軍人之基本義務

軍人除負有忠誠執行職務與勇敢防衛德國民族、冒生命危險戰鬥之義務外，對於國家之自由民主體制，如國民主權原則、權力分立原則，依法行政原則、司法獨立、政黨政治等均有保護並促其實現之義務。（第二〇九、二一〇條）

（八）合理考量原則

軍隊內部秩序形成發展應為下列之考量：

1. 在講求效率時，應顧及軍人個人權利或要求。
2. 在階級制度下，考慮部屬之參與權。
3. 紀律貫徹須考慮軍人能自我負責。
4. 長官之領導應能使部屬分擔合作。

（九）信託代表制

所有的軍人皆應被要求自動自發、有責任感地參與勤務之計畫、準備與執行。軍事長官與信託代表（Vertrauenmann）間應力求雙方的瞭解與互信，以及利益的平衡。（第二一六條）信託代表為長官與部屬間的「溝通的樞紐帶」，德國一九九一年一月十六日公布軍人參與法第十八條規定信託代表應該負責的促使長官與部屬間之合作與相互信賴。代表應該和軍紀長官為了軍人的利益及達成軍隊的任務而共同合作。長官在軍人入伍後，即時告知關於信託代表制度的職務、權利與義務。[22]

---

[22] 陳新民，〈民主與軍隊——談德國軍人信託代表制度〉，請參閱本書第六章。

（十）教育與進修之輔助

　　軍隊中的教育與進修工作的對象，乃在於對進入軍中的公民，培養軍人應具有的智慧、觀念與行為準則，健全軍人人格發展以符合「穿著軍服之公民」理念的實現。（第二一五條）

（十一）長官以身作則的義務

　　長官的言行與履行義務應為部屬表率，特別是其品格與精神方面應有作為表率之資格。（第二一八條）長官下達命令時應給予部屬完成任務之充足資訊，軍人對於所有涉及本人之事務有向長官請求給予清楚、即時的資訊之權利。（第二一七條）

（十二）言論表達之自由與限制

　　軍人亦如同一般國民而參與社會與公共生活。或有公開討論安全與國防政策或軍隊之問題時，軍人應客觀地積極參與政治、文化、宗教、社會生活的可能性。（第二一九條）軍人的意見表達自由與政治活動的權利透過法定的勤務義務予以限制，尤其是安全與國防政策之問題上，長官之軍階愈高或其職務愈重要，則公開發表其個人意見之自我節制義務愈重。（第二二○條）

三、人員管理

　　第三○七條至二一六條為人員管理之規定，主要內容包括長官應以積極的態度面對部屬遭遇負擔、不滿與失望等問題，並撥冗予以談話溝通。（第三○七條）人員管理以帶心與尋求體諒為主。（第三○八條）長官與部屬間的信賴為成功人員管理之前提，因此長官應信賴部屬，使部屬有行為自由、分擔責任與共同參與，妥善利

用分層負責的方式完成任務，此種以團隊合作之方式，將可促進軍人自我價值感與獲得主動力與創造力之空間。（第三〇九至三一五條）最重要一點則是接納部屬意見的雅量，第三一六條規定個人智識的極限能靠他人的優、缺點予以補救，各級長官應虛心自我檢討，應該知道自我的行為不論在軍中或社會上，均深受嚴密的注意，如部屬對其提出忠告或指出其缺失時，並不有損其尊嚴。

四、人事管理

1. 人事管理之義務：（第三一八條）
   (1) 即時、廣泛且直接的給予軍人資訊；在適當條件下，亦包括其家人；
   (2) 選擇人事應以公平方式為之，並鼓勵部屬參加之；
   (3) 儘可能給予有利於軍人的裁量；
   (4) 軍人及其家屬擁有請求照顧之權利乃天經地義之事；
2. 對於人事官與各級長官，凡軍人都有機會公開表達其是否具有獲得該職位資格及才能的意見，甚至可以與他人相互比較的權利。（第三二三條）
3. 役男對軍隊之印象以接觸兵役機關開始，從徵召役男的入伍方式與過程（如立冊、體檢等），皆有可能持續性地影響其將來入伍的服役態度，以及選擇自願留營擔任限期役職業軍人的意願，因此，領導統御始於廣泛地提供役男所徵召入伍及與服役有關的資訊與諮詢服務。

五、法與軍人規則

（一）依法行政

國軍為國家行政權力之一部分，基本法（憲法）規定國軍之所為應受「法律」與「法」之拘束，軍人的行為不能脫逸法律的範圍，因此領導統御的重要原則有基本法（憲法）、軍事法律、相關法規與命令中得以確定。各級長官應依這些規定行使其裁量與判斷的權力。（第三二六及三二七條）

（二）法律教育

部隊應進行法律教育並透過長官以身作則的遵守法律以養成部屬法律智識與守法精神。長官應隨時就法律規定的改變以及法律實務上（審判）的現狀，傳達給部屬。並且就如何適用法律的標準隨時告知。特別是應告知部屬有關國際法中有關戰爭時應適用的人道規定與原則。

（三）軍人規則

軍人規則是軍中生活的基礎以及軍人在公眾表現的行為準繩，亦為軍隊在國內外形象的重要成分。軍人規則的規定必須加以解釋，不能僵硬地適用。同時必須針對軍中團體生活及部隊滿足其功能需要，而在必要的範圍內加以限制。軍人規則並非僅由明文的法規或指示來構成，而係依靠軍隊內部相關價值的判斷以及長官在領導行為與個人行為上的所作所為，來影響、增加及確定之。（第二三〇至三三二條）

六、照顧與福利

（一）福利措施之基礎與範圍

軍人請求國家給予照顧及福利的基礎，在於其與國家之間彼此存在的服務與忠誠關係。國家及所有以國家為名的各級機關，負起對職業軍人與限期役志願軍人、眷屬的福利負有照顧之責。即使退伍後亦然。國家此照顧義務亦延伸至所有軍隊服役之役男與其家庭。（第三三三條）

（二）宿舍措施

在所福利措施中，提供住宅福利措施極具重要性。軍人職務調動時，應儘可能使軍人及其家庭的居住與生活品質不因之而降低。（第三三四條）

（三）福利措施之依據

國家與長官的軍人照顧義務應依法律規定之。此些規定應透過制定行政職務命令的方式，使各級長官知悉。長官應承擔照顧部屬的義務，主動與各級部隊與國防行政機構，特別與社會服務機構合作，使其部屬能瞭解其可能獲得那些社會救助權利，從而適切的行使之。（第三三四至三三六條）

七、醫療照顧

有效的醫療照顧為國家之義務與使軍人在部隊服勤的重要條件。醫療的品質影響軍人之服勤能力以及對國家的信賴感（第三三

七條）關於傷患健康與治療之資訊、醫官與長官應互相溝通，以有助於長官採取有利於傷患健康維持與痊癒之措施。為維護軍人健康與確保醫官地位，長官應接受軍官的建議。病患有毒癮、自殺等特別危險之狀態時，應儘早通知所屬長官；並與國軍內負責社會福利機構洽商給予該病患特別的輔導措施。（第三三八條、三三九條）

八、軍中宗教信仰

軍人依軍人法之規定，享有宗教信仰與自由進行宗教禮拜的權利，依此由憲法所保障之自由，即使在軍人值勤的信仰與認知的自由皆不可侵犯。（第三四〇條）軍中的宗教活動由教會委託進行之，並接受教會監督。軍中宗教活動為獨立的組織體系，軍中神職人員與軍中進行信仰活動，應完全依教會的規定為之，不受任何國家指令的拘束。各級長官不論其宗教觀點，均應全力支持宗教活動任務的達成，且與神職人員合作。（第三四一、三四二條）

九、服勤與訓練

（一）軍事勤務的內容

軍事勤務的內容包括勤務任務、出勤與動員之準備、訓練與實際的照顧、內務及行政工作。（第三四三條）

（二）訓練方式

訓練方式應依軍人之年齡、成熟度、生活與職業經驗為標準，且能符合成人教育的原則；個別軍人瞭解能力與服務的潛能均應加以考慮。長官必須注意應給予所屬軍人公正及公平的勞務分擔，並

使受訓學員有充分的時間，來規劃並準備自己將接受的訓練。（第三四六、四三九條）

（三）訓練水準

一個成功的結訓應該使學員在人員領導、訓練及教育方法方面能夠獲得類似民間職業訓練過程所要求的水準。（第三四八條）

十、政治教育

（一）教育目的

使軍人明瞭憲法所揭示之自由民主秩序價值規範，且有助於認識與肯定其職務對於和平、自由與權利之意義與必要性（第三五六條）。政治教育的內容必須討論軍人自由，每日團體生活現狀、經驗及衝突，加以探討，並非僅是觀念的傳播。（第三五七條）

（二）教育實施

政治教育的實施是所有各級長官的義務，且是軍紀長官對軍人擁有直接懲罰權力的長官（例如營長、連長）所應該特別注意的事項，必須在規定的時間舉行，並且應與部隊日常的生活與勤務密切相連在一起。（第三五八條）

（三）教育內容

政治訓練中應包括公民訓練，部屬應參與課程的規劃與執行，凡是有爭議性的政治性及社會性議題必須以其有爭議性而加以討論，此舉將有助於培養軍人判斷與批評的能力，應減低軍人受到來自資訊管道與政黨政策單方面的影響。（第三五九條）

十一、資訊傳播工作

（一）人民知的權利

德國國民有權利知道關於國軍之消息，因此國軍應進行公開發表安全政策之意見、國軍之職責以及軍事勤務。（第三六〇條）

（二）資訊工作的任務

國軍資訊傳播工作對外係包括公關、新聞及吸引新血輪的任務；對內為部隊內部新聞傳播之任務。（第三六二條）

（三）資訊取得之自由

軍人應可不受阻礙地從各新聞來源獲取資訊，尤其是報章雜誌、廣播與電視獲取資訊。循職務管道亦應可以獲得相關資訊的提供。（第三六五條）

（四）出勤前與出勤中資訊之取得

長官應將有關勤務的資訊以及部屬應該具備何種條件，以及心裡應有何種準備的資訊，儘可能及早的告訴部屬。在執行勤務的過程中，各級長官亦對於所屬軍人在值勤地點、家鄉，以及區域與全球政治之情勢與發展相關資訊，確實告知其部屬。（第三六七條）

十二、組　織

1. 法律安定性原則：確定的組織，清楚的作業流程，係履行國軍各種不同任務之前提。應就不同任務所生之管轄與協同關係加

以界定，以確保法律安定性原則。（第三六八條）

2.領導統御原則對部隊組織之要求：

(1)基本上，應採行分權的規則。故應對任務分派、決定權限
及人員與物資之分配加以明確的規定；

(2)各階層應給予決定空間，使能有積極與採行彈性行為之餘
地。同時在組織上可以據以防止上級機關的干涉；

3.各機關應保障有內部資訊妥善交流的可能性。

4.各機關應依任務指派遵守效率、經濟及節約原則並施以監督，
然必須同時斟酌軍人的需求。（第三七〇條）

第六節　德國軍事領導統御制度的「他山之石」──我國制度的反省

國軍現存關於領導統御之涵義並不明確，所謂「領導」，含有先
導、指導、統率諸義，就是在一定目標下，統率群眾並領導、前導
之意，亦即以個人的思想與行為，支配或影響他人，使其趨於一
致。故領導純出於自然與民主精神、啟發每一個人的智慧智能，培
養一種使命感與責任感，進而建立其一致的立場，統一的步調。
「統御」近乎人為與強制方式，憑藉組織、法紀和權威，誘導部屬行
為以掌握部屬能力，而達成賦予任務之一種方式，二者雖同其目
的，但本質不同。[23]或稱「領導」是依領導者之品德、學養、才
能、智慧等條件影響、感化或疏導被領導者之一種軟性行為；「統
御」則以領導者超越地位及被賦予的權勢和法令來約束或控制統御

---

[23] 參閱陸軍總司令部七十五年七月一日印行，「陸軍軍事領導教材草案」（軍
官進修級原則之部），第一之三頁。

者之一種硬性措施。兩者如何交互運用或取捨輕重以達預期目標，端視領導者運用巧妙與否，故係一種藝術。[24]我國傳統領導統御的觀念，偏重於領導者之品德、操守是否良好，將「管理」、「組織」、「考核」等領導統御要素，視為領導者個人之修養，這種偏向「藝術性」，而非「制式性」的要求，易流於「個人化」與「主觀化」。對領導者而言，上述要求標準似乎陳義過高，導致幹部認為在現實上無法達成。因而對領導統御的各種要求，尤其是關於領導者的修養上可能產生排斥，例如陸軍步兵學校一般課程組「領導統御」課目教材的教授目的為：在使學者習得領導統御之一般原則，促使其品學兼優、全才全能，在領導統御上，發揮高度之才能及潛能，及增進幹部領導能力。[25]過程理想性的要求使領導統御成為教條式的口號，華麗而不實際，將各級幹部所可能面對千變萬化的領導關係以及帶領不同類型部屬，所可能遭遇的問題，皆以簡單化的「結果式」規範來處理，其實效力顯有不足。反觀德國的領導統御則強調制度、權利義務關係及民主理念，部屬與長官之間所強調的並非完全是道德，而是法定的權利義務關係。領導者的涵養已融入職務義務的範圍內，此種制度化的規範方式，足資吾人借鏡。切不宜以國情相異，建軍歷程不同等守舊、抱殘守闕的不求進步心態，而遽予全盤拒絕參考之！茲就國軍領導統御有待改進部分，提出若干建議：

一、制頒軍人手冊

由國防部制頒軍人手冊，轉發至每一位在營服役的現役軍人，內容包括軍事組織、軍事勤務、各級軍人的身分、薪俸給與、津貼

---

[24]陸軍總司令部四十一年八月印行，美軍領導統御術，引自前揭註[13]，第七頁。

[25] 前揭註[13]，第十二頁。

補助、軍事教育及進修管道、退伍轉業輔導,尤其是附錄陸海空刑法、陸海空軍懲罰法等攸關軍人權義的法律條文,此舉不僅使軍人明白自己各項權利義務與未來發展前景,亦可為各級幹部領導統御之參考。[26]

二、設立國軍社會科學中心

國防部可仿效德國之方式,成立一個專門研究軍隊內部領導統御的軍事學院。德國在Koblenz市目前有一個「領導統御學院」(Zentrum fur Innere Fuehrung)目的在隨時反映部隊的需要,編列有關領導統御的教材與資料,分發各部隊;並定期出版有關領導統御的資料,提供給各級幹部參考。同時比照國軍進修計畫(如我國的三軍大學正規班)負責調訓國軍幹部。另外必須隨時瞭解軍隊內部所產生的管教或其他社會問題,德國也成立一個「國防社會科學研究院」,隨時提供國防部有關的研究報告。美國三軍也有類似的組織,例如陸軍即在華盛頓成立一個 "Walter Reed Army Institute of Research"。其性能類似德國的國防社會科學研究院,我國可在國防部下成立一個社會科學研究中心,並在三軍大學內成立一個領導統御學院,使之成為一個更有效率與合乎時代需求的國軍領導統御訓練中心。

---

[26] 日本自衛隊於每年招募自衛隊員時,均出版《自衛官養成之路》一書,內容包括自衛隊現況,有關自衛官之知識(包括自衛隊員之身分、薪津、教育內容等)、退職輔導及受自衛隊教育所取得或考試可得擔任之公務員職務,請參閱《自衛官の道》,平成六年,日本防衛協力會編,成山堂出版。

三、長官管教權的範圍儘量限於戰技訓練的教導

長官的管教權應該是儘量局限於戰技的教導之上。傳統上對軍人的教導亦列入長官的管教權中，易生濫權後果，且無必要。官兵生活管理由營務守則及內務規則來規範。長官不能在訓練時間外，以生活教導的理由對於軍人施以管教的指施，故對軍人的生活教導不必列為管教的範圍。

四、明令各部隊司令官，主動根絕老兵欺侮新兵的惡習

新兵被凌虐的現象，顯露出長官「認可」所轄部隊發生不法暴力事件。甚至亦有些長官可能會利用老兵作為其輔助管教之工具。這種長官已經違背其有照顧所屬弟兄的法定責任，侵犯了其傳統「作之親」之倫理義務。國防部必須明令各級幹部以「除惡務盡」之心態，方能制止這種侵犯部隊團隊精神的惡劣習氣。並且部隊長官未能消弭與制止發生在其單位內的暴行，則屬其領導統御的失敗，亦應該給予適當的懲處。

五、消弭部隊中的言語暴力問題

國防部或參謀本部應該迎頭趕上時代潮流，呼應絕大多數軍人的願望，命令、督促各級長官要求其在言語上的措詞，應加以節制，不可恣意妄為。而且部隊宜推行「禮貌運動」，讓部隊成為一個「守法好禮」的軍隊，使軍人（特別是軍官）成為「紳士軍官」，才可以使部隊內部的生活能流風所及的趨向以禮儀而非充滿暴戾之

氣。

六、前科役男的禁役規定重新檢討

目前對判刑七年與服刑四年以上才能禁役的規定，條件過苛，也是基於僵硬的平等權理念，造成軍中劣兵太多，加重了幹部的管教負擔，引起無窮弊病。本文茲慎重建議國防部與內政部協商修改兵役法第五條之規定及相關法令，為「凡判刑三年以上並且服刑滿二年以上之役男，即應禁役」。使得國軍部隊能摒棄不良份子入伍，只招募清白子弟，或是曾經有過輕微前科之役男，而給予其重新做人與報效國家之機會。

七、回役兵的禁役規定應予修訂

回役兵造成部隊的惡劣副作用，一如前科役男，亦應修改現行兵役法為：「凡判刑三年以上服刑滿兩年者即應禁役。役男入伍後犯罪而累積服刑滿二年者，亦應加以禁役，無須回役」。

八、回役兵集中管理弊多於利

針對回役兵不採行現制使回役兵分發部隊服務，而另成立一「回役大隊」集中管理之方法，亦有下列不妥之理由：

1.不符合回役兵的「再社會化」。
2.將回役兵集中管理，國軍無太多適合管理的幹部，且徒有浪費優秀幹部人才資源之虞。
3.回役兵集中管理後，如果為了安全理由不發給槍械，是否與軍

人之職責、國家設立軍隊的目的相悖？反而讓國家花費薪資給
予這些無法保國衛民的「軍人」。

4.除了造成隊員自暴自棄的心理外，對於軍隊榮譽觀瞻上，頗有
不利影響。

九、強化部隊法紀的建議

1.改善目前的軍紀教育專注在軍刑法方面，而必須將重點置在軍
人生活中所涉及到的一切法律問題。實施方法應避免會加諸軍
人心理負擔者，例如考試。而是比照健康衛生課程，讓軍人主
動產生興趣，並鼓勵軍人主動發問及參與討論。

2.講員可由部隊軍法或選拔優秀大學法律系（所）畢業之預官或
士官。比照三民主義巡迴教官之方式，提供基層連隊軍法教育
人才。或是亦可定期延請部隊所在地的律師，特別是法院法官
來作演講。

3.法律課程應獲得各級長官的重視，除非軍官已熟習此課程及內
容，否則應以身作則，踴躍參加之，以示尊崇部隊的法治教
育。並且除非絕對必要，否則不可將此授課時間挪為他用。關
於授課的時間每週似乎以兩個小時為宜。

十、重建國軍官兵對申訴制度的信心

國軍已有申訴制度，但官兵對此制度似信心不足，故應徹底根
絕長官對於申訴人有濫用職權報復之可能性。對任何長官明顯的或
「隱藏性」的報復行為，所提起的再申訴應該列為專案處理。詳細的
以各種角度及合情理與否慎加裁決。同時對任何申訴結果做出決定
時，應同時通知所屬長官，強調與提醒該長官們負有不得為任何形

式報復之義務，或有任何明示、暗示反對的言行；同時灌輸官兵申訴制度的重要性及可行性。

第七節　結　論

　　美國在越南的戰敗經驗，說明了當管理取代領導，注重形式忽略本質時，會導致的嚴重後果，美國國防評論家傑弗瑞・李克（Jeffery Record）在提到美國為何在越南慘敗時，曾一針見血地指出：「太多的軍人忘記了自己為何穿上軍服，由於一心想要晉升的軍官太熱衷功績的建立，因此在帶領和對待部屬的時候，時常忘記了在軍隊這個龐大的機器下，他們是可以互相替換的零件……士兵絕對無法透過管理而願意從容就義；士兵必須藉由領導才會心甘情願地為國犧牲。」[27]管理並不是領導的全部，近半年來因若干軍中不當管教案例，導致輿論對軍中的一連串批判。本文深信大多數國軍幹部均係負責盡職、誠懇正直之軍人，若能進一步強化領導統御觀念，如前文所述以法治化、制度化的取向，建立或改善若干體制，就消極而言固可減少軍中各項意外事故之發生，積極面更可提高士氣，增強戰力，而相關制度的建立，除改革的決心外，更有待立法與諸項行政策措施的相互配合。國防的「全面現代化」即有賴於斯矣！

　　（本文原刊載：《軍法專刊》四十二卷六期，民國八十五年。李麒先生為輔仁大學法學博士，現任職中科院中校軍法官）

---

[27]Neil H. Snyder等著，張佩傑譯，《解讀領導》，牛頓出版股份有限公司，八十四年九月出版，第二十一至二十二頁。

第二篇　軍事雜文二十二則

第一則　將軍的榮耀

國防部長郝柏村以一級上將停役身分，被提名出任行政院長所引起的激烈風暴，已使一級上將制度的合理性，面臨考驗。

我國行之有年，卻在法律（如陸海空軍軍官服役條例）無明文規定的一級上將制度，實是仿效德國十九世紀時代的普魯士元帥制。德國以軍國主義立國，為了一旦戰事爆發，國家能有幾位卓絕將領立即擔任集團軍司令官，才設立終身職的元帥，並配以優渥之薪俸，幾位優異的參謀副官，國防部隨時提供最新之國情與敵情資料，任何演習及新式武器出廠，定邀請參觀。這一切優遇皆在保持元帥的軍事判斷力，不使退化，以便將來蔚為國用。同時，元帥絕不轉業，更不必去蹚政治渾水，永遠以穿軍人之制服為榮。

相形之下，我國一級上將們不是純粹的退休人士，就是轉入政界開闢第二春之生涯。前一種上將已無法充實新知且和軍隊脫節甚遠，一旦回役恐不能再擔負大任。而後者退伍後步入政壇，除了沾染政治風氣，嚴重的混淆國家文武分治的憲政制度外，同樣的也因脫離軍隊日久，政治聲望可能不良，實難再扮演一個稱職的將領！假如國家已有妥善的退休制度可照顧退休將領，總統府也設有戰略顧問，可提供老將軍們的諮詢管道，那麼這個過時的一級上將制度，是可以加以裁撤了！

土耳其國父凱莫耳曾說：「若你仍緬懷軍人之榮耀，那就不要去搞政治；假如你期盼群眾的掌聲，那就脫去軍服，永遠不要再穿上。」不過，對軍人而言，要學會用妥協柔軟的政客身段去實踐自己的意志和抱負，這種自忍的功夫恐非常人所及。記得前國防部長高魁元就忍不住立委的咄咄逼人氣焰，憤而拿出以往因軍功而得的勳章示人，以強調其人格之清白！我們看到這種情形，真替老來轉

業的將軍們扼腕，何苦放棄畢生之榮譽不顧，卻依戀權位而自獲無理之辱？

凡是有優異軍事閱歷的將領，皆以曾為、且永遠身為軍人為榮，如德國的名將古德林與美國的麥克阿瑟，終身以「老兵」自許。「郝上將」若為屈就一時的文人院長寶座，立即割捨應引以為傲的軍人身分，這種自己平生志業及眾多袍澤對其期待的「遽變」，是否「行有所值」，我們拭目以待吧！

（原載：《中時晚報》，民國七十九年五月二十三日）

第二則　「軍人魂」下的人性尊嚴——看隋姓士官遭凌虐致死案

立法委員趙少康在日前的立法院質詢中，揭露一隋姓士官在移送明德訓練班時，被五名憲兵凌辱致死的事件。這件駭人聽聞的質詢，雖然經郝院長表示哀痛及宣示將嚴加究辦施暴官兵而暫告落幕，但仍有一股陰霾存在國人心中，到底軍中的暴力何時才能完全根除？

按理說軍隊應該是最講究袍澤及友愛之情的團體，因為在任何戰爭中，敵我的生死之際與自身能力的極限，在在需要群體的協力。此時往往可顯現出「仗義忘己」以及「堅忍」與「摒除現實利益」的人性光輝。軍人若是少了一股這種屬於職業的道德觀，戰爭就除了冷血的殺戮行為外毫無任何人性可言。軍人這種道德（道義）觀的培養非靠人心的感化不可。嚴刑峻罰所獲得的袍澤情感只能適用在畏懼刑罰，且不重榮譽的軍人身上。但是對不畏死者，刑罰豈有絕對的拘束力？

另外，軍人是國家的武力，一個軍人的生命與健康，是國家寶

貴的財富，非任何人所可隨便處置。對軍人的凌辱，同樣表示對國家的鄙視。何況，士官軍官是國家的武職命官，肩膀上的階級表彰了國家賦予的身分，其他人，尤其是不分任何階級的軍人，都應該給予最大的尊重。現在隋姓士官竟然被上級下級同僚折磨致死，這不僅是隋姓士官個人的生死大事，也使全體國軍為之蒙羞。我們贊成郝院長拿出魄力與決心，整治這股漠視軍人尊嚴的暴戾橫行。

在絕對權威，講究絕對服從的體制下，最容易發生濫權的事情。但是，若能嚴格講求榮譽、強調自身的職責與操守，並且在必要時毅然、公正的實行軍法究辦，是可以杜絕軍隊內的暴力事件的。近代軍隊強調的「鐵的紀律、愛的教育」並不是一個空口標語。例如，舉世聞名勁旅的德國普魯士軍隊，在一八〇七年以後，就廢止了著名的「撻刑」，軍隊中形成一種新的「普魯士精神」，那就是——軍人對軍人動手及動口凌辱，即是一種傷害到「軍服」尊嚴的行為。軍官若有這種行為，重則移送軍法庭，輕則交由「軍官團」。前者是代表維護國家法紀及討回被傷害軍人的公道，後者則是追究肇事軍官的「辱職」，追究這個行為對整體軍官團所造成的「形象傷害」。所以，德國軍隊一直到納粹政權崩潰為止，軍中內的暴力一直為軍法及軍中倫理所嚴格禁止。

這個少為人知曉的史實，也可以說明軍隊鐵的紀律與強韌的戰鬥力的維繫不以軍中暴力的存在和運用作為相對的必要因素。可惜，普魯士軍魂這點優秀的傳統，卻未能被日後移植普魯士軍事制度的國家所採行。戰前日本皇軍以及目前的土耳其軍隊，都以嚴格的紀律、兇暴的長官著稱。軍隊雖稱勇猛，但視軍人如豕犬，這種建立在暴力統御之上的軍隊，早已應該淘汰在文明世界之外了。

軍人生涯本來應該是一種富冒險、浪漫氣息的生涯，許多西方職業軍人也經常懷抱著騎士精神的憧憬來加入軍隊。國家與社會對於軍人這種動機及人生觀，應該多加支持與鼓舞，使軍隊這種高危

險性、紀律性及枯燥的職業圈，永遠有源源不絕的赤子之心者流入，而無斷血之虞。我國現在的軍隊，已經在國家社會大環境下，體質逐漸由強調軍人以馬革裹屍、灑熱血於神州大陸的「攻勢軍隊」，轉變到保護在台灣的民主、法治及尊重人權的政府及國土，屬於防禦性質的「守勢軍隊」。軍隊屬性也將由「絕對服從」的封閉型統御，遞變為重視軍人人權、軍隊法治以及接受軍隊外的監督（如媒體及民意代表）的「開放性」軍隊。如果我們的軍隊，在內部不能重視人權及法治原則，那又如何說服軍人們相信他們所要擁護的是一個重視人權的法治國家？我們期待在軍人服膺的軍人魂之下，每人都是享有人性尊嚴且盡忠職守的「現代騎士」，每個都是民主憲政的子弟兵與法治國家的守門神。

（原載：《中時晚報》，民國七十九年十月九日）

第三則　操場如戰場？──看軍訓教官制度的存廢

　　台北市議會日前召喚幾名軍訓教官到議會內，手持白木槍實行「班教練」，以藉此抨擊教官留在校園的不當。但我們只見這些身著挺拔軍服，眉宇間透露威武不能屈之英氣的職業軍官，被一、二位平日常上報章，卻以言行駭世的議員們頤指氣使，馴如綿羊地操作班教練。瞬間我們不知道在我國，軍人到底是聽命於誰？一個在沙場上應該要捨身衛國的戰士，為何要遭受這種類似俘虜的待遇？

　　軍訓教官該不該留在校園內，本來是一件值得國人嚴肅討論的問題。雖然主張教官退出校園的聲音，數十年來並沒有間歇過，但是，認為教官應留在校園的民意，相信也不會太少。最近全國私立學校便幾乎全部要求教育部「堅定」教官留校的決心，並且還要求教育部從速補足懸缺甚久，占總額三分之二的教官名額。加上許多家長普遍認為唯有教官才管得動他們的子女的心態，如果說要由民

主「多數決」的方式來表決教官的去留問題，恐怕鹿死誰手尚未可知。假如我們以私校的角度易地而處，自然可以想像每個學校都會歡迎一隊具有高度服從力的年輕人員，擔任訓導的工作。所以，私校們歡迎教官駐校，並非希望教官們能將學生的軍訓課和護理課教好，希望他們將來當一個好軍人或好護士，而毋寧是希望他們承擔軍訓以外的訓導任務，軍訓制度的「質變」再清楚不過了。

但是，基於軍訓制度的過時性及國家對軍人職業專業化的要求，我們不能苟同教官制度的存續下去。現代的軍訓制度源於十九世紀末的歐洲。那時候的戰爭形態需要充沛的人力以及簡單的個人武器以便在戰場上決勝負；現代的戰爭形態則完全不同。現代戰爭需要嫻熟訓練且頭腦精密的專業軍人來操作殺傷力強大的武器。相形之下，兵源不需太多，甚至只要動員甫退伍數年的後備軍人，便足夠應付。而且，除非國家安全要實行焦土戰略，否則哪會將這些未及役齡的娃兒，拉上火線的！並且，外國當年實施的軍訓課程，可不是今日台灣「摸魚式」的軍訓，練習稍息、立正、操操槍、打幾發靶而已，而是讓學生學習什麼是軍人及紀律。以德國這種軍國主義的國家為例，迄第二次世界大戰為止，實行軍訓即超過半個世紀。德人選擇的軍訓教官一律是傷殘軍官，換句話說，無法在戰場上再為國效勞者，才編入教官隊中。這些教官身著筆挺軍服，胸前掛上表彰國家至高榮譽的勛章，訓練學生一絲不苟，並且對於軍事份外之校務絕不插手的嚴謹態度。我們看看「西線無戰事」的作者，德國當年最反戰的作家雷馬克，不也正讚佩這些外有軀體傷殘，但是內在卻是「真男子」的教官？然而我們台灣的教官從未受過青年輔導的訓練，卻必須無師自通來訓練正值青春期的學生；睜隻眼閉隻眼混日子的也所在多有。悲夫！這批身強力壯，文武皆備的國家中下級軍官，本來應該在營區訓練弟兄，使支支部隊悍若出柙虎，或是專研領導統御及戰法戰術，以待一旦國家遭逢死生大事

之需。但現卻深鎖驥驥於校園之中，且受政客的驅策行走，我們不禁為之悲從中起，飲憤為他們唱曲「長鋏歸來兮，不如歸去」！

（原載：《中時晚報》，民國七十九年十二月十八日）

第四則　哀將軍！悼將軍！

孫立人將軍終於撒手人間，對於這一位曾經熱血從軍的知識份子，滿身彈痕槍孔，並且勳彪優崇的老將領，在被政府幽居三十五年後溘逝，這種下場極為淒涼和落寞！古人「蓋棺」時才可論定功過，現在，朝野是不是應該對孫立人將軍功過給予公正的評價？

由目前的史料，我們幾乎可以認定，儘管美國如魯克斯之流，有拉攏孫立人之企圖，但是孫立人不為所動，換句話說，孫立人忠於國家的軍人義務，並未受到任何影響，這在當年的軍事審判中，已經確認這個事實。假如我們以另一個角度來看看美國的動機，倒也不必大驚小怪。外交工作本不離對軍人的酬酢往返，我國駐外使館不也是結交駐在國之軍人，尤其是有潛力的將領？那又何怪乎超級強權的美國？對孫立人與美方來往過密為由的神經戰式的牽引入罪，繼之以剝奪榮譽的強制退職與幽禁，正反映出我國傳統政治對手握虎符者的猜忌與不仁。也不禁使我們回想明朝之于謙與袁崇煥的遭遇，雖有程度的不同，但也神貌逼近了。

在我國已將近完全擺脫過去威權式的政治結構，國家應該步向健康的、理性的政治社會。我們不應該容許類似孫案的悲劇發生。軍人是國家的守衛門神，應該給予最大的榮譽，以褒獎盡忠職守，冒險犯難的軍人。但同時對違法欺職者，在有明白證據情況下，也應該給予國法制裁，以維繫軍紀的整肅。所以，軍人和國家兩方面都具有濃厚的倫理關係，和最重要的是一絲不苟的法律關係。對一個軍人的懲罰，若在法、在理上都不能充分服人的話，那國家日後

如何教軍人們效死輕生？又如何可吸引優秀子弟投身軍旅？其理由是再簡單不過了。

所以，政府應該拋棄虛偽面子，若是捫心而問，過去三十五年來的確是有虧於孫老將軍的話，那麼就應該徹底的大澈大悟，給孫將軍平反。讓孫將軍身後猶榮的方法，可將孫宅改為紀念館、追頒孫將軍為一級上將、頒贈中正或國光勳章、入祀忠烈祠、頒發勳忠狀、總統為喪禮主祭。最後政府應該將本案給國人一個交代，這也是政府對歷史的交代。倘若政府不圖此舉，任令孫墓林木同淒的話，那麼國家的歉疚罪愆，恐怕就要千斤加上一碼了！

（原載：《聯合晚報》，民國七十九年十一月二十一日）

第五則　榮譽無價　勳章無價

一代名將孫立人將軍逝世之後，先前所獲頒的十枚勳章，國家折價發給新台幣六萬元的獎金。其中象徵軍人戰功最高榮譽的青天白日勳章折價一萬五千元，比起亞運銀牌選手可獲得二百萬元的獎金，竟有雲壤之別，引起不少國人的憤慨與不解。其實這些不諒解都是多餘的，因為國家用現金來折算勳獎章根本就是一個錯誤的及低俗的措施，它代表著榮譽的可「價量化」，而非「榮譽無價」。

在西方近代軍事史上，勳章代表的功勳表記，本來只頒授給貴族及軍官。十八世紀的歐洲戰場，對於勇敢的士兵率多只發給銀幣或金幣，那時候的傭兵制度不太在乎軍人的氣節及社會給予軍人的尊敬。所以才用實質的金錢來鼓舞軍人的效命疆場。但自從民主理念及服兵役制度形成各國基本政策後，歐洲才正式將勳章作為軍人武德的表記，一個軍人胸前掛滿輝煌燦爛的勳章後，即使軍服寒傖，出手不闊，仍能獲得社會對其人格及尊榮的肯定。這種榮譽制度才可以使軍人的職業永遠會吸引年輕、富浪漫心與欽羨騎士精神

的青年了。我國的軍功勳章可折抵金錢，且低價折抵，正是步回歐洲已經摒棄的傭兵時代之制度。

另外，我國勳章折價制度的另一個弊病，是嚴格規定其持有人不得處分其勳章，使勳章不能變成市場收藏家的蒐集目標。這也是我國勳章制度的一大怪現象。西方國家的勳章一旦頒予受勳人，即成為其財產，要賣與否悉聽尊便。我們看不出國家為什麼要規定受勳人應「妥加保管」該勳章？一旦私賣他人還得「議處」？及可收回之並折以低價？這些附屬規定簡直不將得勳章人當成國之英雄，反視之只是國家勳章的「借用者」。實在令人搞不清楚這個制度的設計人究竟希望我國軍人多多獲得勳章，還是希望只要有寥寥幾個軍人充作勳章制度的樣板即可？

孫立人將軍的勳章折價事件，完全暴露出我國勳章制度已有嚴重的過時性及繆誤的制度設計。自第一次世界大戰後，歐洲已興起「勳章正義」理論，要求士兵與軍官，尤其是高級軍官，應該由同一種勳章開始領起，不能獨惠高級軍官。以色列在三次的以阿戰爭中，最高功勳勳章由下級軍官及士兵獲頒的，竟占百分之四十左右，無怪乎以色列軍隊的強勁了。我國的勳章制度能不應該重新檢討了嗎？

（原載：《聯合晚報》，民國七十九年十一月三十日）

第六則　打開逃兵役的心結──由美籍華人參戰談起

在美伊即將開戰前的風雨時刻，報紙長篇累牘報導雙方戰備的情形。其中有一則消息提及美軍中包括一批華裔青年。連在國內外享譽的陳若曦女士也在美國某華文報紙上撰文，向主祈禱其赴沙烏

地參戰的兒子，能夠一償「愛國」夙願。而當年為使兒子逃避兵役而舉家遷美的若干國人，其兒子也有不少自願執干戈來保衛「大美利堅」的利益，而放棄目前優渥的工作。似乎命運之神並不特別眷顧意圖逃役的父母。老實說，一直風靡在台灣中上階層的「小留學生」制度產生主因之一在避免當兵，是不爭的事實。因此，相信不少同胞在看到這些美籍華人父母「為子驕傲」的新聞時，心中多會惆悵片刻，為什麼這些在文化界、政界及商界的大、中人物，會綢繆子弟的兵役問題而紛紛去父母之國台灣，卻仍然可以獲得這個被他們遺棄，不願子弟捨性命來護衛的土地上不少人民的高度尊敬？這是否顯示出國人對為人父母各種形式、各種目的動機之「逃避兵役」的正當性，普遍持著漠然、體諒及寬容的心態？假如答案是肯定的話，那我國將正像一個沒有兵蟻的螞蟻社會，將迅速成為其他蚜蟲吞噬的美肉醇膏！

兵役，尤其是全民義務役制度，實際上是一個背負著極高度精神意義的使命，保衛國家及其利益，來壓制它所帶來的沉重代價，例如龐大的軍事預算，無數正值黃金年華的青年犧牲了生命、健康、光陰，甚至在軍隊這個大染缸所染上的人格及道德上的瑕疵……。但既然「大我」訴求已無法規避，國家也就必須儘量在這個制度的完善面上著力，使軍隊不是青年青春及尊嚴的墳場。我們是否應以反求諸己的立場來檢討我國的兵役制度是否有必要揭開它的神秘面紗，讓父母放心讓子弟入營？甚至也可以考慮引入歐洲已實行逾三十年以上的「社會役」，讓心智及體能不勝沙場馳騁的青年，轉服平民性質的服務勞役，一樣可以貢獻社會。此外，為了貫徹人民犧牲小我，成全大我的精神，國家當然該義無反顧的貫徹平等原則，使得人人服役的「兵役正義」，不會為富商巨賈的財勢及高官重宦的權勢所擊破，否則「執戈盡寒門」的國軍，又那裡稱得上是國之門神？

所以，在不可一日無國防的前提下，我國嚴重的拜金風氣已使軍校招生困難，成為不可漠視之隱憂。朝野似乎應該重新謀求國人「尚武」的良方！這對已養成重文輕武習性的我國社會，並非易事。我們雖然不能要求國人走當年日本軍國主義時代，家人要求出征子弟「祈戰死」的絕情老路，但社會可以再培養出一種浪漫的「慷慨賦長征」氣質。我們看到民國四十年代台灣各地對入伍子弟舉行「歡送宴」，親朋好友高舉不少「賀○○君入伍報國」長白幡，不正是這股醉臥沙場的豪氣表現？以大陸早在民國二十餘年就實行兵役法，卻將兵役變成「拉伕」的同義詞，相形之下曾受到軍國主義薰陶的台灣，似乎更具有浪漫的出征情懷！因此要幡然改造目前兵役的「心障」，恐怕也非純然是一個虛擬的空想吧！因此，我們看到美國華裔的遠赴中東，固然應欽佩他們的愛國心，反過頭來也該給拒服我國兵役的國人一個噓聲，如同美國副總統奎爾到處受到的質疑一樣。

　　（原載：《中時晚報》，民國八十年一月十五日）

第七則　「五行運命」外的升官案

　　最近國軍高層人事變動，原政戰部副主任陳廷寵中將晉升上將，並接掌陸軍總司令。這個消息背面，是陳中將並沒有因前年國慶閱兵擔任指揮官時，不慎把軍帽「揮」掉而使官途中斷。在飽受中華「官場文化」浸淫的我國政壇，若果真能擺脫那些無關個人才能、操行的因素，來決定一個官員人事上的升黜，那麼我國的政治上升便有望了。

　　我國社會似乎特別強調「觀人術」，歷史上數得出大字號的領袖人物大多被傳為「善識人相」。同時，對部屬的好惡，自然就以自己的「相觀」來作判斷。我們看看以前清朝，號稱中興名臣的曾國

藩、左宗棠、張之洞及李鴻章之輩，那一個在尺牘書信中沒有提到他們的相命觀。今世的蔣中正及毛澤東據云亦喜歡且「善」相人。這種絕對「主觀」的相人術，輔以絕對的威權體制，使領袖可以輕易的被一些既定的偏見來左右其決定方向，至於所「相中」者為蠢材或幹才，就不是靠理智所決定的。加上「五行天運」等因素注入決策者的封建腦袋裡，所以一個官場中人會被上級以其面相、姓名、八字及倒楣的過去經歷，排除在升官晉爵的「關愛」之列。於是乎，我國官場上上下下對「運氣」看重的程度（而非對自己才幹表現的看重），舉世恐怕無出其右者。這種繫於他人的垂青與否的「運命觀」，使中國官場在「公」的方面一直充滿被動、道家式的消極風氣。相反的，在期冀「改變命運」的「私」的方面，積極的人事關係，如派系的分立、上下沆瀣……等等小圈圈動作，也是我國的官場文化之一。所以，我國政治一直無法步上正軌，公務員永遠不能依才幹而非關係來升遷。

在現代複雜、分工精細的國家政治裡，重要職位必須適才適所。但如果國家不能毅然把「才能」以外的所有因素都排除在人事決定之外，則不僅公務員個人的人權受損，國家也會損失。例如過去的國軍將領的晉升條件之一是儀容端正（不能缺眼斷臂）及通曉英文。難道因公斷臂缺眼者就沒有升官之權利？——若然則國家以後將如何要求軍人效命？——還是就沒有軍事擘畫之能及領兵之才？那以色列的獨眼戴揚及中共號稱「劉瞎子」的劉伯承，又怎麼說？此外，以往有美軍顧問團時，將領雖須和美國顧問溝通，英文好是較為方便，但軍人畢竟不是外交官，英文不能作打仗用，又不能培養「將才」。所以，國軍將領若需滿足上述的條件，才真正是一批口操洋文的「銀樣鑞槍頭」了。

同時，「連坐法」也往往讓優秀的官員去職。這使我們想起去年殉職的空軍甯建中少將。國家花數十年才培養出一位飛行將軍，

卻會為了一個部下（林賢順）的叛逃而斷送前途。現在這種「連坐恐懼症」的確到了應該根除的時刻。長官如果真正因失職，才需要為部屬的行為負責，否則，一味的株連，最後倖存者才是居高位者。然而，幸運之神豈會永遠照顧一個人？希望陳中將的晉升，是今後國家「唯才而升」的好的開始。

（原載：《中時晚報》，民國八十年七月一日）

第八則　英雄之死

經國號戰機失事，試飛官伍克振上校殉職。摔機之後，立法院內馬上激起批評聲音，不是IDF計畫花錢是否過多，績效是否不彰，就是那個將軍、那位部長、院長應該引咎辭職。就民意監督政府的立場，上述的批評當然是民主體制應有的現象。不過，對於殉職的飛行員，由國會內傳來哀悼聲似乎就相形的微乎其微，彷彿摔機正是引起批鬥的契機，至於死了幾個軍人，就不是值得關切的重點了！

我國需要堅強的國防乃各政黨之共識，而外國不賣先進武器給我國，也是眾所周知之事實；在這兩個前提下，我國唯有自力發展高科技的武器。然而飛機的設計及製造，往往會折損人命，尤其是高速的戰機。難道試飛經國號戰機的飛行員本人、眷屬及朋友會不知道擔任試飛員時時刻刻伴隨著死亡？但是他們終於勇敢的進行數百次的試飛，以及在人生最後一次的飛行中殉職，這正是殉職之伍上校盡忠職守的最偉大之處。所有國人，尤其是身居廟堂之上的袞袞諸公，更應該不分黨派的向伍上校致敬及向遺屬致哀才對！

西德在一九七〇年代為了F-104戰機頻頻墜毀引起國會裡的巨大風波，要求國防部長史特勞斯去職，每個政黨並同聲哀悼殉職者，出殯之日，罵軍方最兇的議員幾乎全員到齊，以「分享」英雄

的光榮。當軍人為了民主及憲政的國家而犧牲時，國人及政客皆是直接的「受害者」，我們希望伍上校的「英雄之死」能夠矯正感化那些被利慾薰心而混淆大是大非的言論及心態，這樣日後才會有源源不絕的勇士願意報效我們的國家！並且將來IDF成軍之後，第一個中隊如果能定名「克振中隊」，就更能彰顯國家褒忠獎勇之心了！

（原載：《聯合晚報》，民國八十年七月十六日）

第九則　國防軍備的整建篸方

空軍接二連三的失事，已有不少人擔憂我國空軍使用逾齡軍機已經到了失事的「高原期」。F-104 固不必說，連號稱短小精悍，失事率最低的F-5 系列戰機也逃離不了噩運之魔掌。在外買不到先進戰機，內部發展的IDF 似乎又永遠和現實的需要與國人的期望在賽跑，而捍衛領空的飛機終不能不升空巡弋，看樣子我們只能期盼空軍健兒發揮冒險犯難的精神，並禱祝上蒼給這批「真男兒」特別的眷顧了。想到這裡我們就必須從根本上檢討我國的國防工業為何如此不振。四十年來每年花掉全國預算一半以上從事整軍經武，我國可以說是傾全力在國防事業之上。至今我國對先進武器的自製成果，相信任何有良知的人士，恐怕都不能替其掩飾。有其果必有其因，我們懷疑這四十年來，我國的國防建設是否走偏了門、使錯了勁！

國府自從撤退來台，口口聲聲要反攻，要枕戈待旦。一切為戰鬥，一切為軍事的標語，貼遍全台大街小巷，但是國府似乎從沒有在「人才總動員」上著手，用一切辦法——例如在一流大學招收預備職業軍官，給予公費，每個大學開設國防科技科系；網羅優秀大學生加入國防科技研究以及成立國防科技大學（類似師大）……等等歐美國家在戰時經常使用的方法。國家對科技人才採「放任式」培養，又採「粗放式」的吸收。卻又讓一批又一批台大、清大等一

流大學畢業生自由出國，為美國的工業及科技效力，而廟堂諸公常也阿Q式的美其名是「為國儲才於美國」！以國家現實本位的立場來看，今日果吃了科技連根都未生的苦果，當年謀國者似乎不夠「狡黠」為國留住人才，已是再清楚不過了。

此外，台灣本是環海孤島的戰略地位，軍備自應朝海空軍發展。第二次世界大戰時，希特勒以劣勢海、空軍，儘管擁有壓倒式的陸軍，終無法越英倫海峽的史事，距政府遷台也只不過五年，堪稱是「殷鑒不遠」這句成語的最佳詮釋！雖然會有人辯稱，當時發展「大陸軍」政策乃意反攻大陸。假如這個說法要成立，我們同樣可舉當年諾曼地登陸時，盟軍必須動員一千架運輸機，五千架的掩護飛機以及四千餘艘的登陸艇，方能把陸軍送到法國去決戰。這也是一個需要強大海、空軍實力的「殷鑒」，可惜竟然也盲目的忽視了。身為海島，我們的國防竟然不能發展使之成為軍艦的設計國與出產國，甚至連海軍的輔助科學——海洋科學，我國四十年來也沒有努力籌設最先進的海洋綜合大學；海軍的輔助工業——造船業，也直至六十年代才開始。海軍建設如此，空軍的「完全仰賴進口」就更不在話下了！

不僅海、空國防建設我國不能假手民用工業的發展來帶動軍用工業，連軍火工業我國一直都是軍方的專利與禁臠。西方強盛之國，幾乎找不出一個國家像我們，把軍火工業牢牢握在官方手裡。於是乎，軍火工業無法像台灣所有民營的事業可以行銷全世界，其品質的無競爭力，便可想像了。所以，我們國家應該要徹底檢討國防工業政策的百病與千瘡，知恥不殆，四十年方向錯誤的、績效不彰的「建軍之路」，總該調整方向了吧！

（原載：《中時晚報》，民國八十年七月三十日）

第十則　軍人限期服役制應早實行

　　國防部長日前在記者會上透露，為了紓解國軍人事負擔，考慮把職業軍官服役最高年限定到十五年，逾期將可自願退伍，以保持國軍的精壯。我們贊成陳部長這個尊重職業軍人意願的看法，且這也是符合憲法保障「軍職公務員」的旨意。

　　職業軍人如同文職公務員，是構成國家文武「常任官制」的骨幹，也是國民「獻身」服務國家的兩大管道。國家無論何時都要保持一批忠於職守有經驗和以終生服務志向的文武官員，國家才有辦法走上法治且穩固的政黨政治之路。尤其是掌握國家武力的職業軍人，以其操負國家安全命脈以及數十萬役男的生命，應該可以讓他們有機會正在人生最顛峰，才幹與經歷正待培養的時期考慮他們是否還宜留在軍中。軍中用此方法留人，軍隊才可招收到真正有志從事軍旅，而非混飯吃的熱血青年，國家也永遠擁有心悅誠服並有歷練的中、上級優秀軍官。而耗費國庫最多的經費，既然操在這些不必要時時「預謀他日之粟」的軍人手裡，也才不會經常發生浪費、監守自盜以及官商勾結的弊端！

　　對於職業軍人的轉業，政府絕不能放任職業軍人返回社會後的自生自滅。這點，西德政府為退伍職業軍人開設各種職業訓練班（一般是六個月），例如電腦、會計、各種工程師課程等，值得我國借鏡。我們已聽到太多退伍軍人甫入社會就被「詐騙一空」的慘事，政府應該正視之。另外，對於像美國高級將領退休後為大企業承攬的例子，似乎應該作為我國今後「軍、政、商」關係的一個反面教材！對這種「美式」的退休將領「謀生術」也早是美國學界批判美國「新軍國主義」的典型例子，在我國已漸漸有此印象和風氣，也應該引起國人的炯戒！

我國軍隊人力結構比起西方國家軍隊的確過於冗大龐雜，我們希望政府拿出真正解決軍中升遷管道壅塞的辦法，那就是加強部隊層級的精減，汰除冗員，讓少校作少校，而非雇員或少尉應做的事。軍校只開辦必要的科系，這樣「開源節流」才可以使軍隊永保精實的戰力可擁有選擇限期的服役年限，才又不會失去軍人的「大風壯士」之抱負雄心。我希望陳部長早日化構想於實踐，國軍的「體改」已到刻不容緩的時刻了。

　　後記：軍官服役年限已於次年改為十年。

（本文原刊載：《中時晚報》，民國八十年八月三日）

第十一則　誰的三軍？誰是大元帥？──從統帥權被侵犯說起

　　行政院長郝柏村在國防部內與軍事將領會談，被立委批評是以軍政權侵犯軍令權，有冒犯總統統帥權之虞。總統的統帥權依這些立委們的看法，又似乎不應在國會所可以監督的軍政範圍之內，這種不願意擴充自己監督權力及於軍隊的訓練、人事及戰略……等等屬於中國四千年來形成黑箱作業的「統帥」禁地，立委們「犧牲小我」來維護憲法「統帥權」體制的雄心和毅力，真令人訝異。我們也彷彿看到國會內還是沒有產生一股求進步，不知守舊固封的新氣象！

　　一般中國人認為國家元首應該擁有軍令大權，虎符在握，和我國數千年專制政體和民國以來，槍桿子出政權的「鬥爭律」是密不可分的。勝者為王的定律使近代不少槍桿子弱、但滿腹理想的改革家──如康有為、孫中山──一直無法開展抱負。中國「正統」的領袖中幾乎沒有赫赫戰功或是百萬雄兵，是不會有安居九五之尊的

寶座的。所以，要把國家元首和實質的軍隊統帥劃分，對當上元首之本人固有難忍之痛，對一般國民的「元首感覺」，也不一定能調適過來，在抗戰時期，中外盡知中國有一個蔣委員長，又有何人知道在蔣委員長之上，還有一個「國府主席」林森老先生？也唯有以道家自處的林老，才會有把身外名、利、權和群黨，看作浮雲般的淡泊，換另一個人當元首——對了，似乎應再加上一位嚴家淦先生——恐怕就不易有這種「處世觀」了。

然而，倘若我們把總統統帥權予以「絕對化」，認為這個屬於元首權力的禁臠，如同一次世界大戰前的德國皇帝及二次大戰前的日本天皇，把總統當成三軍名義上及實質上的「大元帥」，而國會無法監督整個完整的軍事事務，那麼「民主之風」就永無吹過軍隊營區的鐵絲網之機會了。而現代法治國家認為軍人也應擁有充分的人權，也只是「穿軍服的公民」而已，國會既無法對軍務置喙，留有監督權力之「大死角」，如何能使軍隊的「體質」和價值觀變得能更接近軍營外的民主、多元化社會？

把統帥權「絕對化」的第二個弊病，是對夙「不知兵」的總統產生更多的難題：如果總統不欲或不能切實掌握「統兵御將」之要訣，便只好任諸「眾將官」弄權，形成「統帥權中的統帥群」，而造成統帥權空有其名；如果總統奮發自修，開始「學作大將」，一來我們懷疑這種「速成將才」的可能性；二來我們也擔心畫虎不成——包括教材和教師的抉擇錯誤，要已有「成見」的元首在國家瀕臨戰事時，保持最理智的判斷力，其成功機率就令人再三捏冷汗了。但是，若總統是一位由將領晉升的「知兵」元首，情況也不見得一定更好。長年受軍事生涯薰陶的元首，御將能力和威望固不成問題；但能夠不能夠擁有更開闊的世界觀？引進更民主及先進的社會與法政思想來改變軍隊之屬性？會不會有把軍隊當成「忠於一人」的「私軍」？……也都是會一一浮上枱面的隱疾和陣痛！

因此，元首統帥權力不應該「絕對化」及「神聖化」，也不應該以元首「知兵」或「不知兵」作為斷定這種權力大小的範圍。我們似乎要重新徹底把國軍體質進行體檢後，才有可能用法律的方式來建立一個相對化且民主化的軍隊統帥權之制度。

（原載：《中時晚報》，民國八十年八月六日）

第十二則　永不死去的腓特烈

今年八月十七日是德國普魯士腓特烈大帝逝世二〇五週年，全世界的媒體都報導了德國政府把腓特烈靈柩由南部移奉波茲坦「無憂宮」的消息。德國在去年急速統一後已經引起世人擔心德國國力的增強，現在又把德國統一的象徵人物以及普魯士軍國主義的創始人——腓特烈大帝——進行煞有其事的移靈大典，自然的會有更多人憂慮德國軍國主義的復甦了。腓特烈大帝被冠上令人「憂慮」的想法，恐怕是生前所未料。

腓特烈大帝可以說是一個文武全才的皇帝。在武的方面以八萬上下的傭軍東征西討，使普魯士王國成為中歐的強國。在文的方面，建立以福利國家導向的「警察國家」形態；重喊親民口號「朕乃國家第一位公僕」——相對應法國路易十四的「朕即國家」——打破「貴族專政」，使沒有顯赫家世的大學法政學生，都有任官之機會；獎勵文學藝術，他本人晚年以後全神專注藝文活動，禮遇文人藝師，例如對法國文豪伏爾泰，不僅邀請伏爾泰到波茲坦的皇宮長住三年，並把兩人來往的書信，編成三大冊的專書版。本人也寫長笛協泰曲，君臣常共享音樂會，因此腓特烈大帝不僅不是武夫，而是德國人心目中開明、勤奮、勇敢又仁慈的皇帝。至今德國人暱稱「老腓利茲」，就是指這位在老年時，腦後拖著一條白白小辮子的大帝。

腓特烈大帝所創建的普魯士軍國制度到了十九世紀以後，變成世界上許多想奮發圖強國家所取法的對象。最明顯的莫過於土耳其及日本。土耳其不僅把普魯士的軍服、勛章、操典一股腦兒搬來伊斯坦堡，甚至也把德國軍官任命為土耳其軍官，但是一個世紀下來，土耳其軍隊只學到德式軍隊裡，軍官和士兵間的一陣陣「藩籬」之界，以及造就土耳其軍官的「貴族化」。但是德式軍隊裡長官「重責任」、強化法紀及軍人尊嚴的人文精神，卻被回教文化的「厲規」所取代。土耳其軍人紀律的惡劣，在第一次世界大戰的中東戰場上，獲得了「中東屠夫」的寶號。並且至今軍隊裡暴力猖獗，士兵被視為豕犬的打罵成習。軍人沒有普魯士軍國主義裡所強調的「軍人榮譽及尊嚴觀」。而戰前的日本，的確學到普魯士操練、軍制及一流參謀之制度。但在人文方面，不僅軍官未貴族化，反而是出身農村窮鄉者居多。而軍隊裡對士兵的凌虐殘暴，更是比土耳其有過之而不及，日本皇軍作戰勇則勇矣，但軍紀殘暴之烈，我國是受苦最多之國家，也領教最深的了。因此，普魯士軍國精神傳到外國，真印證我國「橘越淮而為枳」的成語了。

　　腓特烈大帝在征戰時，流傳一首軍歌下來：「撤退，腓特烈爸爸呼叫著，他呼叫大家撤退，因為今天上帝沒有眷顧我們！拿著武器，我們退後吧。撤退，腓特烈爸爸焦急著、呼叫著，他要我們趕快撤退……」可以看出大帝恤兵如子的態度。而那位「要全德意志民族與國社黨共存亡」的獨夫希特勒，以及「一億國民總玉碎」的日本軍國人渣，儘管高嚷著軍國精神，也企圖和腓特烈的普魯士軍魂沾上邊，恐怕就是東施之效顰於西施了。

　　（原載：《中時晚報》，民國八十年八月二十三日）

第十三則　政變狂想曲

　　蘇聯發生曇花一現的政變，台灣馬上有位立委提出緊急質詢，認為台灣有可能會發生軍事政變。莫斯科傷了風，病毒卻隨著東北風飄過大半個地球來到台灣，台北也跟著打了個噴嚏。雖然這位立委指證歷歷地說在此地發生政變的可能性多高，但我們若將政變，尤其是軍人奪權式的政變，當作一場政治角力的競技，那麼就可以看出，政變儘管是一種有動機或有計畫之「力」的行動，是一種事實，卻不一定是理智的行動。不過，一個政變重要的，不在於其操之於一、兩個人的「發動」，而在於整個社會是否會接納它。

　　軍事政變一般說來可以以政變發生的動機分成兩大類。第一類是純粹以「更換權力」為目的，也是以私利作為政變的動因。這種政變儘管口號上可以打著例如「清君側」，打倒貪污劣政……等冠冕堂皇的理由，但骨子裡只是希望藉著槍子來保障自己的利益，而沒有真正的政治興革之抱負。中外歷史上最多的政變，如羅馬時代御林軍的迭起廢君、中國宋代的「黃袍加身」、民國初年的軍閥混戰到今日泰國、中南美洲的政變，均造福了一批批中、上級軍官，使他們住進豪華府邸，卻苦了平民百姓。

　　第二種軍事政變是幾近「革命」的政變。如果軍人對於時政擁有太大的責任感，認為國家上至政府決策的偏失、國家前途的黯淡，領導人士的腐化及昏庸，下至社會秩序之失調、民生的凋敝……使得軍人──尤其是年輕熱血澎湃，富於理想又易衝動的青壯將校──會受到「大丈夫當弔民伐罪」大道理的激勵，起而一搏。這種類型的政變充滿著理想主義的色彩，也往往使執干戈的軍人是用理想，而非用高官厚祿來聚集同黨，所以，不僅政變的發動只能動員少數年輕的中下級軍官，並且也無法深思熟慮。那麼成功的機

率，就比起第一種的政變小得多了。因此毅然揮戈而起的第二種政變，多半以悲劇收場，最具代表的，例如一九三六年發生在日本的二‧二六事件，以及在五十年代發生在阿拉伯國家的許多流產政變，都是一再重複灑著青年軍人的熱血在一幕幕「改革」的夢幻之中。

　　所以，軍事政變本身可能只是一個單純的「易權」之過程，也可能是一連串改革或革命的開始。它不同於一般軍隊的嘩變，或是軍隊的投入革命陣營造反，它是以軍隊直接動用在現存政府的首都，也就是拳擊於當政者的「腦門」之上。其破壞力就可想而知了。對於爆發軍事政變的國家，如果發生在一個腐朽至極，當權者又怠於改革者，同時進行政變者又是真正、如假包換的第二類型之政變，那麼這個政變，就是一個令人鼓舞及重寫歷史的英雄行動。否則，不論發生的國家已是一個民主的國家，只是部分改革差強人意，或是經濟社會體制容有不公之處，一旦政變，即使是第二種政變，前途還是令人憂慮。以我國目前的各種內、外在情況來看，我國是禁不起各種政變的打擊，恐怕是全民——包括所有國軍弟兄——的共識，要認為我國有「政變之需要」，恐怕就是幾近瘋狂的幻想了。立委已發出我國會有政變的警訊，真是好個杯弓蛇影！

　　（原載：《中時晚報》，民國八十年八月二十七日）

第十四則　軍中應推行禮貌運動

　　最近發生的憲兵瘋狂持槍殺死同袍及平民各一人，再度震驚朝野。四年來各軍種共發生十一次重大的軍人犯罪事件，尤其是號稱國軍軍紀最嚴明的憲兵也不免於「同袍相殘」的慘劇，看樣子我們應該「會診」我國國軍的體質了。

　　我國自古以來都對軍紀有一個根深柢固的誤解，認為「軍令必

須如山」，治兵必須「嚴」，《曾胡治兵語錄》中也有言：「自來帶兵之員，未有不專殺立威者。」即使到了現在的民主時代，軍隊雖然已隨時代把「鐵的紀律」下，加上一句「愛的教育」作為「緩和劑」，但既然軍人仍強調「絕對服從」，軍人不能擁有相當大的自主權，不鼓勵自我思考之決策模式，上級需要的不是才華橫溢，原創力極強的部屬，那麼軍隊裡永遠只需要層層「唯唯」與「諾諾」的軍人了。這樣子的軍隊征戰一時，轉戰一地或許有勝算，但絕對不可能持續性的變成常勝軍。因為這種軍事結構已喪失了理智性、科學性，也不能發揮所有軍人的智慧，焉能凝聚全軍的精神力及團結力？所以，在軍隊外的社會已是人權及民主理念甚為普遍且視為當然之理時，我國軍隊在內部的領導統御方面，應該力改以往「絕對權威」的領導模式。不論在作戰訓練，甚或日常生活，務必給予各級軍人作為國民及軍人應有的「尊嚴」。這種「尊嚴」最明顯的，便是表現在言語之上。四年來軍中經常發生充員兵持槍鬧事，最大產生的原因，便是受不了上級長官或同僚言語的譏諷及辱罵！我們知道軍人以榮譽為第二生命，為個人名譽拚命恐怕是全世界各國軍人都會有的「衝動」，何況我們中國人更是注重面子，也更何況這些充員兵都離家不久，血氣方剛的二十歲孩子？所以，軍隊裡未能制止「言詞暴力」恐怕才是造成這許多件軍中「濺血自殘」的罪魁禍首。

當然，要把民主、法治風氣引進軍中恐怕尚需費些時日，遠水救不及近火。但至少有一件事是國防部可以立即著手進行的，便是從速在軍中推行「禮貌運動」。並且由高級、中級軍官帶頭作起。如有辱罵下級軍人者，應移付懲戒。如屢犯者，應逐出軍旅，證明這位軍人並非是一個民主國家「合格」帶兵官，是另一個翻版的「軍閥」。這樣子建構成一團和氣的軍隊，才是我國所需要的「民國」國軍。

（原載：《中時晚報》，民國八十年九月三日）

第十五則　「黑貓」歸來兮

　　空軍前U-2高空偵察機飛行員葉常棣與張立義，經過七年的努力，終於獲准返回國門。政府這個開明的決定，至少已經部分的洗刷了其道德上的「不義」污點了！

　　國家養兵千日，用在一時，是人人知道的道理。國家之於軍人，不只是單方面的要求軍人不避艱難與奉獻生命。國家與軍人個人間的權利義務，也不全然僵硬、死板的法律關係，也不可以用現實的利害關係來計較。國家要求軍人效命疆場，也需要聰穎且受過現代教育的軍人心甘情願的獻身，就必須要用比較合乎人性的，道義的方式來對待軍人，這可以說明為什麼西方國家往往不計較代價要援救陷敵區之軍人，為什麼對歷劫歸來的軍人仍予重用，為什麼對犧牲生命的軍人給予其眷屬較軍人生前高至二成左右的撫卹金……。這些都是國家對軍人的一個「道義」義務。由這個出乎人性溫暖，而非死硬法令的義務，使國家的軍人並非執政者之傭兵。在軍人的榮譽感後面，也必有一個如影隨形的國家道義，否則軍人的榮譽感必定無法禁得起殘酷事實的考驗！

　　由「失落的黑貓」事件，我們看出了政府當年罹患「統戰恐懼症」的不智，一本國家忠奸的嚴分，對於被俘軍人自可詢問及調查其被俘後的待遇及行為。如果被俘軍人有純自願的「利敵」行為，例如自願協助敵方訊問我方俘虜，當然可以依法追究。這點歐美民主國家也法有明文規定。除此之外，被俘軍人的「洩密」，尤其是被刑求之後的洩密，西方民主國家皆會以「不忍人之心」，予以寬容。

　　在人道主義下，我們實在不能要求每位軍人都必須「不成功便成仁」，也無法期待每位被俘軍人都變成無血無肉的「超人」。當年美國尼克森總統以紅地毯舖地歡迎越戰美國戰俘的返國，並稱呼他

們是「美國的驕傲」。看看美國，再看看政府遲遲不批准身陷大陸的前情報員劉金海等的返國申請。我不禁想起一位德國英年早逝作家Wolfgang Bochert的詩句：「祖國，我日夜思念的祖國，你是何其的殘忍？」

（原載：《聯合晚報》，民國八十年九月三日）

第十六則　志願留營之正道

國防部長陳履安最近表示，國軍今後將儘量延攬技術士官留營，使得需要較長訓練期的義務役軍人可以不必二年就退伍。陳部長這些談話的確擊中了我國目前軍隊的一大隱憂。自從我國貫徹「兵役正義」，把原本服役三年的陸軍特種兵及海空軍兵役縮短為兩年後，各級部隊便面臨甫成熟手的士官兵即將退伍，部隊變成一直是「訓練菜鳥」之所的窘境。這樣子對國軍戰力的削弱以及不敷國家軍事訓練的成本效率，都已是再明顯不過的現象。軍隊在上有職業軍人，下有年來年往的義務兵之間，似乎應該建立一個堅實的「短期志願役」軍人之階層了。

像西德這個擁有近五十萬軍隊，與我國軍隊數量相類似的國家來看，目前構成部隊主力是為數二十一萬的常備義務兵，近十二萬的職業軍人及十六萬人的「短期志願役」。這十六萬短期的志願役軍人，服役由二年至十五年不等，其中雖然有部分基層軍官，但絕大多數是擔任士官，尤其是偏重技術性的士官。由於高科技武器所需要的培訓時間甚長，所涉及軍事機密的眾多和培訓經費的龐大，由這些可服役達十五年的志願役軍人來擔任，才可以使國家的軍備時常保持操在技術成熟度最巔峰的人員手中。

另外，為了吸引聰明又有志軍旅的青年擔任這種志願役工作，軍方可說是卯足了勁，動足了腦筋。除了保障繼續升級的機會外，

對於服役期滿後，欲返回民間工作的軍人，都可以帶薪參加「輔導就業」的訓練班。德國國防部就有二個「國軍就業輔導處所」及「轉業處」來專司退伍軍人的「社會化」工作。這些轉業輔導主要是把軍人在軍中所學的技能「民間化」，如軍機養護轉為民航機養護，軍中財務官訓練轉化為民間會計師……等等，全以「務實」為訓練基準。以每年平均有八萬名志願短期役的軍人參加了德國國防部舉行各種輔導訓練課程，已占全體此類軍人總額的一半了。他山之石，擺在眼前，而每年我們慘聞甫退伍之軍人被無情商場「詐空」退伍金於旦夕的新聞不少，國防部是不是在研究延攬志願留營的義務役軍人外，還可以虛心的討教德國軍方這種替軍人「預謀退路」的許多重視人性制度與措施？以良木引良禽而棲，恐才是上上之策矣！

（原載：《中時晚報》，民國八十年九月十日）

第十七則　既不要「耀武」，又不要「揚威」的閱兵

看到總統府前介壽路上，又有一大批工人在憲兵虎視眈眈注視下，敲地板、釘木條，台北市民馬上反應過來：台北又要舉行大閱兵了。「閱兵」也者，顧名思義是要讓代表國家的元首來檢閱國軍，順便也讓國外來賓及全體國人來瞭解國家軍隊的裝備及實力。所以，只要軍隊有存在一天的必要，只要軍隊有「服從」元首及政府領導的一天，閱兵所表現的，正是前者兩種軍隊對國家的「外在面」及「內在面」的義務與象徵。此正是西方民主國家一般把閱兵當作國家慶典及喜事來辦的理由。不過，值得我們關切的倒是，我們今年有沒有必要閱兵的問題。近日幾位立委紛紛要求國防部停

辦，發出了反彈的聲音。

閱兵是為了展現國軍戰力，並且有鼓舞民心的作用。但是戰力不外是以武器及精神戰力（士氣）來作為評判之指標，本年閱兵距上次閱兵時隔不過二年。天上飛的，陸上走的裝備，相信展現在國人眼前的，除了「悍馬」(Hummer) 吉普車，天弓二型飛彈……等等寥寥幾樣國人前所未見的新玩意外，都是往年閱兵已再三「秀」過的東西了。至於軍隊士氣、部隊的訓練精良與否，以往都是靠部隊踢正步及步伐有無混亂作標準。這種每年都表現得可圈可點的「軍事表演」當然不會提升戰力，但卻是每年閱兵最有看頭的重頭戲。因此，今年閱兵幾乎可以預見其內容和往年的閱兵，即使沒有百分之百雷同，卻有百分之八、九十相似。

目前國家在內沒有政軍體制的大幅改變──例如新任元首就職、國家政體改變、軍隊體制變化（如由徵兵制改募兵制）以及國家遭逢特殊大節日──而國防建設也沒有巨大突破；在外也沒有向外「炫耀武力」以嚇阻敵方動武、穩定國民信心之必要，在這種狀況下，突然花下鉅額經費，勞動數千上萬的軍隊到台北介壽路上走一遭，其成本收益應理智地而非感情地加以衡量。據聞為了這次閱兵（其實每次閱兵都一樣），三軍官校學生必須在早一年半載就在操場上練習機械人似的正步；參校部隊的武器也停止訓練使用；部隊的戰備演習也因之停頓；軍人的戰技訓練當然也為之作時間及精力之挪用。如果我們把這些本應用在青年軍官及軍人戰力增進的寶貴時間，浪費在閱兵準備上，萬一國家在此時間內突然有動兵之必要時，這些浪費恐怕就必須以無數的鮮血及生命來償付了。雖然有關單位向國人信誓旦旦，這些參校部隊絲毫不會影響其戰備和訓練，這種辯白所有參校官兵都知道其是對是非。因此，閱兵所花去全國的成本，大概就不是只用搭參觀棚之「工程費」及部隊移防費等等看得見的支出就可以估算出來的了。

我國閱兵時部隊踢的高難度之正步，是沿襲自德國普魯士軍隊的「鵝步」，的確是充滿動人心魄的陽剛之氣。我們極力贊成我國部隊繼續保存這個在世界上各國閱兵已瀕絕種的正步。但高成本的好戲僅宜偶爾演之，效用用在刀口上。如果當局認為今日國事蜩螗，希望國人重燃對國家及國軍之信心，那何不把前幾年閱兵錄影帶拿到三個電視台重播一次，不是一樣可以振奮民心，又替國家省卻一大筆公帑？

（原載：《中時晚報》，民國八十年九月十日）

第十八則　軍人動手不動口

本月十八日，美國空軍參謀長杜根，被國防部長錢尼免職。理由是，杜根不應該擅自向大眾媒體披露他個人的戰略觀點。這位官拜上將，曾經在越戰出生入死，獲得幾乎所有勳章（除了最高可望不可得的國會勳章外）的將領，只因為主張美軍應該空襲伊拉克，以結束目前的危機，就被迫得中止軍旅生涯。這個最新的「免官圖」竟然出現在號稱最民主、強調人民言論自由、同時也最崇拜英雄的美國，實在令人摸不清楚，到底軍人，尤其是將領可不可以把自己的絕學，公諸於世，來給政府及政客們一個思索的方向？其實，在美國近代現實政治中，不乏要求軍人「少講話」之例子，由極有名的麥克阿瑟元帥免職案，到八十年代初，駐韓美國陸軍參謀長克勞斯少將的撤職，都是美國鴿派的文人政府給多話的鷹派軍官的一個棒喝，似乎談論國家大事已經和軍人絕緣。

美國發生這些事件的背後，都有一個巨大的理念陰影，唯恐軍人會藉議論國是而介入政爭，干涉政治。為了確定「以文統軍以及將手握武器的軍隊予以「馴化」（注意這個「馴化」所代表的過份敏感性）才產生這種要軍人只顧軍事，少碰政治的「塔布」（taboo）原

則。所以，我們看到一群群美國大兵被送到越南叢林，去踏陷阱、挨冷槍，又到阿拉伯沙漠去曬太陽、面對聞毒氣的危險……，好一幅幅隨著政客們吹著笛子而奔向河邊的老鼠，及隨著「猶大羊」馴從走上屠場的綿羊畫像。軍隊是國家的武力，是為國家而非為當權的政府所效力，假如高級將領的戰略構想，只能貢獻給當朝政府，其他機構（如國會）不與焉，那麼戰略的取捨將由政府所獨攬，外界無法得知的話，那麼國軍成為黨（執政黨）軍，民主國家最重要的（國會監督）又如何貫徹下去？杜根上將的戰略，本來可能是最切實有效的方案，以美國最強大空軍武力作為打擊伊拉克之利器，而不是讓從未經戰陣的聯合國步兵和久經戰火洗煉的敵人，去一比一的消耗下去。

真正要防止軍人干政，最根本的方法應該要樹立軍人對國家民主憲政及法治主義的尊敬及價值觀，讓軍人心悅誠服的服從民選的政府及受到民選國會的監督。杜根上將的免官事件，不可避免的也是一個嚴刑峻罰的實例，我們真不明白，也不可相信，一樁在軍營外媒體吵得震天價響的國家大事，竟要軍人充耳不聞，作一個「勇敢卻沈默」的戰士？西歐國家的軍隊已經在軍隊中進行民主及法治教育，以客觀的資訊教導軍人「為誰及為何而戰」。我們相信，當軍人已有一般公民的價值觀及更強的法治觀之時，「軍人干政」才會永遠成為歷史名詞。

（原載：《中時晚報》，民國八十年九月二十五日）

第十九則　建立「和平工作團」的二部曲

華裔美國人趙小蘭女士可能出掌美國「和平工作團團長」的消息傳來台灣後，國內也產生仿效成立類似團體之議。當然，美國和平工作團成立三十年來，一直秉持國民外交、號召青年人到貧困國

家推行現代化的初衷和努力，曾獲得許多國家的讚譽。不過，能否及適不適宜在台灣實施恐怕大有問題。

美國和平工作團是甘迺迪總統任內正式成立，也是美國在戰後最富強的黃金年代。那時全世界的人都認為美國是「遍地黃金」的國度。美國勢力在世界橫行無阻，外交官、軍事顧問、ＣＩＡ及傳教士，代表了新興世界霸權的興起。就在這個時候，一批類似摩門教徒的和平工作團成員也分赴貧困的地區，提供教育、醫療、社區服務。這些刻苦耐勞，自願奉獻二、三年青春於窮鄉僻壤的工作團員同時反映出美國這個強權在「軟功」方面卓絕的一面，也緩和了第三世界地區人民對「美帝」的反感。當然，在中南美洲紛紛擾擾的七、八十年代，不少和平工作團的成員不一定全是清純的熱忱青年，正如同過去與今日活躍在各國校園內的美國學生與學人並非是「純」研究者一樣，常常會和ＣＩＡ糾纏不清。但基本上，和平工作團代表著受基督教思想——尤其是盛行在鄉下地區，提倡生活簡單、樸素的美以美教派——薰陶甚深的美國人，對促進世界大同，人類一家以及反對戰爭的巨大貢獻，也堪稱「現代墨翟」的美國版本。這個構想也傳播到歐洲。德國在八十年代末組成援外的服務團，分別招募年輕、有專門技術與沒有專門技術的「免服役」者，到歐洲及歐洲以外——尤其是非洲——去服務當地之社區。目前德國每年有一百五十個名額參加這種無需專門技術資格要求的「和平團」。不過申請者眾，往往需排隊數年才能等到。所以，西方國家用世界大同愛心來激發青年人熱忱，恐是有超國界的吸引力。

假如台灣要走上這條路，首先，要修正兵役制度。憲法二十條規定人民有服兵役的義務，根據人民的義務規定是不可作擴張解釋的原則，人民就是能服兵役，至於基於宗教因素（如和尚、神父、牧師）、心理因素、健康因素等等不適合拿武器當兵的青年，就沒有辦法轉服警察役及其他社會勞役了。所以，這種僵化的兵役制，既

不能充分彈性的調整兵源的多寡，也不能控制服兵役者「備戰心理」精神狀態。試想，政府驅使不欲殺生的「前和尚」穿上軍服上戰場，他們果真能「大開殺戒」？當身心有特殊狀況時，即使不能執干戈，卻可在醫院、養老院補充急缺的人力，為何白白讓他們「免（服兵）役」？因此，西方不少國家的「社會役」制度實在可以先引進我國來試行。西德每年有將近七萬個青年便是服這種勞役，占了全年役男總數的三分之一強（一九八七年之統計），德國能，為什麼我國不能？

登高必自卑，行遠必自邇。當我國先實行「社會役」，消化過剩或「不適兵」的役男後才可再開辦屬於援外性質的和平團。而和平團的服務地點，應該先派往大陸。畢竟血濃於水，在祖國河山服務遭苦遭難的同胞及村莊，會像看了「黃土地」這部電影一樣，能不令人感動？

（原載：《中時晚報》，民國八十年十月一日）

第二十則　司法與軍法扞格，宜速解決

海軍上校尹清楓命案兵分兩路的偵察，一下子檢警偵察機關發現新的證據，更多的涉案人；一下子軍方專案小組又扣押幾位現役軍官……，高潮迭起，牢牢吸引國人之注意力，但間歇的又傳出承辦檢察官抱怨軍方不合作，以及批評軍方對口供筆錄製作的不嚴謹。由各媒體所傳送的訊息我們已明顯的感受到司法體系和軍法體系之間的確有些摩擦。當然，任何奔跑的「雙頭馬車」，馬頭馬身怎麼可能不會相互碰撞？司法和軍法的二分法，會造成司法正義和軍法正義的各說各話。軍法正義端靠軍事審判來實踐，然而我國軍事制度有結構上的弊病。依我國憲法第七十七條規定，司法院是全國最高的司法機關，掌管民、刑訴訟及公務員懲戒事項。把軍事審判

獨立於一般國家司法體系之外，在憲法並未能找到根據！其次，軍人遭彈劾亦應移送司法院公懲會審議（大法官會議釋字二六二號解釋），既然司法院的公懲會依憲法七十七條取得對軍人懲戒事項之審議權，依同一法理解釋，涉及軍人之刑事案件（民事自不在話下）的審判亦應當然列入司法院所屬法院的管轄才是！

我國行之有年的軍事審判獨立於國家司法體系，是基於軍令和軍政二元主義的傳統觀念。這種過時的觀念下，軍事審判的目的在於維護軍紀，特別是作為部隊領導統御的工具。在中國傳統軍事文化中，軍法更是變成長官「立威」的重要法寶！軍法正義淪為替軍令權威「肅殺」之代名詞後，本來是追求個人正義的刑事訴訟之基本原則，就不能在軍事審判中立足。我們看看目前軍事審判制度諸多設計，例如軍法官不能獨立於軍令體系、沒有三級審、證據認定之過於主觀化……，已經把軍人排除為憲法保障享有司法訴訟基本權之國民行列之外。所以，軍事審判制度應該「平常化」，我們以為，自地方法院至最高法院中，應仿效治安法庭成立「軍事法庭」，由一般刑事法官承審軍人犯罪事件。至於規範軍人刑事責任之法律，無妨仍以軍事特別法，例如軍刑法來規定。軍人犯罪，正如同其他公務員犯罪，無需另外成立一套審判程序及法院。至於目前的軍法官，則可以考慮和軍事監督機構（如政三）合併成立一個「軍事檢察司」，專司軍人犯罪的檢察。這種「檢審分立」應該可以充分保障軍人訴訟的權益。「軍事檢察司」可以置於國防部，其人員應該擁有和法務部檢察人員互調之可能性，使得軍中的司法檢察工作不是全為軍職人員所包辦！

法國大文豪左拉在上世紀末為遭冤枉判重刑的上尉德萊福斯（Dreyfus）發表著名的〈我控訴〉一文，已再三提醒世人，軍事審判不可避免的一定會造成「不正義」之後果！尹上校的命案爆發在國軍「現代化」的聲浪中，國軍現代化，不應該只是武器的現代化，

更重要的是軍事制度及思想的現代化！軍事審判制度應改弦更張，我們應徹底揚棄我國採擷自十九世紀普魯士的軍法司法二元主義，讓軍法亦能成為保障國家法治主義及人權的神聖制度。

（原載：《中時晚報》，民國八十三年一月十一日）

第二十一則　軍政與軍令一元化亟待確立

我國憲法第三十六條規定總統統率三軍，這在憲法學上被稱為「統帥權」的制度，在我國行憲後一直是「軍政與軍令二元化」的理論根源。根據這個二元主義，參謀總長代表總統，指揮三軍，而不必出席國會應詢；而代表政府向民意負責的國防部長，則有就一切國防事務向國會報告並澄清的義務。邇來，因為軍購案的風波，國防部長的「決策權限」及不及於決定軍購，和參謀總長應否出席立法院，又成為輿論注目的焦點。其實，軍政與軍令應否一元化，不只是在過去戒嚴時代，甚至甫在行憲後，爭論就一直沒有停止過。如果我們就學理上，比較制度及現實民主政治意義等方面，作一個綜合的考量，似乎可以肯定軍政與軍令的一元化，是如同總統直接民選制一樣，已為大勢所趨了！

二元主義最早產生在德國十九年代的普魯士。自一八五〇年以後的普魯士已建立了歐洲大陸最強大的軍隊。同時，斯時也是民主思潮開始興起的時代。普魯士一方面希望軍隊能牢牢掌握皇室手中，同時，又希望執政的內閣能夠向國會負責，才建立二元主義。實施二元主義的優點是強化統帥的超然地位；軍隊，特別是將官可以不必和國會打交道，使得三教九流的政客不會和將軍勾結，政變的可能性可望減低；另外，不必向國會負責的統帥體制可以使軍事機密充分保障，讓軍備的整建及戰略的擬訂可以保持最高度的隱密。普魯士這種如意算盤的確算得準，但也把軍隊和國防事務的一

切重擔，交由國防部長在國會內獨力奮鬥。在俾斯麥時代，國防部長已成為一個代替軍隊「受國會鞭打的小孩」。一旦時代已到了民意高漲的時代，國防部長如果不能對一切的國防政策能夠負責；如果國防事務裡仍有一些可以劃歸在「統帥權事項」內而形成「民意監督的死角」時，必然會形成政治的風暴。例如實施二元制近六十五年之後，德國國會在一九一八年曾經首次要求名將魯登道夫——當時擔任副參謀總長——去職。以後，德國即明白放棄二元主義。現在世界上各民主國家，只要承認國會可以監督國防預算，就當然可以監督預算的執行，所以二元主義已早走上了時代的盡頭。

軍令與軍政二元化一定會造成「政出多門」之弊病，其中最明顯的便是參謀總長的角色定位問題。依據我國目前「國防部參謀本部組織法」規定把總長分別擔任總統軍令及部長軍政的幕僚長，但是如何界分軍政和軍令事項？國防事務錯綜複雜，不僅德國過去百年來無法一以貫之的區分軍政與軍令，即使我國目前行之有年的二分法，也處處顯出不合理之處。例如軍購、軍醫、武器研發（中科院）及軍事教育（軍校）應該歸於國防部，卻隸屬參謀本部指揮；而隸屬於國防部的軍法機構，其任務卻是維護軍令權之運作……。這種情形，無權且「無力感」的部長固然會產生；但如遇到具有強烈責任感及使命感的部長，則不免會和總長發生齟齬！德國統一的三大功臣——首相俾士麥、參謀總長毛奇和國防部長羅恩，就一直為誰才是真正的「國防決策負責人」爭論不休！尤其毛奇和羅恩更勢同水火，和俾斯麥也不和！如果不是普皇威廉一世本人的容人雅量及識才，對首相俾士麥的全盤信任，以及三位「良臣」的毫無私交卻「公事公辦」的公忠體國，才會使得德國順利打贏普奧及普法戰爭。所以，史家論及德國統一在軍事上的成功，以軍事指揮及軍政的體系來看，純粹是「僥倖」，是有絕對的史實根據的！只要決策不出於一門，自然有過即推諉，當然不能貫徹「責任政治」之原

則！二元主義自然會形成「兩頭馬車」之後果了！

如果我們吸取德國實施二元化失敗的歷史教訓，應該立刻的放棄二元主義。不必再陷入如何界分軍政和軍令的泥沼之中，試想，一到各級部隊，何再有軍政和軍令二分之餘地存在？不是全操在司令官一人手中？本文以為，在制定「國防組織法」中，可以分成平時及戰時（緊急時期）兩種體制。在平時由國防部長負責一切國防政策之擬訂及監督。軍政和軍令事務可以在屬於「部務」的層次下，作彈性區分。部長下設二位次長。軍政次長處理一切傳統屬於軍事行政之事務；而新設一個「軍令次長」，由參謀總長擔任，參謀本部重新作任務分配，置於國防部中。本「組織法」中明定，各級部隊指揮官仍由軍令次長指揮，也當然受部長監督，同時各級指揮官可以不必出席立法院應詢，由部長、次長代表軍隊接受國會監督即可。如能這樣設計，就可以兩全的調和國會的監督意志及避免軍方所疑懼的──即各級指揮官出席立院會「動搖軍本」之顧慮了！此外，一旦國家遭逢緊急危難及進入戰時由於憲法賦予總統擁有緊急命令之權限，總統實施緊急權力最常且有效的工具便是有紀律及有組織的軍隊。所以在此時，應有類似今日德國的「移權」制度，軍政和軍令之權力全移到總統手上。部長及總長即成為總統的幕僚。我們期待國防組織法應該要有這種劃時代的立法，妥當的導正我國民主政治和國防政策的監督關係。孫子曰：「兵者，國之大事，死生之地、存亡之道，不可不察也」，讓我們重建一個合理且符合時代精神的新國防體制吧！

（原載：《中央日報》，民國八十三年一月四日）

第二十二則　國軍「自強會議」正名

在廣受矚目的尹清楓上校命案正陷入瓶頸的泥沼之中，國軍自

強會議召開了。這是國軍每年一度檢討過去、展望未來的盛會，所參加的人員全是高階將領。可惜的是，這個自強會議全係軍人的軍事會議，也因不對外開放，故多年來這個「關門會議」始終蒙上一層神秘的色彩。相對的，社會上也對這種會議抱著「與我何干」的心態！以今日「國防全民化」的觀點而言，這是十分落伍的心態！

今日的戰爭早已是整體戰。指導和準備戰爭的國防智識，不只需要軍人的專業技能，更需要民間企業和各種專業人士的參與。所以，軍人獨攬決定國家戰略、戰術政策、國防制度，甚至部隊訓練、武器裝備等等的時代，早已過去。特別是當國防成為國會裡各黨派議員辯論的重點，大眾輿論對軍隊也持續的加以「關切」時，軍方絕不能再以「外行人論軍事」來面對及批評來自國會及社會輿論的監督。

因此，我國行之有年的國軍自強（軍事）會議應該徹底的改弦更張。軍隊固然應該繼續的召開內部的檢討會議，但切不可形成「軍事拜拜」的「宴會」，而應更進一步大開大闔的代以「全國國防會議」。這個「全國國防會議」應該分成戰略、國防制度（包括職業軍人、軍法、軍購及動員等制度）的改革以及國防工業的建立等主題，邀請民間的企業人士、學者專家和軍中人士共同參與，打破以往只是「純軍事式」的「近親智識交流」。國防現代化已是喊了多年的口號，國防現代化不能只是變成「武器現代化」而應該是國防制度、精神及人力素質的全面現代化。不要忘記，鴉片戰爭後，清廷也曾如火如荼的進行了好多年，卻也慘敗的追求船堅砲利之「自強運動」。國防部及參謀本部如果「以史為鑑」，應自明年起舉辦一連串的「全國國防會議」，讓國人對我國的國防和軍隊，更有信心！

（原載：《中時晚報》，民國八十三年一月十八日）

附　錄

德國國防部一九九三年公布之
第十之一號行政命令（ZDv10/1）

領導統御

德國國防部長一九九三年二月十六日命令：本人茲公布第十之一號「領導統御」之行政命令

國防部長 Rühe

第一章

101 德國聯邦共和國為一具有主權與自由、民主之法治國家，且是國際社會享有平等地位。德國基本法（憲法）與國際法拘束所有國家權力並使其獲得正當性。

軍隊之存在目的與任務，其在國家中之地位與任務遂行之範圍依基本法之規定定之。

102 人類尊嚴、個人自由與自由平等、正義原則所樹立的法治原則秩序之基本價值。 國家與其機關因之負有下列義務：

——維持與保護人性尊嚴。

——促進個人對自我負責，尊重由其良知所生的自由與受法與法律所拘束之自我決定。

——僅有在基本法、法令的明白許可時，始得限制個人之自由。

103 吾國自由民主基本秩序之存在，特別是保障基本法確保之基本人權前提為享有在自由中的和平。此即為德國軍隊之使命與合法性基礎。

104 基本法賦予國家有設置軍隊以為防禦之任務，並使吾國能順應集體安全體系。

105 任何妨害民族和平共存的行為，特別是企圖發動侵略戰爭，皆為違憲與可罰之行為。

106 基本法賦予軍隊之政治地位的正當與其任務如下：

自衛權利賦予建軍與維持軍備的正當性理由。因此應維護兩項重要功能：

為保護德國之國民與國家利益。 為使能納入西方國家與價值共同體之體系，國防應被詮釋為「擴張的國防」概念，以使能作為防衛同盟之用。另一個重要功能在於：有助於安全政策的發展。此有助於維繫歐洲內部的穩定，促進歐洲集體安全制度之發展。並獲得各國對於集體安全政策之協商、武器的管制、裁軍與軍事合作的相互信任。

部隊基於其組織、裝備與訓練，亦履行輔助性的任務，特別是有關國際合作與人道任務。

因此德國國軍任務是：

1.防衛德國及其國民對抗政治的壓迫與外來的危機。

2.促進歐洲的整合與軍事上的穩定性。

3.保衛德國及其盟邦。

4.促進世界和平及遵照聯合國憲章維繫國際安全。

5.對於災難的救助與人道行動的支援。

107 此項任務要求德國國軍有能力：

1.防衛盟邦、並應付危機。

2.預警並評估任何危機之發生。

3.除北大西洋公約組織外，有助於其他德國所屬之集體安全體系。

4.進行國際軍事行動與合作。

5.獲得外界之信賴、合作與聲望。

國軍的組建訓練應以履行此任務的能力為指導原則。

軍隊之達成任務、克服政治危機與衝突的能力，有賴於平日有秩序的分層的兵力計畫、持續的戰力增強，以及針對全般軍事

需要的備戰作為之上。

108 國防行政的任務為國軍人事管理及提供國軍各種物質之滿足。

國軍是由國防行政單位與部隊所組成，並統一在向國會負責的部長之下。國防部長在平時亦有命令與指揮權力，戰時即移轉至聯邦總理之上。

109 民主國家中之國民應對公眾負責。兵役即為履行其職責之一部分。

國民於服役時應貢獻個人力量以保衛自由與維持和平，他仍保持其公民權利。軍人的法定義務即為達到軍事勤務所為的必要限制。

110 民主國家中之軍隊對於國民亦負擔相對之義務。特別是準備就與部隊有關之安全政策進行溝通，接受公眾之批評與以開放的態度因應社會之發展。

國軍應以開放的態度因應社會之發以履行任務，接受其成員之觀念與政治立場的多元化，並能彼此溝通。

由於軍事勤務之特性，社會發展的事項並非可以不經審慎的評估即當然的引用到軍隊之中；另外軍事勤務之必要考量亦非可作為社會的評判標準。

軍隊必須針對國家政治與公眾，部隊對其立場應有確信。

第二章 目標與基本原則

201 領導統御概念，係依基本法（憲法）價值觀以拘束部隊任務的遂行。領導統御之任務，在於試圖提供協助，以消除軍人作為自由國民之權利與擔任軍人所負擔的義務間所產生之衝突。

202 領導統御之目的為：

1.利用道德之觀點，介紹軍人勤務在政治上與法律上的理由，且深入闡釋軍事的勤務。

2.促進國軍與軍人與國家、社會之整合，瞭解國軍在盟邦與集體安全體系中的任務。

3.強化軍人能準備衷心履行義務、承擔責任與共同合作之能力，與保障部隊之紀律與團隊精神。

4.促使軍隊的內部秩序能符合法律規定，尊重人性尊嚴，有效率地遂行任務。

203 前揭目標即為「穿著軍服的公民」，亦即其理念乃期待國軍的軍人應：

1.有自由發展之人格之機會。

2.能被視為有責任感的公民。

3.隨時能準備履行其任務。

204 領導統御之原則係拘束所有軍人行為之規定，亦為對待在部隊中的聯邦國防行政成員以及軍人行為準則。

205 軍隊應遵奉文人統治（即政治優勢）。

政治優勢的意義，為軍隊遵從向國會負責之政治人物的領導，並受到特別設計之國會監督，且依其階級而有命令與服從之關係。

206 軍人之行為受法與法律之拘束。易言之，國軍就其所有行為為國家行政權之一部分，在其內外關係上皆應合法並且得受法院之審查。

207 軍人之權利義務係專屬軍人法所規範。

軍人法之權利與義務之規定，均適用於所有軍人——不分階級與職務。

長官且特別地被課予義務。

基本上，於履行義務時，應再三衡量任務之要求與軍人合法權利間的關係。軍隊內部秩序（Innere Ordnung）唯有為軍事任務所必要時，方可悖離社會之行為準則。

208 軍人認為其權利受到侵害時，除一般之權利保護的可能性外，尚有特別之權利救濟。除訴願權外，若認為其基本權利受有侵犯或有輕忽領導統御原則時，有直接向德國國防監察員申訴之權利。

209 國家可以要求軍人負有忠誠執行職務之義務，並且為德國民族勇敢防衛之義務（此即為軍人之基本義務）。此義務也包括軍人在武裝衝突時甘冒生命危險而戰鬥之義務。

210 凡軍人基於自由民主之基本權利原則，對於下列事項負有義務：

1.基本法所確保之人權，尤其是個人生存與人格自由發展權利。

2.國民主權原則。

3.權力分立原則。

4.政府向國會負責的體制。

5.行政行為之合法性。

6.司法獨立。

7.國家實施之多黨原則，基於憲法所保障之機會平等原則，有權在合憲的情形下，發展其組織並行使反對的權利。

國軍應以所有之行為來貫徹國家自由民主之體制。

211 國家對於軍人負有照顧與救濟之義務，以及提供有效的健康照顧、身心健康與社會之輔導。軍人之家庭亦同。

212 軍隊內部秩序之形成發展應兼籌其他目的與原則，故應為下列之考量：

1.在講求效率時，應顧及軍人個人權利或要求。

2.在階級制度下，考慮部屬之參與權。

3.紀律貫徹需考慮軍人能自我負責。

4.長官全般之領導責任應能使部屬分擔合作的協同行為。

軍隊之內部秩序，應就上述所定之方向仔細衡量，不得偏頗一方。

213 於實際之領導與決斷之場合中，須注意定出一個或數個應優先考量之目的，並且適度斟酌相關軍人之個人利益。

當有數種可能之行為可供選擇時，應依（憲法）比例原則選擇在任務之履行時，對當事人權利損害最輕微者。

214 軍人之領導統御與訓練應依軍隊任務之需要定之。其標準為軍隊承擔之任務與軍人所扮演的角色。軍人於出勤之前應受有良好之訓練，出勤之際則應有能力與意願履行任務。

215 軍人領導與訓練仍需要隨時所給予的教育與進修(Bildung und Erziehung)之輔助，其標準為德國基本法之價值與軍人法中所規定之權利與義務。軍隊中的教育與進修工作的對象，乃在對於進入軍中的公民所應具有的智識、觀念與行為準則。因此具有使軍人人格之發展能符合「穿著軍服的公民」理念的實現。

216 所有的軍人皆應被要求自動自發地、有責任感地參與勤務之計畫、準備與執行。

前述直接參與權可由法定之間接參與制度（即軍人參決法之規定）補充之。而軍事長官與信託代表（Vertrauensmann）或軍人代表（Personalvertretung）之間應力求雙方之瞭解與互信，以及利益之平衡[1]。

217 一個成功的領導統御，需要給予指向目的之資訊以及各級領導幹部的持續性溝通。軍人對於所有涉及本人之事務，有向其長官請求給予清楚的、即時的資訊之權利。長官亦應注意其溝通必須能滿足部隊的感情與取得相互信賴之效果。

---

[1] 有關德國軍人參與法、信託代表與軍人代表之制度，請參見陳新民，〈民主與軍隊〉，刊載於氏著：《軍事憲法論》，民國八十三年七月初版，二七一頁至二九六頁。

218 長官言行與履行義務應為部屬表率,特別是其品格的與精神方面應有作為表率之資格。長官品格上的要求為日後領導幹部進修、深造計畫的重要項目,亦為其個人義務。

219 軍人亦如同一般國民而參與社會與公共生活。若有公開討論安全與國防政策或軍隊之問題時,軍人應客觀地積極參與且發表意見。在維護勤務必要的前提下,應保障其擁有參與政治、文化、宗教、社會生活的可能性。

220 軍人亦享有多利益、意見與價值觀的權利。利益與意見之對立亦應客觀地解決。軍人的意見表達自由與政治活動之權利透過法定的勤務義務加以限制。

特別是安全與國防政策之問題上,長官之軍階愈高或其職務地位愈重要,則公開發表其個人意見之自我節制義務愈重。長官之專業素養不僅應滿足其部屬,甚至是大眾之期待。

第三章 適　用

一、通　則

301 領導統御之目的與原則在平時、危機與戰時,對於所有軍事勤務皆適用之。領導統御之適用應以造就部隊執行任務所不可或缺的信賴與袍澤心為基礎。注意並適用領導統御原則為所有軍人,特別為領導長官之任務。

302 領導統御原則應使軍人有廣泛的決定與行為空間。長官必須適人適所地為指軍。部屬應該瞭解長官的領導行為係長官個人人格與判斷的體現。

一個長官唯有對其他長官領導行為審慎地學習之後,方有能力為實際的領導。因此,應該對長官就指揮的歷史與智識,甚至其他部隊的經驗,加以訓練。

303 訓練之目的在確保軍隊得隨時投入勤務以及有效的執行任務之
能力。因此,在人員管理、執行勤務與訓練中,尤其是在遭逢
困難的狀況下,皆應有中規中矩之行為;並理性地教育與進修
瞭解有關紀律與服從之價值。軍人在出勤時應獲得與勤務實際
儘可能地一致;而其出勤意志的增強源於平日訓練時所獲致對
長官品行、能力與表現之信賴,以及對任務必要性的認知。

304 為出勤務而訓練,非要求每次訓練皆應在模擬出勤之狀態下為
之。軍人在營的日課應類同學校的功能,係授與學員智識與能
力。有時亦可擔負部分的政治與經濟任務。這些任務可考量訓
練與職位以及工作場所的特性而決定之。

305 對於軍人行為與觀念之要求應以具體任務需要者為限。並且應
予信任。此可減輕部屬領導之壓力,有助於提升軍人職業的吸
引力。

領導統御理念與行為係可教導與可學習的。除介紹專業知識
外,進行部隊領導統御之訓練亦應重視軍人職業與行為模式的
基本問題,而其中心意義厥為長官之行為楷模。領導統御必須
是具體的與可以感受的。

306 下述各章為基於領導統御之目與原則所衍生在個別適用領域內
的行為準則。而各該適用領域彼此密切地影響。其中特別重要
的是下述的「人員管理」(Menschenführung),其可以適用到
其他領域,亦為各該領域回溯且影響之原則。

二、人員管理

307 領導統御表現於日常勤務之中,特別是人際間的往來。本原則
以長官有積極性態度面對部屬遭遇負擔、不滿與失望為前提,
且使其得撥冗予部屬談話以及與之接觸的意念。

308 若軍人能明瞭其自身存在必要性,以及感受部隊團體含有人性

的袍澤情感時，則對其之限制與負擔則相形減輕。故人員管理同樣地以「帶心」與尋求體諒為主。

309 長官與部屬之間的信賴為成功的人員管理之前提——在困難的狀況下亦同。長官可藉積極的談話意念、親身投入、團體合作、為人表率的義務履行以及專業素養，以促進相互信賴氣氛的產生。自律、沈積持重與執行任務的能力，以及給予資訊與參與之機會，亦能強化下屬對長官的信賴。

310 領導，必須能實現部屬能擁有行為自由、分擔責任與共同參與。妥善利用分層負責的方式常能完成任務，長官為決定前，應讓執行階層之軍人皆能參與以求共同負責。

個別軍人的共同參與和法定參決權之行使，為領導與決斷程序中的重要成分。

藉由上述的方式，特別是年輕的軍人，應能促進其自我價值感以及獲得主動力與創造力創造之空間。被領導者應可直接或間接參與共同任務之實現，此將有助於提升軍人的進取心。

311 關於合作的領導模式，乃儘可能以團隊合作的方式，特別是處理限期完成之任務，或打破的現有的組織建制等，亦屬之。

除依組織建制外所為任務分派的規定外，尤應考慮個別軍人的特性與專長，而賦予任務。

312 長官應信賴其下屬之品行且知曉其下屬彼此之間的關係。凡特別承受重擔者，就需要更特別之關注。

尤其長官應藉由集體努力來克服困境以強化部隊的向心力，以及促進袍澤們對團體的能力產生信心並以本單位為榮。

313 長官必須向其部屬說明任務的意義與價值以及適應團體關係的重要，以及說明任務在整個事件中的價值。長官之持續性工作，為給予主要的勤務事務之資訊與經常性溝通。尤其是準

備出勤或遇有特殊狀況時，唯有在及時與廣泛的被告知，以及其在出勤中所扮演的角色，方能使部屬認真的看待並有所預備；且能衷心的履行任務，以及思量上級的企圖。

314 長官應使部屬能信任其願與共同承擔負荷，尤其當情況困難、面臨挑戰或負荷時，能表現長官的存在與領導意志。

315 國軍亦仰賴受分配有經過精良訓練的後備軍人。由於訓練時間之短促，使得對於後備軍人之人員管理，應針對其任務予以事先之準備。所有長官對待資深後備軍人，負有尊重其社會經驗、資格並運用彼等之經驗與能力，且敬重其個人年齡之義務。

316 個人智識的極限能靠他人的優、缺點予以補救，因此各長官應虛心自我檢討。應該知道自己的行為不論在軍中或社會上，均深受嚴密的注意，且亦深受此二者環境的影響。如其部屬提出忠告或指出其缺失時，並不有損其尊嚴。

三、人事管理[2]（Personalführung）

317 人事管理決定每一名軍人的養成。有關人事管理之決定直接影響軍人對於軍 職的滿意與對職務的投入程度。

人事管理制度直接影響軍事長官人選的選擇，部隊人員領導以及嚴重牽涉到國軍領導統御原則的實現。

318 領導統御原則促使人事管理負有下列的義務：

---

[2] 人事管理是軍隊整體管理的一部分，乃是涉及與人事事項有關的計畫、程序與決定。人事管理的措施會影響軍人職業的滿意程度，以及對於工作的主動性。而其具體內容，是在人事計畫階段時提供軍人及其眷屬有適時與廣泛的資訊與參與之機會；在程序中的說明與透明化與公平化，在為決定時應為有利於個人的裁量。其中重要的工作之一就是正確的選擇軍事長官，參見H-J, Reeb u. P. Többicke, Innere Fuhrüng von A-Z, Lexikon für militärische Führer, S. 143f.

1.即時、廣泛且直接的給予軍人資訊；在適當條件下，亦包括其家人。

2.人事的選擇應以公平方式為之，並鼓勵之。

3.儘可能給予有利於軍人的裁量。

4.軍人及其家屬擁有請求照顧之權利乃天經地義之事。

319 在人事決定時，應考慮其資格符合、能力、服務的貢獻以及個人的條件與願望，作為人事管理的原則。此原則亦包括在為領導措施中，應將個人利益列入適當的考慮。特別是在連隊、營隊及其他或單位的改編、裁編及調防時。

320 在選擇各級軍事長官的人選時，本人事管理原則特重品格上的適格與擔任部屬領導的才幹是否具備。

同時該人選在部隊人際關係及其對本身職業的滿意度而投入工作的積極性與否，亦為重要的決定因素。

321 各級長官應對其部屬的個人才幹，以專業知識的能力與頁獻，在人事（選擇）案中，皆應提供意見。此種廣泛徵詢意見的目的乃是使具有選擇權限的長官對候選人具有儘可能的認識。候選人的優缺點乃一目瞭然，同時應避免被評判的部屬受到傷害。

322 各級長官同時為人事單位的中介者，一方面長官應對部屬說明國軍隊該職務之要求，另一方面對於人事單位長官且代表其部屬的利益。為達到此任務，長官應儘可能的擔負傳遞各種訊息的工作，並盡己之力使雙方瞭解彼此的立場。

323 對於人事官與各級長官，凡軍人都有機會公開表達其是否具有獲得該職位資格及才能的意見，甚至可以與其他人相與比較的權利。

324 役男最容易及最先產生對國家及國軍印象，是在與兵役機關接觸開始。

從徵召役男的入伍方式與過程（如列冊、體檢、抽籤與徵召），皆有可能持續性地影響其將來入伍的服役態度，以及選擇自願留營擔任限期役職業軍人之意願。

325 對於後備軍人的動員與點閱或教育召集，應經長期的規劃與考量被徵召者存在於個人與職業上的問題，即時給予資訊。

因此各訓練機構、動員部隊的長官、國防部人力司、各部隊人事單位、各兵役單位、企業雇主與後備軍人之間應密切的合作關係。

後備軍人及其所屬之部隊單位，應進行經常性的聯繫。

四、法與軍人行為準則[3]

326 國軍為國家行政權力之一部分，因此基本法（憲法）即規定國軍之所為應受法律明文與法律原則之拘束。因此軍人的行為不能逸出法律的範圍之外。

327 因此領導統御的重要原則由基本法（憲法）、軍事法律、相關法規與命令中得以確定。

各級長官應依此些規定行使其裁量與判斷之權利。

328 軍事行為通常應正確的衡量幾種不同法益的先後重要性。在平時應以保護軍人與平民之健康與生命安全、環境保護列為優先，因此在訓練計畫的擬定與實施之過程，應注意之。

在執行任務時，在達成任務的目標須儘可能對上述法益避免造成其損害。

---

[3] 軍人規則是指有關軍人行為與儀態、共同生活（內務教則）、國軍的外觀（服裝規則）等各種不同的職務規定、指令或指示的書面規範。它存在的目的是為了保障軍人的行為安全，也是構成國軍在國內、外形象的重要成分。一方面是國家與社會對軍人的期待與要求，另一方面也保障軍人的自由空間，因此遵守此等規定乃是軍人的義務之一。參見 H-J, Reeb u. P. Többicke. a.a.O., S. 171f.

329 部隊應進行法律教育。並透過長官以身作則的遵守各種法律的行為，來給部屬養成法律的智識與守法的精神。同時，長官應隨時就法律規定的改變以及法律實務上（審判）的現狀，以傳達給部屬。並且就如何適用法律的標準隨時告知之。特別是應告訴部屬有關國際法中有關戰爭時應適用的人道規定與原則。

330 所謂軍人規則是軍中生活的基礎以及軍人在公眾的行為與表現的準繩。軍人規則以軍隊傳統的一部分，且是基於軍事任務所產生，形成軍人自我認知與行為安全的表徵，同時亦為整個軍隊在國內外形象的重要成分。

部隊表現出強烈的自信心，即是表徵其形象的最好方法。

331 備戰、服勤意志、內聚力與袍澤情感亦應在合於軍人秩序的規則下增進之。此一方面係國家與團體對於個人之要求與請求，他方面則應保障其自由的空間。

透過軍人規則的訂定，應促使軍隊備戰能力，盡職的意念、團結與袍澤情感的增進。因此一方面應注意國家對個別軍人的要求盡責，另一方面，亦應保障軍人擁有自由的空間。

軍人規則的規定必須加以解釋，而不能僵硬地適用。同時必須針對軍中團體生活及部隊滿足其功能的需要而在必要的範圍內加以限制。所有長官必須在必要的範圍內貫徹軍人規則，且以身作則。

332 軍人規則並非僅由明文的法規命令或是指示來構成，而係必須靠軍隊內部相關價值的判斷，以及長官在領導行為與個人行為上的所作所為，來影響、增強及確定之。

五、照顧與福利（Betreuung und Fürsorge）

333 軍人請求國家給予照顧及福利的基礎乃在於其與國家之間彼此存在的服務與忠誠關係。

基於對軍人的照顧義務，使國家及所有以國家為名的各級機關，負起對職業軍人與限期役志願軍人，與眷屬的福利負起照顧之責。即使退伍後亦然。國家此照顧義務，亦延伸至所有在軍隊服役之役男與其家庭之上。

334 對於軍人的照顧為有效的領導方法。國家對軍人的照顧與福利義務，除遵守一切法規的規定外，亦包括持續的努力以避免軍人受到損害，同時提升軍的能力與見識。

在所有福利措施中，提供住宅福利措施極具重要性。軍人職務調動時，應儘可能使軍人及其家庭的住居與生活品質，不因之而降低。

前述的照顧義務亦包含便利離家在外的軍人之家庭生活之不便，特別是需要較長的往返時間，予以減輕之。

335 國家與長官之軍人照顧義務應依法律規定為之。此些規定應透過制定行政職務的命令方式，給各級長官知悉之。長官應與各級部隊與國防行政機構，特別與社會服務機構合作，使其部屬能瞭解其可獲得哪些社會救助權利，從而可適切的行使之。部屬欲行使此權利時，長官應予支持，並提供意見。同時在部屬提出救助的申請時，長官應聯絡行政單位，加以協助。

長官在履行這種提供資訊與建議的義務時，應積極地將所有有關照顧與福利問題的規定給予部屬。

336 長官應承擔照顧部屬的任務。除尊重軍人的信託代表與軍人代表，作為中介人之權利外，長官在照顧部屬的出發點及指導方面，應該要有主動性。對於部屬的眷屬與所屬文職人員的福利，亦應儘可能的照顧之。

六、醫療照顧

337 有效的醫療照顧為國家之義務與使軍人在部隊服勤的重要條

件。醫療的品質影響軍人之服勤能力(Dienstbereischaft)以及對國家的信賴感。

338 各級醫官應與國軍傷患的長官與國軍所屬的福利事業及宗教人士進行密切合作以促進傷患的福利。

所有關於傷患健康與治療之資訊應互相溝通,以使醫療措施能夠具體完成,同時有助於長官採取有助於傷患健康維持與痊癒之措施。

病患如有特別危險之狀態(例如自殺、酗酒與毒癮)時,醫官在遵守其醫師之法定守密義務外,應盡早通知所屬長官;並與國軍內負責社會福利機構洽商給予該病患特別的輔導措施。

339 各級軍事長官與醫官應忠誠的合作。各級長官負有維持與促進其部屬維持健康,而有採行一切必要措施之義務。

為維護軍人的健康與確保醫官的地位,各級長官應接受醫官的建議。

七、軍中宗教信仰

340 軍人依軍人法之規定享有宗教信仰與自由地進行宗教禮拜之權利。依此由憲法所保障之宗教自由,即使在軍人值勤時的信仰與認知之自由皆不可侵犯。

341 國軍中的宗教活動係軍人及其眷屬所屬教會的工作之一,由教會委託進行之並接受教會之監督。

軍中宗教活動同時係與部隊、聯邦國防行政組織及法律救濟體制等一樣,皆為獨立的組織體系。軍中神職人員於軍中進行信仰活動,應完全依教會法之規定為之,不受任何國家指令之拘束。軍中宗教活動有賴於與各級軍事長官的互相合作。

342 國軍應促使信仰、良心與認知自由之實現。因此各級長官應該不論其宗教觀點,全力地支持宗教活動任務的達成,且與神職

人員合作。

八、服勤與訓練

343 軍事勤務主要包括：

——勤務任務。

——出勤與動員之準備。

——訓練。

——實際的照顧。

——內務。

——行政工作。

344 軍隊勤務的要求首重於勤務任務的要求。

軍事勤務不能偏離任務所需。並且透過訓練的種類與方式以產生效果，其最佳之方式係透過實際的訓練使軍人在體能與心理方面可達到「能戰」與「備戰」之要求。同理，尤其是對於役男或應點閱召集之後備軍人，亦應施予適當與其預想相符的訓練，同時在遵照現有法律的規定下，能履行一個符合國會與社會觀念之有意義、安全及對社會有益的軍事勤務。

345 訓練為軍隊平時之主要任務。訓練應該灌輸軍人工作與生活行為有關的知識、要求與能力，俾使能滿足軍事團體生活的要求，同時特別要準備在發生危急與危險要求的時刻。

準此，各級長官即負有下述的義務：

——衷心貫徹各種義務及執行命令，同時維繫其部屬的紀律。

——顯示個人的信心與責任感，並隨時向部屬要求與擁有責任心與信心。

——顯示強化合作、促進袍澤情感與部隊內聚力的決心。

上述的要求唯有透過對個人集及團體所施予較長的訓練，方能達成之。

346 長官的領導行為與訓練方式應依軍人之年齡、成熟度、生活與職業經驗為標準，且能合乎成人教育之原則。

個別軍人瞭解能力與服務的潛能皆應加以考慮。

347 互信與彼此瞭解為一個合理與必要訓練的重要前提。各級長官不論在示範或日後的值勤行為都應有得作為榜樣的舉止，並且在實際教育勤務中也應該與部屬共同參與訓練最困難的部分。同時，應該透過公開討論與解說讓部屬知道訓練有關的一切意義。

任何軍人在受到合理的要求並達到要求後能有成就感時，即會獲得自信心與獨立達成任務的肯定感。該軍人在遭逢特殊情況時將可以發揮個人能力的極限以克服困境。

348 訓練成功是決定於長官個人的行為榜樣，及專業智識的充分。因此對於長官人選的抉澤，人格的發展與訓練，皆有甚大的關係。在長官培訓過程，應施以個案性質的領導統御原則，與成人教育方法及行為方式的訓練。

一個成功的結訓應該使學員在人員領導、訓練及教育方法方面能夠獲得類似民間職業訓練過程所要求的水準。

349 一個成功的訓練也有賴於最妥善及最有效率的善用時間，長官因此一方面經過審慎及負責任的規劃時間之分配，來進行一般及特殊的訓練項目與勤務，在另一方面，保障軍人的享有空閒時間，作為有效訓練的作息基礎。長官因此必須注意應該給予所屬軍人公正及公平的勞務分擔，並使得受訓學員有充分的時間，來規劃與準備自己將接受的訓練。

350 高級長官必須對訓練欲達到的預期效果所需要的一切方法，給予支持。並且對一切有妨礙部屬訓練持續進行的障礙或有加重其負擔者，皆負有排除的義務。

351 一般軍事及特種專業的智識準備與能力必須著眼於軍事任務的

需要,因此必須讓軍人清楚的瞭解任務與訓練的必要性,以及有關的整體關聯性,使得其在非無困難的狀態下亦能獨立的完成任務。軍人應該深切的瞭解,在不同的狀況下安全的來達成任務,需要在事前進行嚴格的準備與訓練。

352 各級軍人應儘可能地有參與規劃形成勤務計畫的機會,以鼓勵產生積極的參與感。部隊團體的經驗係產生部隊自決心與內聚力不可或缺的因素,特別是對於每日幾乎擔任例行性或是離開弟兄們來執行勤務的士兵,此部隊的團體經驗具有更重大的意義。

353 長官應向部屬清楚的闡明部隊的物資需達成任務的重要工具,因此必須保持其性能。對於不受人歡迎與單調的勤務,則應透過仔細的規劃及長官經常性的參與。

354 充裕的物質供給是妥善達成勤務的基礎。因此必須透過充分的規劃與準備,俾使必要的物資能在使用時獲得之。長官應該注意排除或至少試圖減輕此項物資的匱乏情形。

355 對於勤務的實施應該受到長官監督的影響。因此,長官首先必須花下功夫,並以口頭交談方式進行教導。此勤務監督並非僅具管制效果,其主要目的乃是靠著解釋、引導及支持方法作為輔助部屬勤務進行的手段。

九、政治教育

356 政治教育應使軍人明瞭憲法所揭櫫之自由民主秩序價值與規範,並且有助於其認識與肯定其職務對於和平、自由與權利之意義與必要性。

357 國民進入軍中執行勤務,應不使其感受到與其習慣之生活秩序有重大差異,並且能在每日的執行勤務中仍得獲得其從軍所護衛的基本價值。因此,國軍進行的政治教育因此與部隊的人事

領導有密切的相互影響關係。

政治教育及必須討論軍人由每日團體生活的現狀、經驗以及衝突加以探討，因此應與生活切身有關，而非僅僅是觀念的傳播而已。

358 部隊政治教育的實施是所有各級長官的義務，且是軍紀長官對軍人擁有直接懲罰權力的長官（例如連長、營長）所應該特別注意的事項。因此，必須在任何規定的時間舉行，並且應與部隊日常的生活與勤務密切連接在一起。在政治教育中，除專業智識外，長官應有自己的觀點、個人的信念以及具備與部屬談話溝通的準備（修養）。

359 國軍政治訓練中應包括公民訓練，部屬應參與此課程的規劃與執行，凡是有爭議的政治性及社會性的議題必須認為仍具有正義性而加以討論。此舉有助於培養軍人判斷與批評的能力，並減低軍人受到來自資訊管道與政黨政策單方面影響之危險。

十、資訊傳播工作

360 德國國民有權利知道關於國軍之消息，因此國軍應進行公開發表安全政策之意見、國軍之職責以及軍事勤務。

361 國軍之資訊傳播工作在於建立信賴感、獲得全民對軍隊的支持與肯定、獲得新血輪、增進軍人對其職業的自我肯定與信心。國軍應該在可能的情況下，給予國民直接的資訊。

362 國軍資訊傳播工作對外係包括公關、新聞與吸收新血輪之任務；對內為部隊內部新聞傳播之任務。

363 軍人經由對服勤、裝備、訓練的意見，以及其舉止、行為而影響公共輿論。因此軍人必須明瞭，不論其是否願意，他始終是進行公關工作。

364 國軍領導統御的成功可增進軍隊的公共形象，也能創造部隊成

功吸收新血輪的基礎。

365 部隊資訊(Truppeninformation)傳播的任務係使軍人能夠充分的
獲得有關勤務的資訊，來形成自己的意見，並使自己在政治觀
念能成熟來履行其所付託的任務。部隊資訊傳播亦可以作為領
導長官注意其職責與判斷時的工具。

軍人應可不受阻礙地從一般新聞來源獲取資訊，尤其是報章雜
誌、廣播、與電視獲取資訊。循職務管道亦應可以獲得相關資
訊之提供。

366 利用職務管道使用與傳播資訊，為軍事長官之任務。但部隊資
訊傳播不僅僅是傳遞的作用而已，而須輔以交談與討論，個人
的意見有助於提升資訊的可信度。

367 出勤前與出勤中的資訊傳播工作具有特殊意義。

長官應該將有關勤務的資訊以及部屬應該具備何種條件，以及
心裡應有何種準備的資訊，儘可能及早的告訴部屬。在執行勤
務的過程中，各級長官亦應對於所屬軍人在值勤地點、家鄉、
以及區域與全球政治之情勢與發展之相關資訊，確實的告知其
部屬。

十一、組　織

368 確定的組織、清楚的作業流程，係國軍履行各種不同任務之前
提。應就不同任務所生之管轄與協同關係加以界定，以確保法
律安定性原則。

369 任何對於現存單位之建制與流程之違反（裁撤、侵犯），以及
對於新組織的發展皆須考慮領導統御之原則。

人事制度、基本設施、技術設備、後勤補給、行政與預算均會
影響領導統御目標的實現甚鉅。因此長官對於組織的構建與流
程花下必要的時間，與細心來規劃之，能照料所屬之部屬。避

免造成時間不足、經常的權宜式措施、給予部屬過重負擔及其他方法上的錯誤。

370 領導統御原則對於部隊的組織有下述的要求：

——基本上，應採行分權的規則。故應對任務分派、決定權限及人員與物資之分配加以明確的規定。

——各階層應給予決定空間，使能有積極性與採行彈性行為之餘地。同時在組織上可以據以防止上級機關的干涉

——各機關應保障有內部資訊妥善交流的可能性。

——各機關應依任務指派遵守效率、經濟及節約原則並施以監督，然必須同時斟酌軍人的需求。

軍事憲法論　　　　　　　　　　　　POLIS 8

作　　者／陳新民
出 版 者／揚智文化事業股份有限公司
發 行 人／葉忠賢
總 編 輯／孟樊
執行編輯／鄭美珠
登 記 證／局版北市業字第 1117 號
地　　址／台北市新生南路三段 88 號 5 樓之 6
電　　話／(02)2366-0309　2366-0313
傳　　真／(02)2366-0310
E-mail／tn605547@ms6.tisnet.net.tw
網　　址／http://www.ycrc.com.tw
印　　刷／偉勵彩色印刷股份有限公司
法律顧問／北辰著作權事務所　蕭雄淋律師
初版一刷／2000 年 4 月
I S B N／957-818-107-8
定　　價／新台幣 430 元
郵政劃撥／14534976

南區總經銷／昱泓圖書有限公司
地　　址／嘉義市通化四街 45 號
電　　話／(05)231-1949　231-1572
傳　　真／(05)231-1002

國家圖書館出版品預行編目資料

軍事憲法論 = The Constitution and Military／
陳新民作. -- 初版. -- 台北市：揚智文化，
2000 [民 89]
　　面；　公分 --（POLIS；8）

ISBN　957-818-107-8（平裝）

1. 軍法 - 論文，講詞等 2. 軍法 - 德國

593.907　　　　　　　　　　　　　89001957